JN102205

算数 2年 がんばり表

いつも見えるところに、この「がんばり表」をはっておこう。
この「ぴたトレ」をがくしゅうしたら、シールをはろう！
どこまでがんばったかわかるよ。

★.見方・考え方を ふかめよう(1)
28～29ページ
できたら シールを はろう

5. たし算と　ひき算の　ひっ算(1)
❶ たし算
❷ ひき算
26～27ページ ぴったり3 できたら シールを はろう
24～25ページ ぴったり12 できたら シールを はろう
22～23ページ ぴったり12 できたら シールを はろう

4. 長　さ
20～21ページ ぴったり3 できたら シールを はろう
18～19ページ ぴったり12 できたら シールを はろう
16～17 ぴったり できた シール はろう

6. 100 を　こえる　数
❶ 100を　こえる　数
❷ たし算と　ひき算
30～31ページ ぴったり12 できたら シールを はろう
32～33ページ ぴったり12 できたら シールを はろう
34～35ページ ぴったり3 できたら シールを はろう

7. か　さ
36～37ページ ぴったり12 できたら シールを はろう
38～39ページ ぴったり3 できたら シールを はろう

活用. 買えますか？ 買えませんか？
40～41ページ
できたら シールを はろう

8. たし算と　ひき算の
❶ たし算　❸ 大きい　数の　ひ
❷ ひき算
42～43ページ ぴったり12 できたら シールを はろう
44～45ページ ぴったり12 できたら シールを はろう

13. かけ算の　きまり
❶ かけ算の　きまり
❷ かけ算を　広げて
86～87ページ ぴったり3 できたら シールを はろう
84～85ページ ぴったり12 できたら シールを はろう
82～83ページ ぴったり12 できたら シールを はろう

★. 何番目
80～81ページ
できたら シールを はろう

★.見方・考え方を ふかめよう(3)
78～79ページ
できたら シールを はろう

12. 三角形と
❶ 三角形と　四
❷ 長方形と　正
76～77ページ ぴったり3 できたら シールを はろう

14. 100cm を　こえる　長さ
88～89ページ ぴったり12 できたら シールを はろう
90～91ページ ぴったり12 できたら シールを はろう
92～93ページ ぴったり3 できたら シールを はろう

15. 1000 を　こえる　数
94～95ページ ぴったり12 できたら シールを はろう
96～97ページ ぴったり3 できたら シールを はろう

16. はこの　形
❶ はこの　形
❷ はこづくり
98～99ページ ぴったり12 できたら シールを はろう
100～101ページ ぴったり3 できたら シールを はろう

17. 分　数
102～103ページ ぴったり12 できたら シールを はろう

（キリトリ線）

教科書ぴったりトレーニング　算数　2年　啓林館版　折込①(オモテ)

り合わせて使うことが

、勉強していこうね。

するよ。

いくよ。

。

聴できます。

グの登録商標です。

「た」を　かこう！★

でき　でき

4

とりくんで
いいね。
見て　前に

た」が　書《か》
して　みよ
を　読《よ》んで、

おうちのかたへ

本書『教科書ぴったりトレーニング』は、教科書の要点や重要事項をつかむ「ぴったり１　じゅんび」、おさらいをしながら問題に慣れる「ぴったり２　れんしゅう」、テスト形式で学習事項が定着したか確認する「ぴったり３　たしかめのテスト」の３段階構成になっています。教科書の学習順序やねらいに完全対応していますので、日々の学習（トレーニング）にぴったりです。

「観点別学習状況の評価」について

学校の通知表は、「知識・技能」「思考・判断・表現」「主体的に学習に取り組む態度」の３つの観点による評価がもとになっています。

問題集やドリルでは、一般に知識・技能を問う問題が中心になりますが、本書『教科書ぴったりトレーニング』では、次のように、観点別学習状況の評価に基づく問題を取り入れて、成績アップに結びつくことをねらいました。

ぴったり３　たしかめのテスト　**チャレンジテスト**

- 「知識・技能」を問う問題か、「思考・判断・表現」を問う問題かで、それぞれに分類して出題しています。
- 「知識・技能」では、主に基礎・基本の問題を、「思考・判断・表現」では、主に活用問題を取り扱っています。

発展について

はってん … 学習指導要領では示されていない「発展的な学習内容」を扱っています。

別冊『丸つけラクラクかいとう』について

おうちのかたへ では、次のようなものを示しています。

- **学習のねらいやポイント**
- **他の学年や他の単元の学習内容とのつながり**
- **まちがいやすいことやつまずきやすいところ**

お子様への説明や、学習内容の把握などにご活用ください。

教科書ぴったりトレーニングの使い方

『ぴたトレ』は教科書にぴった
できるよ。教科書も見ながら
ぴた犬たちが勉強をサポート

ふだんの学習《がくしゅう》

ぴったり1 じゅんび

教科書《きょうかしょ》の　だいじな　ところを　まとめて　い
ねらい で　だいじな　ポイントが　わかるよ
もんだいに　こたえながら、わかって　いる
かくにんしよう。　QR コードから「3 分でまとめ動画」が視

※QR コードは株式会社デンソーウェー

ぴったり2 れんしゅう

「ぴったり1」で　べんきょう
した　ことが　みについて
いるかな？かくにんしながら、
もんだいに　とりくもう。

★できた　もんだいには
でき ①　でき ②

ぴったり3 たしかめのテスト

「ぴったり1」「ぴったり2」が　おわったら、
みよう。学校《がっこう》の　テストの　前《まえ》に　やっても
わからない　もんだいは、ふりかえり を
もどって　かくにんしよう。

ふだん
おわ
り表《ひょう》」
はろう

実力《じつりょく》チェック

- 夏のチャレンジテスト
- 冬のチャレンジテスト
- 春のチャレンジテスト
- 2年 算数のまとめ　学力しんだんテスト

夏《なつ》休み、冬《ふゆ》休み、春《はる》休みの
前に　つかいましょう。
学期《がっき》の　おわりや　学年の
おわりの　テストの　前に
やっても　いいね。

別冊《べっさつ》

丸つけ ラクラクかいとう

もんだいと　同《おな》じ　ところに　赤字で　「答
いて　あるよ。もんだいの　答え合《あ》わせを
う。まちがえた　もんだいは、下の　てび
もういちど　見直《なお》そう。

おうちのかたへ

がんばり表のデジタル版「デジタルがんばり表」では、デジタル端末でも学習の進捗記録をつけることができます。1冊やり終えると、抽選でプレゼントが当たります。「ぴたサポシステム」にご登録いただき、「デジタルがんばり表」をお使いください。LINE または PC・ブラウザを利用する方法があります。

LINE用

PC・ブラウザ用

★ ぴたサポシステムご利用ガイドはこちら ★
https://www.shinko-keirin.co.jp/shinko/news/pittari-support-system

すきななまえをつけてね！

なまえ

ぴた犬（おとも犬）シールをはろう

シールの中からすきなぴた犬をえらぼう。

スタート

1. ひょうと　グラフ

2〜3ページ　ぴったり1 2　できたらシールをはろう

4〜5ページ　ぴったり3　できたらシールをはろう

2. たし算と　ひき算

❶ たし算
❷ ひき算

6〜7ページ　ぴったり1 2　できたらシールをはろう

8〜9ページ　ぴったり1 2　できたらシールをはろう

10〜11ページ　ぴったり3　できたらシールをはろう

3. 時こくと　時間

12〜13ページ　ぴったり1 2　できたらシールをはろう

14〜15ページ　ぴったり3　できたらシールをはろう

ページ　1 2　ら　を

ひっ算(2)

っ算

46〜47ページ　ぴったり1 2　できたらシールをはろう

48〜49ページ　ぴったり3　できたらシールをはろう

★. 見方・考え方を　ふかめよう(2)

50〜51ページ　できたらシールをはろう

9. しきと　計算

52ページ　ぴったり1 2　できたらシールをはろう

53ページ　ぴったり3　できたらシールをはろう

10. かけ算(1)

❶ いくつ分と　かけ算
❷ 何ばいと　かけ算
❸ かけ算の　九九

54〜55ページ　ぴったり1 2　できたらシールをはろう

56〜57ページ　ぴったり1 2　できたらシールをはろう

58〜59ページ　ぴったり1 2　できたらシールをはろう

60〜61ページ　ぴったり1 2　できたらシールをはろう

62〜63ページ　ぴったり3　できたらシールをはろう

11. かけ算(2)

❶ 九九づくり
❷ かけ算を　つかった　もんだい
❸ 図や　しきを　つかって

64〜65ページ　ぴったり1 2　できたらシールをはろう

66〜67ページ　ぴったり1 2　できたらシールをはろう

68〜69ページ　ぴったり1 2　できたらシールをはろう

70〜71ページ　ぴったり3　できたらシールをはろう

四角形

角形
方形

72〜73ページ　ぴったり1 2　できたらシールをはろう

74〜75ページ　ぴったり1 2　できたらシールをはろう

104〜105ページ　ぴったり3　できたらシールをはろう

★. わくわく　プログラミング

106〜107ページ　プログラミング　できたらシールをはろう

★. よみとる　算数

108〜109ページ　できたらシールをはろう

もう　すぐ　3年生

110〜112ページ　できたらシールをはろう

ゴール

さいごまでがんばったキミは「ごほうびシール」をはろう！

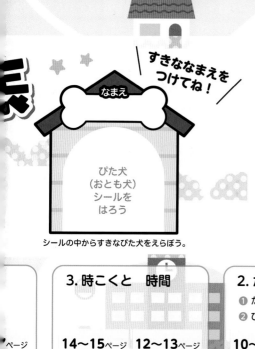

もくじ

算数２年
啓林館版
わくわく算数

教科書ぴったりトレーニング

▶ ３分でまとめ動画

巻末	夏のチャレンジテスト／冬のチャレンジテスト／春のチャレンジテスト／学力しんだんテスト	とりはずして お使いください
別冊	丸つけラクラクかいとう	

1 ひょうと グラフ

教科書 上10～15ページ 答え 2ページ

つぎの □ に あてはまる 数《かず》を かきましょう。

ねらい ひょうやグラフのよみ方《かた》やかき方がわかるようにしよう。 れんしゅう 1 2 →

- ひょうや グラフに あらわすと、しらべた ものの 数が よく わかります。
- グラフに かく ときは、●を つかいます。

1 すきな あそびの 絵《え》を えらんで はりました。
同《おな》じ あそびが すきな 人の 数を ひょうと グラフに かきましょう。

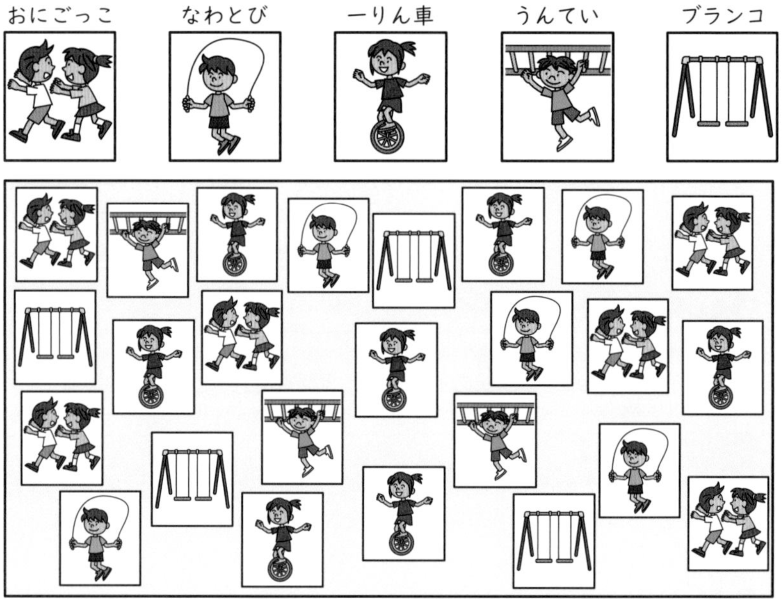

とき方 あそびの 絵の 数を 正しく 数《かぞ》えます。
なわとびは ① 5 人、
うすい 字は なぞりましょう。
ブランコは ② 人です。
グラフに かく ときは、|つの ●が |人を あらわします。●の 数は おにごっこが ③ 6 こ、
うんていが ④ こです。

すきな あそびしらべ

すきな あそび	おにごっこ	なわとび	一りん車	うんてい	ブランコ
人数《にんずう》(人)	6	①	7	3	②

すきな あそびしらべ

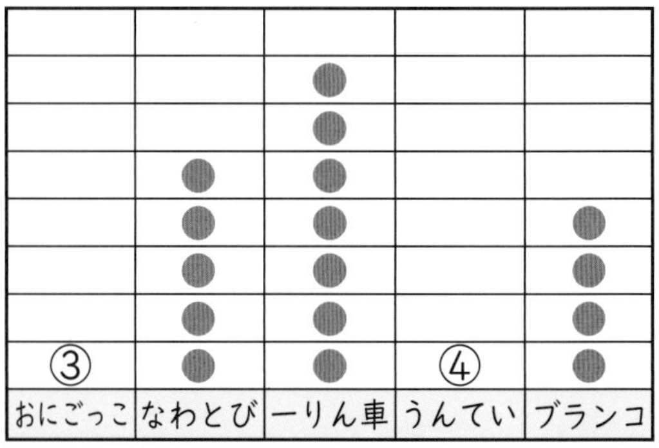

ふろく　とりはずしておつかいください。

計算せんもんドリル

2年

2年　　組《くみ》

特色《とくしょく》と使《つか》い方《かた》

- このドリルは、計算力《けいさんりょく》を付《つ》けるための計算問題《もんだい》をせんもんにあつかったドリルです。
- 教科書《きょうかしょ》ぴったりトレーニングに、このドリルの何《なん》ページをすればよいのかが書《か》いてあります。教科書ぴったりトレーニングにあわせてお使《つか》いください。

もくじ

おうちのかたへ

・お子さまがお使いの教科書や学校の学習状況により、ドリルのページが前後したり、学習されていない問題が含まれている場合がございます。お子さまの学習状況に応じてお使いください。
・お子さまがお使いの教科書により、教科書ぴったりトレーニングと対応していないページがある場合がございますが、お子さまの興味・関心に応じてお使いください。

1 100までの　たし算の　ひっ算①

★できた　もんだいには、「た」を　かこう！

でき　1 た　でき　2

1 つぎの　たし算の　ひっ算を　しましょう。　　月　　日

① 57 + 41

② 22 + 64

③ 13 + 78

④ 25 + 47

⑤ 29 + 27

⑥ 48 + 38

⑦ 28 + 30

⑧ 44 + 46

⑨ 48 + 5

⑩ 4 + 55

2 つぎの　たし算を　ひっ算で　しましょう。　　月　　日

① 17+64

ダメ!!
17
+ 64

② 46+18

③ 21+6

ダメ!!
21
+6

④ 8+42

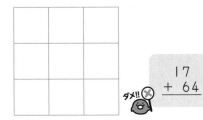

2 100までの　たし算の　ひっ算②

★できた　もんだいには、「た」を　かこう！

1 でき　2 でき

1 つぎの　たし算の　ひっ算を　しましょう。

月　日

① 32
＋33

② 22
＋56

③ 27
＋36

④ 32
＋19

⑤ 46
＋26

⑥ 18
＋37

⑦ 27
＋60

⑧ 47
＋33

⑨ 61
＋ 4

⑩ 9
＋71

2 つぎの　たし算を　ひっ算で　しましょう。

月　日

① 57＋12

② 66＋24

③ 69＋5

④ 3＋79

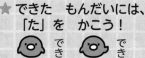

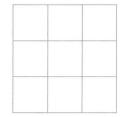

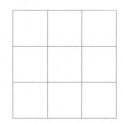

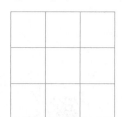

3 100までの　たし算の　ひっ算③

★できた　もんだいには、「た」を　かこう！

1 でき　2 でき

1 つぎの　たし算の　ひっ算を　しましょう。

月　　日

① $\begin{array}{r} 58 \\ +11 \\ \hline \end{array}$　② $\begin{array}{r} 23 \\ +73 \\ \hline \end{array}$　③ $\begin{array}{r} 19 \\ +39 \\ \hline \end{array}$　④ $\begin{array}{r} 35 \\ +56 \\ \hline \end{array}$

⑤ $\begin{array}{r} 58 \\ +34 \\ \hline \end{array}$　⑥ $\begin{array}{r} 36 \\ +59 \\ \hline \end{array}$　⑦ $\begin{array}{r} 70 \\ +26 \\ \hline \end{array}$　⑧ $\begin{array}{r} 31 \\ +49 \\ \hline \end{array}$

⑨ $\begin{array}{r} 16 \\ +\ \ 7 \\ \hline \end{array}$　⑩ $\begin{array}{r} 5 \\ +49 \\ \hline \end{array}$

2 つぎの　たし算を　ひっ算で　しましょう。

月　　日

① 68＋16

② 54＋38

③ 63＋7

④ 4＋52

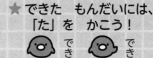

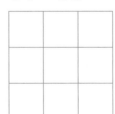

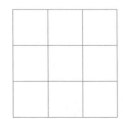

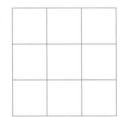

4 100までの　ひき算の　ひっ算①

★できた　もんだいには、「た」を　かこう！

でき 1　でき 2

1 つぎの　ひき算の　ひっ算を　しましょう。

月　　日

① 56
−33

② 68
−50

③ 89
−83

④ 37
−　6

⑤ 36
−17

⑥ 93
−68

⑦ 61
−34

⑧ 52
−29

⑨ 40
−24

⑩ 33
−　4

2 つぎの　ひき算を　ひっ算で　しましょう。

月　　日

① 72−53

② 81−79

③ 60−32

④ 56−8

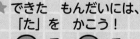

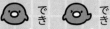

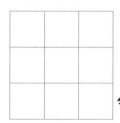

5　100までの　ひき算の　ひっ算②

★できた　もんだいには、「た」を　かこう！

1 でき　2 でき

1　つぎの　ひき算の　ひっ算を　しましょう。

月　　日

① $\begin{array}{r} 87 \\ -\,24 \\ \hline \end{array}$　② $\begin{array}{r} 73 \\ -\,13 \\ \hline \end{array}$　③ $\begin{array}{r} 69 \\ -\,60 \\ \hline \end{array}$　④ $\begin{array}{r} 48 \\ -\quad 5 \\ \hline \end{array}$

⑤ $\begin{array}{r} 74 \\ -\,36 \\ \hline \end{array}$　⑥ $\begin{array}{r} 68 \\ -\,49 \\ \hline \end{array}$　⑦ $\begin{array}{r} 92 \\ -\,37 \\ \hline \end{array}$　⑧ $\begin{array}{r} 75 \\ -\,46 \\ \hline \end{array}$

⑨ $\begin{array}{r} 21 \\ -\,17 \\ \hline \end{array}$　⑩ $\begin{array}{r} 30 \\ -\quad 2 \\ \hline \end{array}$

2　つぎの　ひき算を　ひっ算で　しましょう。

月　　日

① 96−47

② 61−55

③ 40−31

④ 92−5

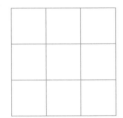

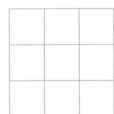

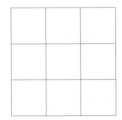

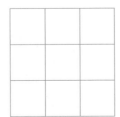

6 100までの　ひき算の　ひっ算③

★できた　もんだいには、「た」を　かこう！
1 でき　2 でき

1 つぎの　ひき算の　ひっ算を　しましょう。　　月　　日

①
  59
−44

②
  96
−20

③
  71
−61

④
  56
− 5

⑤
  65
−37

⑥
  93
−19

⑦
  75
−16

⑧
  33
−15

⑨
  32
−26

⑩
  37
− 9

2 つぎの　ひき算を　ひっ算で　しましょう。　　月　　日

① 92−69

② 97−88

③ 80−78

④ 50−4

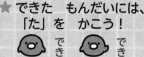

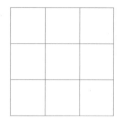

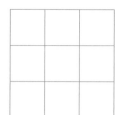

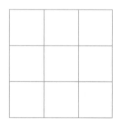

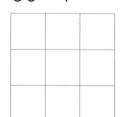

7 何十の　計算

★できた　もんだいには、
「た」を　かこう！

でき 1　でき 2

1 つぎの　計算を　しましょう。

月　　日

① 80＋50＝　　② 40＋90＝

③ 60＋60＝　　④ 90＋80＝

⑤ 50＋70＝　　⑥ 90＋20＝

⑦ 70＋80＝　　⑧ 30＋80＝

⑨ 60＋90＝　　⑩ 90＋50＝

2 つぎの　計算を　しましょう。

月　　日

① 120−80＝　　② 140−50＝

③ 150−90＝　　④ 140−70＝

⑤ 110−40＝　　⑥ 130−80＝

⑦ 170−80＝　　⑧ 120−30＝

⑨ 180−90＝　　⑩ 130−90＝

8 何百の　計算

★できた　もんだいには、「た」を　かこう！

1 でき　2 でき

1 つぎの　計算を　しましょう。

月　日

① 600＋200＝

② 300＋600＝

③ 100＋700＝

④ 200＋300＝

⑤ 500＋200＝

⑥ 300＋400＝

⑦ 700＋200＝

⑧ 400＋500＝

⑨ 800＋100＝

⑩ 500＋500＝

2 つぎの　計算を　しましょう。

月　日

① 500－100＝

② 900－600＝

③ 300－200＝

④ 800－300＝

⑤ 600－500＝

⑥ 900－200＝

⑦ 700－100＝

⑧ 800－400＝

⑨ 900－500＝

⑩ 1000－700＝

9 たし算の　あん算

★できた　もんだいには、「た」を　かこう！

1 でき　2 でき

1 つぎの　たし算を　しましょう。

月　日

① 11＋9＝

② 34＋6＝

③ 55＋5＝

④ 64＋6＝

⑤ 43＋7＝

⑥ 26＋4＝

⑦ 89＋1＝

⑧ 27＋3＝

⑨ 72＋8＝

⑩ 59＋1＝

2 つぎの　たし算を　しましょう。

月　日

① 15＋6＝

② 26＋9＝

③ 57＋8＝

④ 74＋9＝

⑤ 37＋7＝

⑥ 24＋7＝

⑦ 83＋9＝

⑧ 59＋5＝

⑨ 45＋8＝

⑩ 68＋4＝

10 ひき算の　あん算

★できた　もんだいには、「た」を　かこう！

1 でき　2 でき

1 つぎの　ひき算を　しましょう。　　月　　日

① 20−7=

② 80−2=

③ 40−9=

④ 70−5=

⑤ 50−3=

⑥ 60−6=

⑦ 30−1=

⑧ 90−8=

⑨ 40−5=

⑩ 20−4=

2 つぎの　ひき算を　しましょう。　　月　　日

① 25−8=

② 33−4=

③ 72−6=

④ 47−8=

⑤ 52−3=

⑥ 36−9=

⑦ 65−6=

⑧ 78−9=

⑨ 82−7=

⑩ 31−4=

11 たし算の　ひっ算①

★できた　もんだいには、「た」を　かこう！

1 でき　2 でき

1 つぎの　たし算の　ひっ算を　しましょう。

月　　日

① $\begin{array}{r} 43 \\ +71 \\ \hline \end{array}$　② $\begin{array}{r} 54 \\ +65 \\ \hline \end{array}$　③ $\begin{array}{r} 80 \\ +67 \\ \hline \end{array}$　④ $\begin{array}{r} 23 \\ +84 \\ \hline \end{array}$

⑤ $\begin{array}{r} 38 \\ +95 \\ \hline \end{array}$　⑥ $\begin{array}{r} 73 \\ +89 \\ \hline \end{array}$　⑦ $\begin{array}{r} 29 \\ +99 \\ \hline \end{array}$　⑧ $\begin{array}{r} 74 \\ +36 \\ \hline \end{array}$

⑨ $\begin{array}{r} 12 \\ +89 \\ \hline \end{array}$　⑩ $\begin{array}{r} 5 \\ +97 \\ \hline \end{array}$

2 つぎの　たし算を　ひっ算で　しましょう。

月　　日

① 76＋57

② 31＋89

③ 67＋35

④ 95＋6

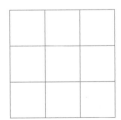

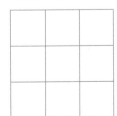

12 たし算の　ひっ算②

★できた　もんだいには、「た」を　かこう！

1 でき　2 でき

1 つぎの　たし算の　ひっ算を　しましょう。

月　　日

① 98
+21

② 82
+36

③ 40
+71

④ 74
+33

⑤ 47
+84

⑥ 93
+28

⑦ 85
+39

⑧ 81
+49

⑨ 17
+86

⑩ 98
+　4

2 つぎの　たし算を　ひっ算で　しましょう。

月　　日

① 67+87

② 68+42

③ 59+49

④ 6+97

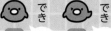

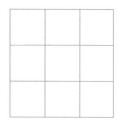

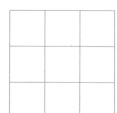

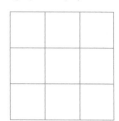

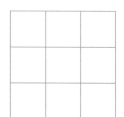

13 たし算の　ひっ算③

★できた　もんだいには、「た」を　かこう！

でき 1　でき 2

1 つぎの　たし算の　ひっ算を　しましょう。

月　　日

① $\begin{array}{r} 81 \\ +37 \\ \hline \end{array}$　② $\begin{array}{r} 81 \\ +75 \\ \hline \end{array}$　③ $\begin{array}{r} 99 \\ +50 \\ \hline \end{array}$　④ $\begin{array}{r} 87 \\ +22 \\ \hline \end{array}$

⑤ $\begin{array}{r} 69 \\ +65 \\ \hline \end{array}$　⑥ $\begin{array}{r} 85 \\ +38 \\ \hline \end{array}$　⑦ $\begin{array}{r} 68 \\ +75 \\ \hline \end{array}$　⑧ $\begin{array}{r} 92 \\ +38 \\ \hline \end{array}$

⑨ $\begin{array}{r} 87 \\ +16 \\ \hline \end{array}$　⑩ $\begin{array}{r} 4 \\ +99 \\ \hline \end{array}$

2 つぎの　たし算を　ひっ算で　しましょう。

月　　日

① 57＋69

② 77＋73

③ 66＋38

④ 93＋8

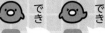

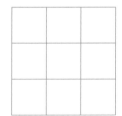

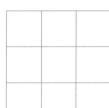

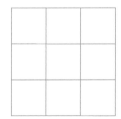

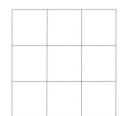

14 たし算の　ひっ算④

★できた　もんだいには、「た」を　かこう！

でき 1　でき 2

1 つぎの　たし算の　ひっ算を　しましょう。

月　日

① 74 ＋41

② 91 ＋81

③ 90 ＋33

④ 72 ＋35

⑤ 66 ＋56

⑥ 78 ＋63

⑦ 82 ＋49

⑧ 95 ＋45

⑨ 59 ＋46

⑩ 97 ＋ 7

2 つぎの　たし算を　ひっ算で　しましょう。

月　日

① 37＋84

② 64＋36

③ 87＋15

④ 9＋93

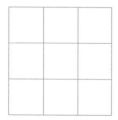

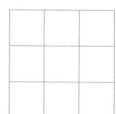

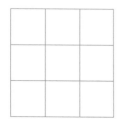

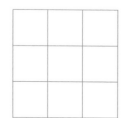

15 たし算の　ひっ算⑤

★できた　もんだいには、「た」を　かこう！

1 でき　2 でき

1 つぎの　たし算の　ひっ算を　しましょう。

月　　日

① 73 ＋55

② 54 ＋92

③ 58 ＋70

④ 20 ＋89

⑤ 66 ＋58

⑥ 94 ＋59

⑦ 35 ＋97

⑧ 87 ＋13

⑨ 49 ＋55

⑩ 5 ＋99

2 つぎの　たし算を　ひっ算で　しましょう。

月　　日

① 84＋68

② 62＋78

③ 35＋66

④ 96＋8

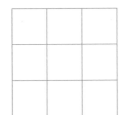

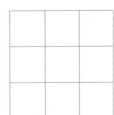

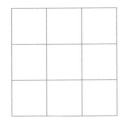

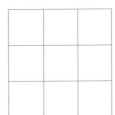

16 ひき算の　ひっ算①

★できた　もんだいには、「た」を　かこう！

1 でき　2 でき

1 つぎの　ひき算の　ひっ算を　しましょう。

月　　日

① $\begin{array}{r} 117 \\ -\ \ 55 \\ \hline \end{array}$　② $\begin{array}{r} 122 \\ -\ \ 31 \\ \hline \end{array}$　③ $\begin{array}{r} 178 \\ -\ \ 88 \\ \hline \end{array}$　④ $\begin{array}{r} 106 \\ -\ \ 93 \\ \hline \end{array}$

⑤ $\begin{array}{r} 154 \\ -\ \ 88 \\ \hline \end{array}$　⑥ $\begin{array}{r} 173 \\ -\ \ 99 \\ \hline \end{array}$　⑦ $\begin{array}{r} 161 \\ -\ \ 95 \\ \hline \end{array}$　⑧ $\begin{array}{r} 103 \\ -\ \ 54 \\ \hline \end{array}$

⑨ $\begin{array}{r} 105 \\ -\ \ 97 \\ \hline \end{array}$　⑩ $\begin{array}{r} 100 \\ -\ \ \ 6 \\ \hline \end{array}$

2 つぎの　ひき算を　ひっ算で　しましょう。

月　　日

① 132−84

$\begin{array}{r} 132 \\ -\ 84 \\ \hline 58 \end{array}$

② 102−85

③ 106−8

④ 100−72

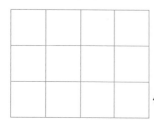

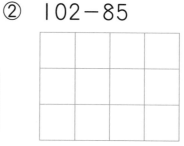

17 ひき算の　ひっ算②

★できた　もんだいには、「た」を　かこう！

でき 1　でき 2

1 つぎの　ひき算の　ひっ算を　しましょう。

月　日

① $\begin{array}{r} 139 \\ -\ \ 68 \\ \hline \end{array}$　② $\begin{array}{r} 145 \\ -\ \ 80 \\ \hline \end{array}$　③ $\begin{array}{r} 142 \\ -\ \ 82 \\ \hline \end{array}$　④ $\begin{array}{r} 102 \\ -\ \ 31 \\ \hline \end{array}$

⑤ $\begin{array}{r} 151 \\ -\ \ 73 \\ \hline \end{array}$　⑥ $\begin{array}{r} 117 \\ -\ \ 68 \\ \hline \end{array}$　⑦ $\begin{array}{r} 133 \\ -\ \ 64 \\ \hline \end{array}$　⑧ $\begin{array}{r} 105 \\ -\ \ \ \ 7 \\ \hline \end{array}$

⑨ $\begin{array}{r} 102 \\ -\ \ 96 \\ \hline \end{array}$　⑩ $\begin{array}{r} 100 \\ -\ \ 53 \\ \hline \end{array}$

2 つぎの　ひき算を　ひっ算で　しましょう。

月　日

① 141−87

② 108−29

③ 104−48

④ 100−7

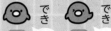

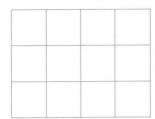

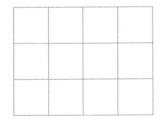

18 ひき算の　ひっ算③

★できた　もんだいには、「た」を　かこう！

1 でき　2 でき

1 つぎの　ひき算の　ひっ算を　しましょう。

月　　日

① 124
− 33

② 113
− 41

③ 119
− 29

④ 103
− 22

⑤ 115
− 38

⑥ 131
− 77

⑦ 136
− 89

⑧ 102
− 46

⑨ 106
− 98

⑩ 100
− 3

2 つぎの　ひき算を　ひっ算で　しましょう。

月　　日

① 121−72

② 106−18

③ 102−5

④ 100−14

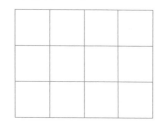

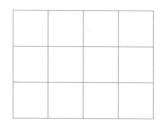

19 ひき算の　ひっ算④

★できた　もんだいには、「た」を　かこう！

1 でき　2 でき

1 つぎの　ひき算の　ひっ算を　しましょう。

月　　日

① 159 − 87

② 123 − 60

③ 141 − 81

④ 108 − 27

⑤ 112 − 39

⑥ 115 − 28

⑦ 151 − 65

⑧ 104 − 6

⑨ 103 − 99

⑩ 100 − 85

2 つぎの　ひき算を　ひっ算で　しましょう。

月　　日

① 146−97

② 108−39

③ 101−53

④ 100−2

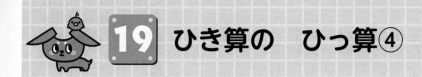

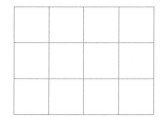

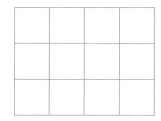

20 ひき算の　ひっ算⑤

★できた　もんだいには、「た」を　かこう！

でき 1　でき 2

1 つぎの　ひき算の　ひっ算を　しましょう。

月　日

① $\begin{array}{r} 138 \\ -\ \ 54 \\ \hline \end{array}$　② $\begin{array}{r} 135 \\ -\ \ 93 \\ \hline \end{array}$　③ $\begin{array}{r} 124 \\ -\ \ 34 \\ \hline \end{array}$　④ $\begin{array}{r} 106 \\ -\ \ 55 \\ \hline \end{array}$

⑤ $\begin{array}{r} 155 \\ -\ \ 76 \\ \hline \end{array}$　⑥ $\begin{array}{r} 126 \\ -\ \ 48 \\ \hline \end{array}$　⑦ $\begin{array}{r} 131 \\ -\ \ 74 \\ \hline \end{array}$　⑧ $\begin{array}{r} 107 \\ -\ \ 58 \\ \hline \end{array}$

⑨ $\begin{array}{r} 104 \\ -\ \ 95 \\ \hline \end{array}$　⑩ $\begin{array}{r} 100 \\ -\ \ \ \ 5 \\ \hline \end{array}$

2 つぎの　ひき算を　ひっ算で　しましょう。

月　日

① 122−45

② 103−69

③ 103−4

④ 100−93

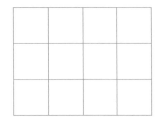

21 3けたの 数の たし算の ひっ算

★できた もんだいには、「た」を かこう！

1 でき　2 でき

1 つぎの たし算の ひっ算を しましょう。

月　日

① 243
+ 36

② 516
+ 61

③ 358
+ 38

④ 459
+ 33

⑤ 358
+ 35

⑥ 205
+ 77

⑦ 338
+ 52

⑧ 259
+ 20

⑨ 249
+ 5

⑩ 666
+ 8

2 つぎの たし算を ひっ算で しましょう。

月　日

① 535+46

② 315+80

③ 487+6

④ 353+7

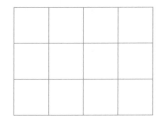

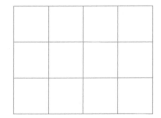

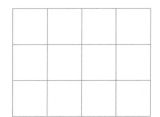

22 3けたの　数の　ひき算の　ひっ算

★できた　もんだいには、「た」を　かこう！

1 でき　2 でき

1 つぎの　ひき算の　ひっ算を　しましょう。

月　　日

① 535 − 23

② 759 − 12

③ 278 − 59

④ 696 − 28

⑤ 573 − 47

⑥ 881 − 46

⑦ 424 − 19

⑧ 695 − 95

⑨ 757 − 9

⑩ 414 − 8

2 つぎの　ひき算を　ひっ算で　しましょう。

月　　日

① 775−26

② 531−31

③ 362−5

④ 813−7

23 九九①

★できた　もんだいには、「た」を　かこう！

1 でき　2 でき

1 つぎの　計算を　しましょう。

月　　日

① $8\times5=$　　② $5\times2=$

③ $6\times3=$　　④ $9\times8=$

⑤ $7\times5=$　　⑥ $1\times6=$

⑦ $2\times9=$　　⑧ $3\times3=$

⑨ $4\times1=$　　⑩ $9\times4=$

2 つぎの　計算を　しましょう。

月　　日

① $4\times8=$　　② $5\times6=$

③ $6\times9=$　　④ $7\times2=$

⑤ $1\times2=$　　⑥ $6\times7=$

⑦ $8\times6=$　　⑧ $9\times1=$

⑨ $2\times4=$　　⑩ $3\times5=$

24 九九②

★できた　もんだいには、「た」を　かこう！

1 でき　2 でき

1 つぎの　計算を　しましょう。

月　　日

① 7×6＝　　② 4×3＝

③ 5×9＝　　④ 2×8＝

⑤ 8×8＝　　⑥ 1×4＝

⑦ 3×9＝　　⑧ 6×5＝

⑨ 8×1＝　　⑩ 9×6＝

2 つぎの　計算を　しましょう。

月　　日

① 6×8＝　　② 7×4＝

③ 2×5＝　　④ 3×6＝

⑤ 6×2＝　　⑥ 4×5＝

⑦ 2×1＝　　⑧ 8×4＝

⑨ 7×9＝　　⑩ 9×9＝

25 九九③

★できた もんだいには、「た」を かこう！

1 でき　2 でき

1 つぎの 計算を しましょう。

月　日

① 4×2＝□　② 1×8＝□

③ 9×5＝□　④ 6×6＝□

⑤ 7×3＝□　⑥ 2×6＝□

⑦ 4×9＝□　⑧ 5×5＝□

⑨ 3×4＝□　⑩ 6×1＝□

2 つぎの 計算を しましょう。

月　日

① 1×1＝□　② 4×7＝□

③ 7×7＝□　④ 5×1＝□

⑤ 6×4＝□　⑥ 8×7＝□

⑦ 3×1＝□　⑧ 9×3＝□

⑨ 8×2＝□　⑩ 5×8＝□

26 九九④

★できた　もんだいには、
「た」を　かこう！
1 でき
2 でき

月　　日

1 つぎの　計算を　しましょう。

① 3×2＝□　　② 5×4＝□

③ 4×6＝□　　④ 2×9＝□

⑤ 7×1＝□　　⑥ 7×8＝□

⑦ 6×7＝□　　⑧ 4×3＝□

⑨ 1×3＝□　　⑩ 3×7＝□

月　　日

2 つぎの　計算を　しましょう。

① 8×6＝□　　② 5×5＝□

③ 9×6＝□　　④ 9×8＝□

⑤ 6×2＝□　　⑥ 3×6＝□

⑦ 7×4＝□　　⑧ 8×2＝□

⑨ 2×5＝□　　⑩ 1×9＝□

27 九九⑤

★できた　もんだいには、
「た」を　かこう！

でき　1
でき　2

1 つぎの　計算を　しましょう。

月　　日

① 4×2=□　　② 9×5=□

③ 8×4=□　　④ 5×3=□

⑤ 6×9=□　　⑥ 3×4=□

⑦ 2×7=□　　⑧ 1×5=□

⑨ 8×9=□　　⑩ 9×7=□

2 つぎの　計算を　しましょう。

月　　日

① 8×3=□　　② 2×8=□

③ 2×2=□　　④ 3×9=□

⑤ 9×1=□　　⑥ 4×9=□

⑦ 5×7=□　　⑧ 7×6=□

⑨ 8×8=□　　⑩ 1×8=□

28 九九⑥

★できた　もんだいには、「た」を　かこう！

1 でき　2 でき

1 つぎの　計算を　しましょう。

月　　日

① 3×3＝　　② 5×8＝

③ 1×7＝　　④ 6×1＝

⑤ 3×8＝　　⑥ 7×9＝

⑦ 4×5＝　　⑧ 9×2＝

⑨ 6×8＝　　⑩ 5×6＝

2 つぎの　計算を　しましょう。

月　　日

① 9×4＝　　② 6×6＝

③ 7×2＝　　④ 3×1＝

⑤ 8×4＝　　⑥ 5×2＝

⑦ 1×4＝　　⑧ 2×3＝

⑨ 4×8＝　　⑩ 7×7＝

29 九九⑦

★できた　もんだいには、「た」を　かこう！

1 でき　2 でき

1 つぎの　計算を　しましょう。

月　日

① $2 \times 2 = \square$　② $5 \times 4 = \square$

③ $8 \times 6 = \square$　④ $1 \times 3 = \square$

⑤ $6 \times 7 = \square$　⑥ $3 \times 9 = \square$

⑦ $8 \times 3 = \square$　⑧ $4 \times 6 = \square$

⑨ $7 \times 1 = \square$　⑩ $9 \times 8 = \square$

2 つぎの　計算を　しましょう。

月　日

① $6 \times 3 = \square$　② $2 \times 7 = \square$

③ $7 \times 4 = \square$　④ $4 \times 1 = \square$

⑤ $1 \times 6 = \square$　⑥ $3 \times 7 = \square$

⑦ $4 \times 4 = \square$　⑧ $2 \times 4 = \square$

⑨ $3 \times 5 = \square$　⑩ $5 \times 7 = \square$

30 九九⑧

★できた　もんだいには、「た」を　かこう！

1 できた　2 できた

1 つぎの　計算を　しましょう。

月　　日

① 4×3＝□　　② 6×5＝□

③ 1×2＝□　　④ 7×7＝□

⑤ 9×3＝□　　⑥ 2×6＝□

⑦ 5×1＝□　　⑧ 7×3＝□

⑨ 3×2＝□　　⑩ 9×7＝□

2 つぎの　計算を　しましょう。

月　　日

① 1×1＝□　　② 7×8＝□

③ 2×8＝□　　④ 3×6＝□

⑤ 9×2＝□　　⑥ 4×9＝□

⑦ 8×5＝□　　⑧ 6×9＝□

⑨ 9×9＝□　　⑩ 5×3＝□

31 九九⑨

★できた　もんだいには、「た」を　かこう！

1 でき　2 でき

1 つぎの　計算を　しましょう。

月　日

① 2×5=

② 3×8=

③ 9×4=

④ 4×7=

⑤ 1×5=

⑥ 6×2=

⑦ 8×7=

⑧ 2×3=

⑨ 5×8=

⑩ 7×6=

2 つぎの　計算を　しましょう。

月　日

① 5×6=

② 6×4=

③ 1×7=

④ 2×1=

⑤ 5×9=

⑥ 7×2=

⑦ 4×8=

⑧ 8×1=

⑨ 3×3=

⑩ 8×9=

32 九九⑩

★できた　もんだいには、「た」を　かこう！

1 でき　2 でき

1 つぎの　計算を　しましょう。

月　　日

① $7\times3=$ □　② $9\times7=$ □

③ $4\times4=$ □　④ $2\times9=$ □

⑤ $6\times1=$ □　⑥ $3\times4=$ □

⑦ $8\times3=$ □　⑧ $1\times4=$ □

⑨ $9\times3=$ □　⑩ $5\times7=$ □

2 つぎの　計算を　しましょう。

月　　日

① $4\times6=$ □　② $2\times2=$ □

③ $7\times8=$ □　④ $9\times5=$ □

⑤ $1\times9=$ □　⑥ $6\times4=$ □

⑦ $5\times4=$ □　⑧ $3\times5=$ □

⑨ $8\times8=$ □　⑩ $7\times4=$ □

答え

1 100までの　たし算の　ひっ算①

1 ①98　②86　③91　④72　⑤56　⑥86　⑦58　⑧90　⑨53　⑩59

2

①

	1	7
+	6	4
	8	1

②

	4	6
+	1	8
	6	4

③

	2	1
+		6
	2	7

④

		8
+	4	2
	5	0

2 100までの　たし算の　ひっ算②

1 ①65　②78　③63　④51　⑤72　⑥55　⑦87　⑧80　⑨65　⑩80

2

①

	5	7
+	1	2
	6	9

②

	6	6
+	2	4
	9	0

③

	6	9
+		5
	7	4

④

		3
+	7	9
	8	2

3 100までの　たし算の　ひっ算③

1 ①69　②96　③58　④91　⑤92　⑥95　⑦96　⑧80　⑨23　⑩54

2

①

	6	8
+	1	6
	8	4

②

	5	4
+	3	8
	9	2

③

	6	3
+		7
	7	0

④

		4
+	5	2
	5	6

4 100までの　ひき算の　ひっ算①

1 ①23　②18　③6　④31　⑤19　⑥25　⑦27　⑧23　⑨16　⑩29

2

①

	7	2
−	5	3
	1	9

②

	8	1
−	7	9
		2

③

	6	0
−	3	2
	2	8

④

	5	6
−		8
	4	8

5 100までの　ひき算の　ひっ算②

1 ①63　②60　③9　④43　⑤38　⑥19　⑦55　⑧29　⑨4　⑩28

2

①

	9	6
−	4	7
	4	9

②

	6	1
−	5	5
		6

③

	4	0
−	3	1
		9

④

	9	2
−		5
	8	7

6 100までの　ひき算の　ひっ算③

1 ①15　②76　③10　④51　⑤28　⑥74　⑦59　⑧18　⑨6　⑩28

2

①

	9	2
−	6	9
	2	3

②

	9	7
−	8	8
		9

③

	8	0
−	7	8
		2

④

	5	0
−		4
	4	6

7 何十の　計算

1 ①130　②130　③120　④170　⑤120　⑥110　⑦150　⑧110　⑨150　⑩140

2 ①40　②90　③60　④70　⑤70　⑥50　⑦90　⑧90　⑨90　⑩40

8 何百の　計算

1 ①800　②900　③800　④500　⑤700　⑥700　⑦900　⑧900　⑨900　⑩1000

2 ①400　②300　③100　④500　⑤100　⑥700　⑦600　⑧400　⑨400　⑩300

9 たし算の　あん算

1 ①20　②40　③60　④70　⑤50　⑥30　⑦90　⑧30　⑨80　⑩60

2 ①21　②35　③65　④83　⑤44　⑥31　⑦92　⑧64　⑨53　⑩72

10 ひき算の　あん算

1 ①13　②78　③31　④65　⑤47　⑥54　⑦29　⑧82　⑨35　⑩16

2 ①17　②29　③66　④39　⑤49　⑥27　⑦59　⑧69　⑨75　⑩27

11 たし算の　ひっ算①

1 ①114　②119　③147　④107　⑤133　⑥162　⑦128　⑧110　⑨101　⑩102

2

①

	7	6
+	5	7
1	3	3

②

	3	1
+	8	9
1	2	0

③

	6	7
+	3	5
1	0	2

④

	9	5
+		6
1	0	1

12 たし算の　ひっ算②

1 ①119　②118　③111　④107　⑤131　⑥121　⑦124　⑧130　⑨103　⑩102

2

①

	6	7
+	8	7
1	5	4

②

	6	8
+	4	2
1	1	0

③

	5	9
+	4	9
1	0	8

④

		6
+	9	7
1	0	3

13 たし算の　ひっ算③

1 ①118　②156　③149　④109　⑤134　⑥123　⑦143　⑧130　⑨103　⑩103

2

①

	5	7
+	6	9
1	2	6

②

	7	7
+	7	3
1	5	0

③

	6	6
+	3	8
1	0	4

④

	9	3
+		8
1	0	1

14 たし算の　ひっ算④

1 ①115　②172　③123　④107　⑤122　⑥141　⑦131　⑧140　⑨105　⑩104

2

①

	3	7
+	8	4
1	2	1

②

	6	4
+	3	6
1	0	0

③

	8	7
+	1	5
1	0	2

④

		9
+	9	3
1	0	2

15 たし算の　ひっ算⑤

1 ①128　②146　③128　④109　⑤124　⑥153　⑦132　⑧100　⑨104　⑩104

2

①

	8	4
+	6	8
1	5	2

②

	6	2
+	7	8
1	4	0

③

	3	5
+	6	6
1	0	1

④

	9	6
+		8
1	0	4

16 ひき算の　ひっ算①

1 ①62　②91　③90　④13　⑤66　⑥74　⑦66　⑧49　⑨8　⑩94

2

①

	1	3	2
−		8	4
		4	8

②

	1	0	2
−		8	5
		1	7

③

	1	0	6
−			8
		9	8

④

	1	0	0
−		7	2
		2	8

17 ひき算の　ひっ算②

1 ①71　②65　③60　④71　⑤78　⑥49　⑦69　⑧98　⑨6　⑩47

2

①

	1	4	1
−		8	7
		5	4

②

	1	0	8
−		2	9
		7	9

③

	1	0	4
−		4	8
		5	6

④

	1	0	0
−			7
		9	3

18 ひき算の　ひっ算③

1 ①91　②72　③90　④81　⑤77　⑥54　⑦47　⑧56　⑨8　⑩97

2

①

	1	2	1
−		7	2
		4	9

②

	1	0	6
−		1	8
		8	8

③

	1	0	2
−			5
		9	7

④

	1	0	0
−		1	4
		8	6

19 ひき算の　ひっ算④

1 ①72　②63　③60　④81　⑤73　⑥87　⑦86　⑧98　⑨4　⑩15

2

①

	1	4	6
−		9	7
		4	9

②

	1	0	8
−		3	9
		6	9

③

	1	0	1
−		5	3
		4	8

④

	1	0	0
−			2
		9	8

20 ひき算の　ひっ算⑤

1 ①84　②42　③90　④51　⑤79　⑥78　⑦57　⑧49　⑨9　⑩95

2

①

	1	2	2
−		4	5
		7	7

②

	1	0	3
−		6	9
		3	4

③

	1	0	3
−			4
		9	9

④

	1	0	0
−		9	3
			7

21 3けたの　数の　たし算の　ひっ算

1 ①279　②577　③396　④492　⑤393　⑥282　⑦390　⑧279　⑨254　⑩674

2

①

	5	3	5
+		4	6
	5	8	1

②

	3	1	5
+		8	0
	3	9	5

③

	4	8	7
+			6
	4	9	3

④

	3	5	3
+			7
	3	6	0

22 3けたの　数の　ひき算の　ひっ算

1 ①512　②747　③219　④668　⑤526　⑥835　⑦405　⑧600　⑨748　⑩406

2

①

	7	7	5
−		2	6
	7	4	9

②

	5	3	1
−		3	1
	5	0	0

③

	3	6	2
−			5
	3	5	7

④

	8	1	3
−			7
	8	0	6

23 九九①

1 ①40　②10
③18　④72
⑤35　⑥6
⑦18　⑧9
⑨4　⑩36

2 ①32　②30
③54　④14
⑤2　⑥42
⑦48　⑧9
⑨8　⑩15

24 九九②

1 ①42　②12
③45　④16
⑤64　⑥4
⑦27　⑧30
⑨8　⑩54

2 ①48　②28
③10　④18
⑤12　⑥20
⑦2　⑧32
⑨63　⑩81

25 九九③

1 ①8　②8
③45　④36
⑤21　⑥12
⑦36　⑧25
⑨12　⑩6

2 ①1　②28
③49　④5
⑤24　⑥56
⑦3　⑧27
⑨16　⑩40

26 九九④

1 ①6　②20
③24　④18
⑤7　⑥56
⑦42　⑧12
⑨3　⑩21

2 ①48　②25
③54　④72
⑤12　⑥18
⑦28　⑧16
⑨10　⑩9

27 九九⑤

1 ①8　②45
③32　④15
⑤54　⑥12
⑦14　⑧5
⑨72　⑩63

2 ①24　②16
③4　④27
⑤9　⑥36
⑦35　⑧42
⑨64　⑩8

28 九九⑥

1 ①9　②40
③7　④6
⑤24　⑥63
⑦20　⑧18
⑨48　⑩30

2 ①36　②36
③14　④3
⑤32　⑥10
⑦4　⑧6
⑨32　⑩49

29 九九⑦

1 ①4　②20
③48　④3
⑤42　⑥27
⑦24　⑧24
⑨7　⑩72

2 ①18　②14
③28　④4
⑤6　⑥21
⑦16　⑧8
⑨15　⑩35

30 九九⑧

1
①12 ②30
③2 ④49
⑤27 ⑥12
⑦5 ⑧21
⑨6 ⑩63

2
①1 ②56
③16 ④18
⑤18 ⑥36
⑦40 ⑧54
⑨81 ⑩15

31 九九⑨

1
①10 ②24
③36 ④28
⑤5 ⑥12
⑦56 ⑧6
⑨40 ⑩42

2
①30 ②24
③7 ④2
⑤45 ⑥14
⑦32 ⑧8
⑨9 ⑩72

32 九九⑩

1
①21 ②63
③16 ④18
⑤6 ⑥12
⑦24 ⑧4
⑨27 ⑩35

2
①24 ②4
③56 ④45
⑤9 ⑥24
⑦20 ⑧15
⑨64 ⑩28

ぴったり2

れんしゅう

がくしゅうび　月　日

★できた　もんだいには、「た」を　かこう！★

でき ①　た　でき ②

教科書　上10～15ページ　答え　2ページ

1 下の　絵の　数を　しらべて、ひょうや　グラフに　かきましょう。

教科書　13ページ 1

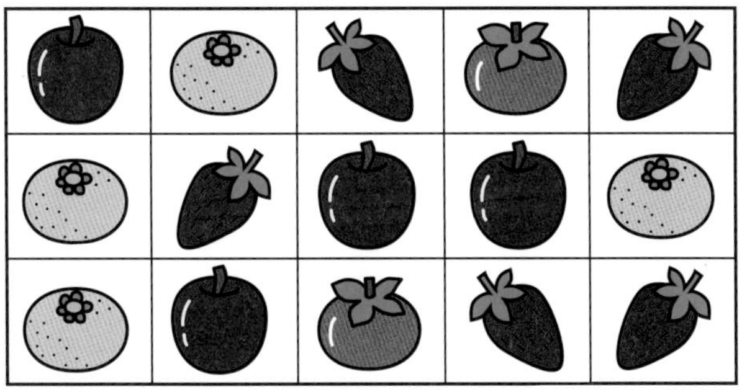

くだものの　絵

くだもの	りんご	いちご	みかん	かき
まい数《すう》（まい）				

くだものの　絵

りんご	いちご	みかん	かき

よくよんで

2 すきな　きゅう食《しょく》しらべの　人数を　下のような　グラフに　あらわしました。

教科書　13ページ 1

すきな　きゅう食しらべ

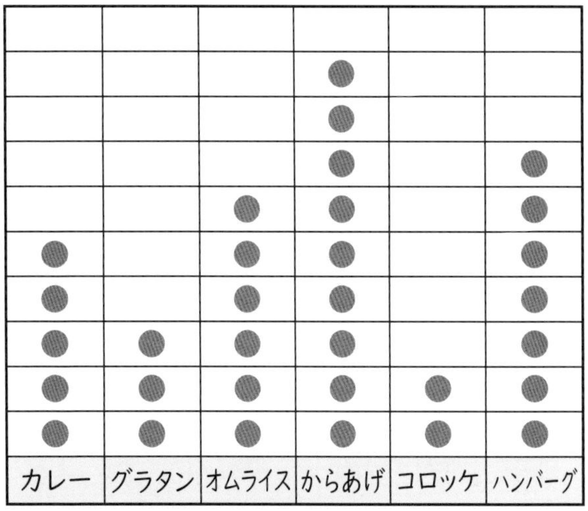

① すきな　人が　いちばん　多《おお》い　きゅう食は　何《なん》ですか。

（　　　　　）

② グラタンが　すきな　人は　何人ですか。

（　　　　　）

③ すきな　人が　いちばん　多い　きゅう食と、いちばん　少《すく》ない　きゅう食の　数の　ちがいは　何人ですか。

（　　　　　）

いちばん　多い　きゅう食の　人数から　いちばん　少ない　きゅう食の　人数を　ひけば　いいよ。

ヒント

2 ① ●の　数が　多いほど、すきな　人が　多く　なります。
グラフは　高《たか》さで　多い　ものや　少ない　ものが　すぐに　わかります。

1 ひょうと　グラフ

時間 30 分

／100

ごうかく 80 点

教科書 上 10〜17 ページ　答え 2 ページ

知識・技能　／100点

1 よく出る　15 人の　子どもが、「コアラ」「さる」「ぞう」「パンダ」「きりん」の　中で、すきな　どうぶつの　絵《え》を　かきました。

①ぜんぶできて　10点、②〜⑥1つ8点(50点)

① 絵の　数《かず》を　しらべて　グラフに　かきましょう。

すきな　どうぶつしらべ

コアラ	さる	ぞう	パンダ	きりん

② コアラの　絵は　何《なん》まい　ありますか。（　　　　）

③ いちばん　多《おお》い　どうぶつは　何ですか。（　　　　）

④ いちばん　少《すく》ない　どうぶつは　何ですか。（　　　　）

⑤ コアラの　絵と　ぞうの　絵では、どちらが　多いですか。

（　　　　）の　絵

⑥ コアラの　絵は　きりんの　絵より、何まい　多いですか。

（　　　　）多い

2 かなさんは　もって　いる　本の　しゅるいや　大きさを　しらべて、ひょうと　グラフに　あらわしました。　1つ10点(50点)

㋐　**本の　しゅるいしらべ**

本の しゅるい	図《ず》かん	絵本	お話《はなし》	まんが
さっ数《すう》(さつ)	2	6	5	3

㋒　**本の　大きさしらべ**

本の 大きさ	大	中	小
さっ数 (さつ)	6	7	3

㋑　**本の　しゅるいしらべ**

	●		
	●	●	
	●	●	
	●	●	●
●	●	●	●
●	●	●	●
図かん	絵本	お話	まんが

㋓　**本の　大きさしらべ**

	●	
●	●	
●	●	
●	●	
●	●	●
●	●	●
●	●	●
大	中	小

① どんな　大きさの　本が　何さつ　あるかを　しらべる　ひょうは、㋐と　㋒の　どちらですか。

(　　　　　)の　ひょう

② どの　しゅるいの　本が　いちばん　多いかを　しらべる　グラフは、㋑と　㋓の　どちらですか。

(　　　　　)の　グラフ

③ 図かんと　お話の　さっ数の　ちがいは　何さつですか。

(　　　　　)

④ しゅるいが　いちばん　多い　本と、しゅるいが　いちばん　少ない　本の　さっ数の　ちがいは　何さつですか。

(　　　　　)

⑤ 大きさが　中の　本は　何さつ　ありますか。

(　　　　　)

ふりかえり　**1**①②が　わからない　ときは、2ページの　**1**に　もどって　かくにんして　みよう。

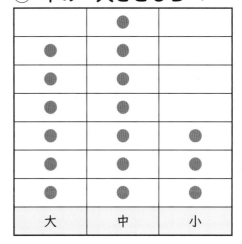

① たし算

教科書 上18〜21ページ　答え 3ページ

つぎの □ に あてはまる 数《かず》を かきましょう。

ねらい (2けた)＋(1けた)の計算《けいさん》ができるようにしよう。　れんしゅう ❶❷❸❹

42＋8の 計算の しかた

42から 8 ふえるから 50

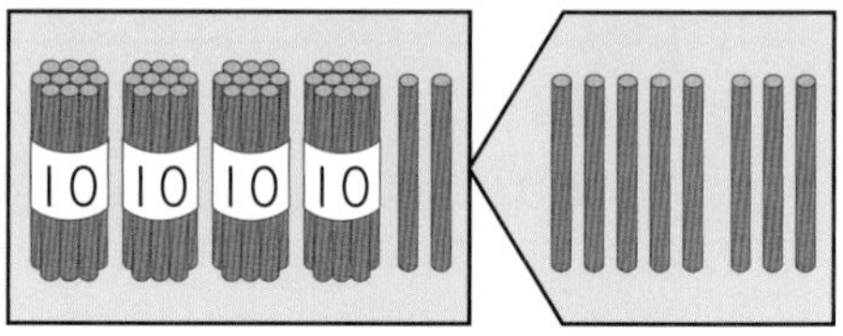

42＋8＝50

18＋5の 計算の しかた

5を 2と 3に 分《わ》けます。
18に 2を たして 20
20と 3で 23

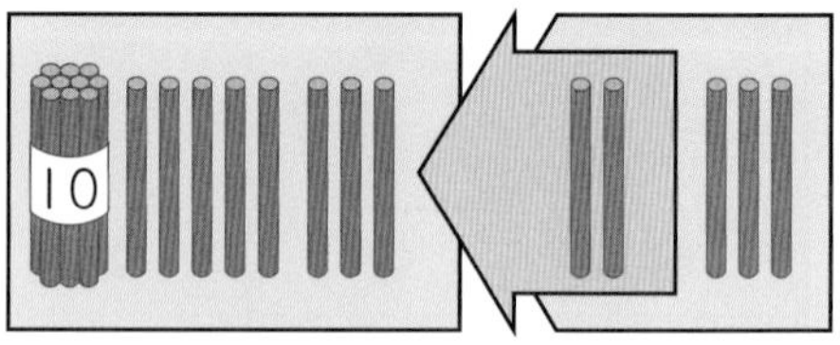

18＋5＝23
（5を 2 と 3 に 分ける）

1 (1) 16＋4、(2) 23＋7の 計算を しましょう。

とき方 (1) 16から 4 ふえるから、
16＋4＝[20]
(2) 23から 7ふえるから、
23＋7＝[ ]

2 37＋9の 計算を しましょう。

とき方 9を [① 3] と 6に 分けます。
37に 3を たして [② 40]
40と [③] で 46　37＋9＝[④]

がくしゅうび　　月　　日

★できた　もんだいには、「た」を　かこう！★

でき ① でき ② でき ③ でき ④

教科書　上18〜21ページ　　答え　3ページ

1 つぎの　計算を　しましょう。　教科書　19ページ 1・2

① 12+8　　② 19+1　　③ 35+5

④ 84+6　　⑤ 43+7　　⑥ 58+2

2 めだかが　46ぴき　います。
4ひきの　めだかを　もらいました。
めだかは　ぜんぶで　何《なん》びきですか。
教科書　19ページ 2

しき

答《こた》え（　　　　）

3 つぎの　計算を　しましょう。　教科書　20ページ 6、21ページ 7

① 19+8　　② 17+7　　③ 57+4

④ 64+9　　⑤ 76+5　　⑥ 48+7

4 きのう　つるを　37わ　おりました。
きょう　また　8わ　おりました。
つるは　あわせて　何わに　なりましたか。
教科書　21ページ 7

しき

答え（　　　　）

ヒント
3 ①　19は　あと　1で　20だから、8を　1と　7に　分けます。
4　8を　3と　5に　分けて、37に　3を　たします。

2 たし算と ひき算
② **ひき算**

📖 教科書 上 22〜25 ページ ▷ 答え 3 ページ

✏️ つぎの ☐ に あてはまる 数を かきましょう。

🎯 **ねらい** （何十）−（1けた）、（2けた）−（1けた）の計算ができるようにしよう。 **れんしゅう** ① ② ③ ④ →

🐾 **40−8の 計算の しかた**
40から 8 へるから 32

$$40-8=32$$

🐾 **32−7の 計算の しかた**
32を 30と 2に 分けます。
30から 7を ひいて 23
23と 2で 25

$$32-7=25$$
30　2

1 (1) 20−2、(2) 30−4の 計算を しましょう。

とき方 (1) 20から 2 へるから、
$$20-2=\boxed{18}$$
(2) 30から 4 へるから、
$$30-4=\boxed{}$$

2 23−8の 計算を しましょう。

とき方 23を ①$\boxed{20}$ と 3に 分けます。
20から 8を ひいて ②$\boxed{12}$
12と 3で ③$\boxed{}$　　　23−8=④$\boxed{}$

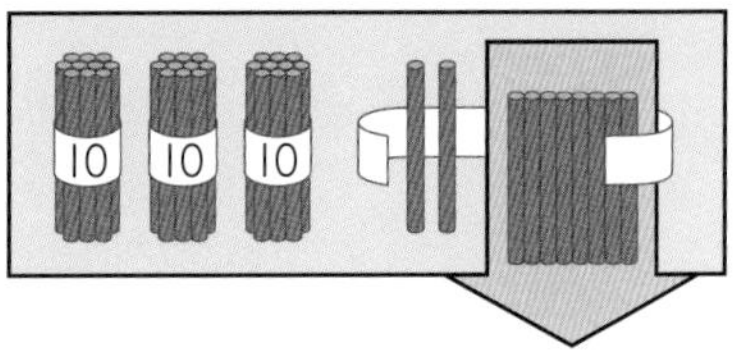

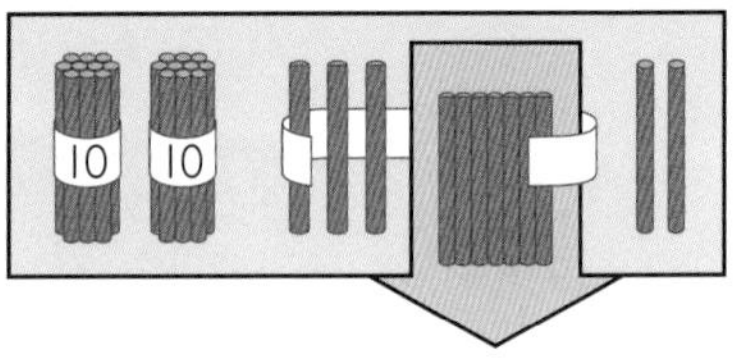

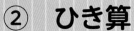

がくしゅうび　月　日

★できた　もんだいには、「た」を　かこう！★

1 でき　2 でき　3 でき　4 でき

教科書　上22～25ページ　答え　3ページ

1 つぎの　計算を　しましょう。　教科書 23ページ 1・2

① 20－3　② 20－9　③ 40－7

④ 50－8　⑤ 70－2　⑥ 80－4

2 色紙《いろがみ》が　30まい　あります。
8まい　つかうと　何まい
のこりますか。　教科書 23ページ 2

しき

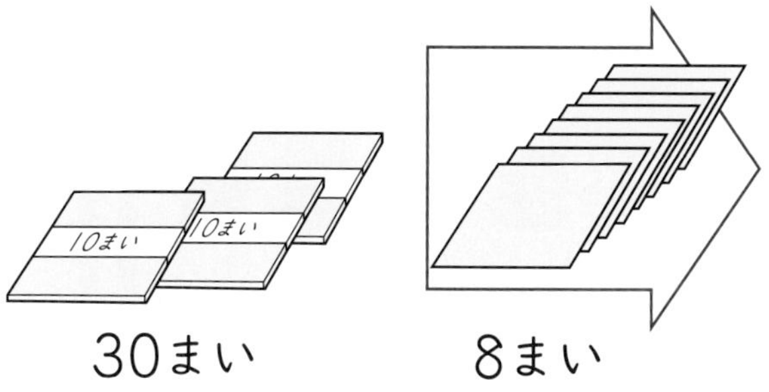

答《こた》え（　　　）

3 つぎの　計算を　しましょう。　教科書 24ページ 6、25ページ 7

① 21－4　② 24－6　③ 43－8

④ 92－3　⑤ 36－7　⑥ 84－9

よくよんで

4 いちごの　あめが　34こ、めろんの　あめが　7こ　あります。
いちごの　あめは　めろんの　あめより　何こ　多《おお》いですか。

教科書 25ページ 7

しき

答え（　　　）

ヒント
2 30は　20と　10です。10から　8を　ひきます。
4 34を　30と　4に　分けます。はじめに　何十から　ひきましょう。

② たし算と　ひき算

時間 30 分

／100

ごうかく 80 点

教科書　上 18〜26 ページ　答え　4 ページ

知識・技能　／70点

1 左の　数《かず》に　いくつ　たすと、右の　数に　なりますか。
□に　その　数を　かきましょう。　1つ5点(10点)

①
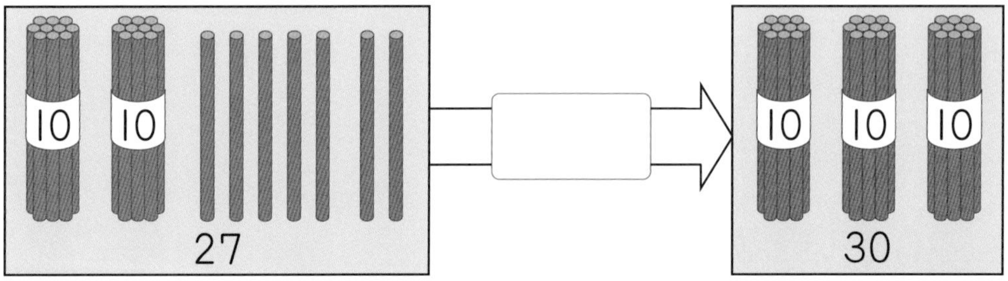

②
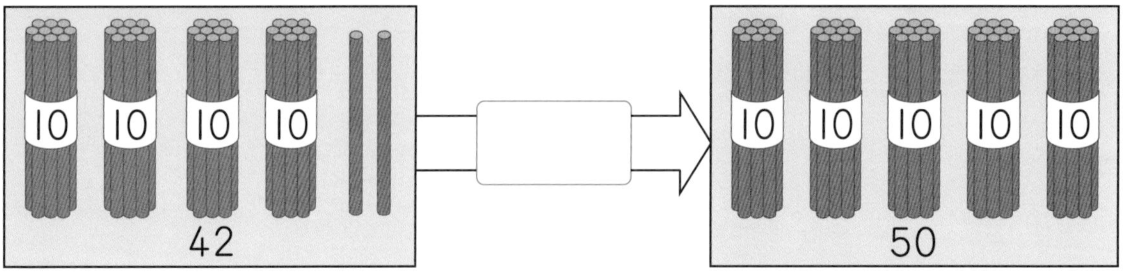

2 つぎの　計算《けいさん》を　しましょう。　1つ5点(60点)

① 15＋5　　② 53＋7

③ 17＋6　　④ 83＋9

⑤ 58＋4　　⑥ 67＋5

⑦ 20－4　　⑧ 40－3

⑨ 26－9　　⑩ 55－8

⑪ 81－6　　⑫ 73－7

思考・判断・表現　／30点

3 よく出る いちごが　40 こ
あります。
　6こ　食《た》べると、何《なん》こに
なりますか。　しき・答え　1つ5点(10点)

しき

答《こた》え（　　　　）

4 子どもが　25 人　あそんで
いました。
　そこへ　8人　やって
来《き》ました。
　ぜんぶで　何人に
なりましたか。　しき・答え　1つ5点(10点)

しき

答え（　　　　）

できたらスゴイ!

5 たいきさんは　えんぴつを　7本
もって　います。
　まいさんは　えんぴつを　31 本
もって　います。
　どちらが　何本　多《おお》く　もって
いますか。　しき・答え　1つ5点(10点)

しき

答え（＿＿＿＿＿が＿＿＿＿＿多く　もって　いる。）

ふろくの「計算せんもんドリル」9～10 も　やって　みよう！

ふりかえり　❶が　わからない　ときは、6ページの　1に　もどって　かくにんして　みよう。

3 時こくと　時間

3分でまとめ

教科書　上27～31ページ　答え　4ページ

つぎの □ に　あてはまる　数《かず》を　かきましょう。

ねらい 時間《じかん》や時《じ》こくをもとめることができるようにしよう。　れんしゅう 1 2 →

✪長《なが》い　はりが　1目もり　うごく　時間を　1分《ぷん》と　いいます。

✪長い　はりが　ひとまわりする　時間を　1時間と　いいます。

1時間＝60分

1 おきてから　家《いえ》を　出るまでの　時間は　どれだけですか。

おきる

家を　出る

とき方　おきる　時こくは　[7]時、

家を　出る　時こくは　7時 [　　] 分です。

長い　はりが　43目もり　うごいたから、おきてから　家を　出るまでの　時間は [　　] 分です。

ねらい 午前《ごぜん》、午後《ごご》をつかって、時こくをあらわすことができるようにしよう。　れんしゅう 3 →

1日＝24時間

午前と　午後は　それぞれ　12時間です。

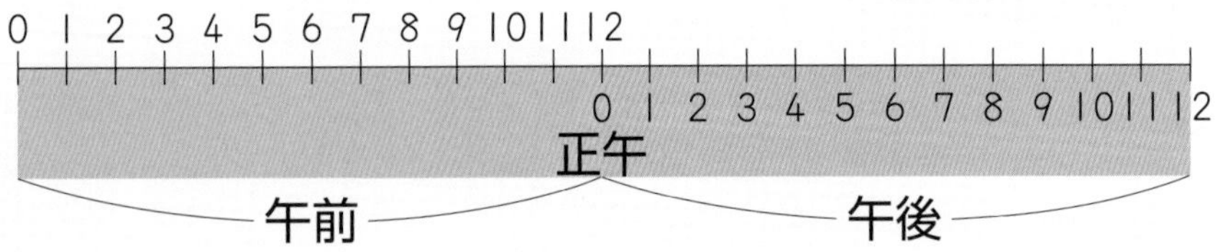

2 家を　出てから　家に　帰《かえ》るまでの　時間は　どれだけですか。

家を　出る

午前8時

家に　帰る

午後4時

とき方　みじかい　はりが　8から　4まで　うごいたから、[　　] 時間です。

がくしゅうび　　月　　日

★できた　もんだいには、「た」を　かこう！★

でき ①　でき ②　でき ③

教科書　上27～31ページ　答え　4ページ

1 ㋐から　㋑までの　時間は　どれだけですか。

教科書　28ページ 1、29ページ 3

①

㋐　㋑

(　　　　　)

②

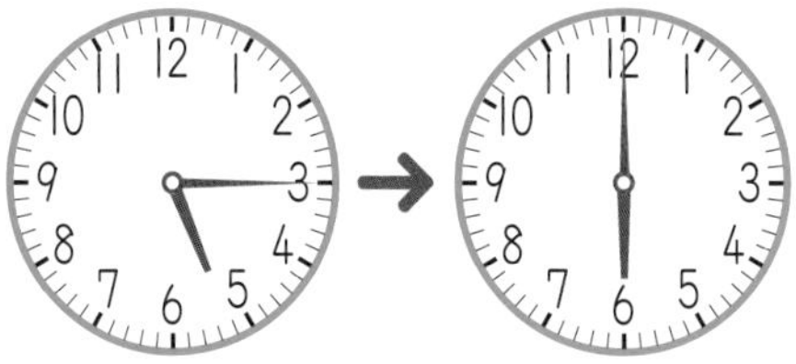

㋐　㋑

(　　　　　)

③

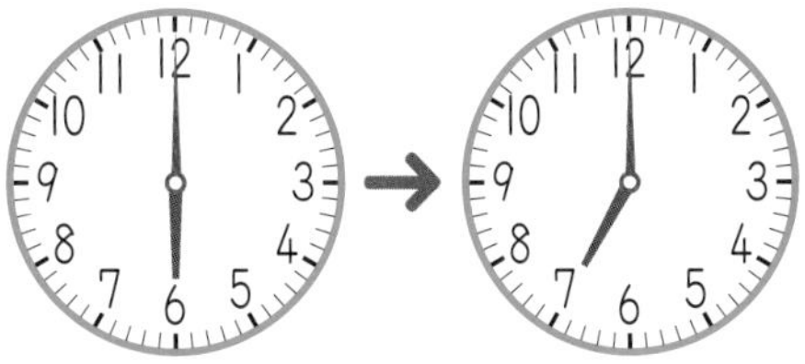

㋐　㋑

(　　　　　)

長い　はりが
ひとまわり　すると
１時間だよ。

2 いま　８時 15 分《ふん》です。
つぎの　時こくを　答えましょう。

教科書　29ページ 4

①　１時間あと

(　　　　　)

②　30 分前《まえ》

(　　　　　)

③　30 分あと

(　　　　　)

3 家を　出てから　家に　帰るまでの
時間は　どれだけですか。

教科書　31ページ 2

家を　出る　　家に　帰る

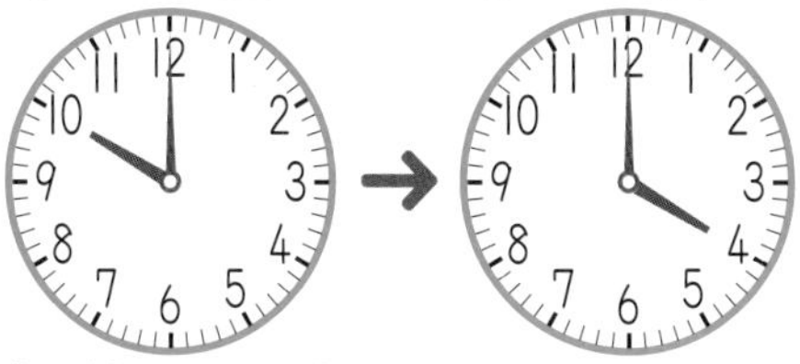

午前 10 時　　午後 4 時

(　　　　　)

ヒント

1 ③　長い　はりが　ひとまわりすると、みじかい　はりは、数字《すうじ》と
数字の　間《あいだ》を　１つ分《ぶん》　うごきます。

3 時こくと　時間

時間 30 分

／100

ごうかく 80 点

教科書　上 27〜33 ページ　答え　5 ページ

知識・技能　／70点

1 よく出る　つぎの □ に　あてはまる　数《かず》や　ことばを　かきましょう。

□1つ7点(35点)

① 1時間《じかん》＝□分《ぷん》　　② 1日＝□時間

③ 午前《ごぜん》は□時間、午後《ごご》は□時間

④ 正午《しょうご》の　2時間前《まえ》は□10時《じ》です。

2 だいきさんは　ゆう園地《えんち》に　行《い》きました。

1つ7点(21点)

家《いえ》を　出る	バスに　のる	バスを　おりる	ゆう園地に　つく

午前 9 時	午前 9 時 10 分	午前 9 時 45 分《ふん》	午前 10 時

① だいきさんが　バスに　のって　いた　時間は　何《なん》分ですか。

(　　　　)

② だいきさんが　バスを　おりてから　ゆう園地に　つくまでの　時間は　何分ですか。

(　　　　)

③ だいきさんが　家を　出てから　ゆう園地に　つくまでの　時間は　何分ですか。

(　　　　)

3 午前、午後を　つかって、時こくを　かきましょう。　1つ7点(14点)

①　朝《あさ》ごはんの　時こく

(　　　　　　)

②　夕ごはんの　時こく

(　　　　　　)

思考・判断・表現　／30点

4 つぎの　時こくを　答《こた》えましょう。　1つ6点(24点)

いまの　時こく

①　30 分前

(　　　　　　)

②　30 分あと

(　　　　　　)

③　3時間前

(　　　　　　)

④　2時間あと

(　　　　　　)

できたらスゴイ!

5 あすかさんの　家から　えきまで　15分　かかります。
8時35分ちょうどに　えきに　つくには、家を　何時何分に
出ると　よいですか。　(6点)

(　　　　　　)

ふりかえり　❶①が　わからない　ときは、12ページの　❶に　もどって　かくにんして　みよう。

3分でまとめ

センチメートル、ミリメートル、長さは どれくらい

教科書 上34～41ページ 答え 5ページ

つぎの □ に あてはまる 数《かず》を かきましょう。

ねらい cm をつかって、長《なが》さをあらわせるようにしよう。 れんしゅう 1→

長さの はかりかた

長さは 1cm(1センチメートル)が いくつ分《ぶん》 あるかで あらわします。

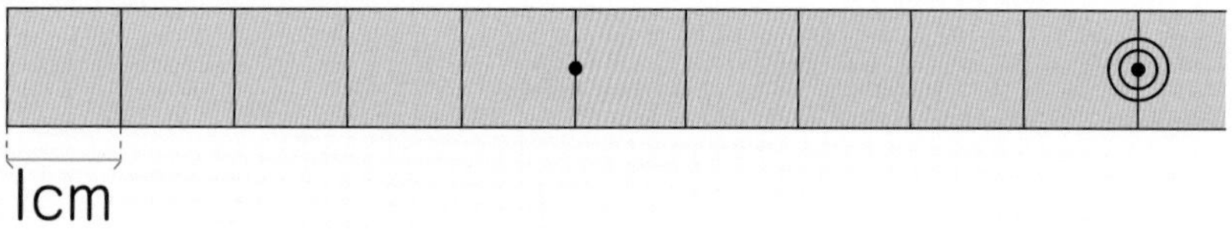

1 下の 直線の 長さは 何《なん》cm でしょう。

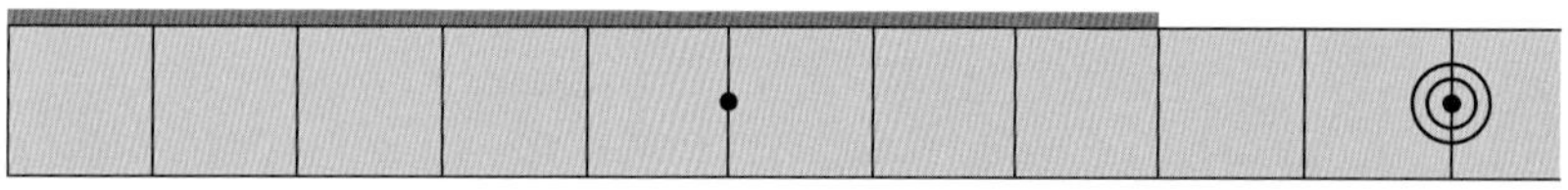

とき方 直線の 長さは 1cm の [8] つ分で [ ] cm です。

ねらい cm、mm をつかって、長さをあらわせるようにしよう。 れんしゅう 2 3 4→

長さの たんい

長さの たんいには cm の ほかに、mm(ミリメートル)が あります。

1cm＝10mm

2 右の 直線の 長さは 何cm何mm ですか。
また、何mm ですか。

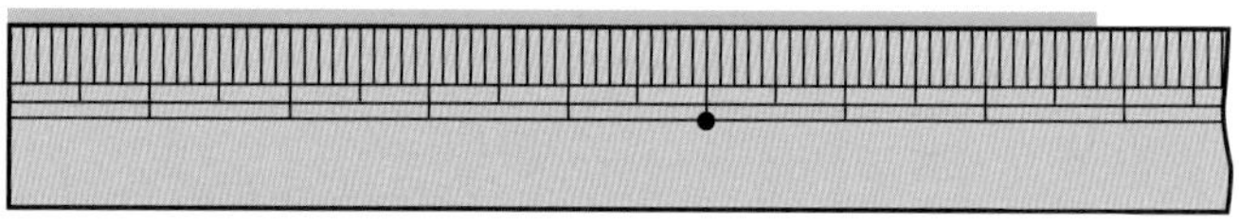

とき方 直線の 長さは 1cm の ①[7] つ分と 1mm の ②[8] つ分だから、③[ ] cm ④[ ] mm です。
また、1cm は ⑤[10] mm だから、この 直線の 長さは ⑥[ ] mm です。

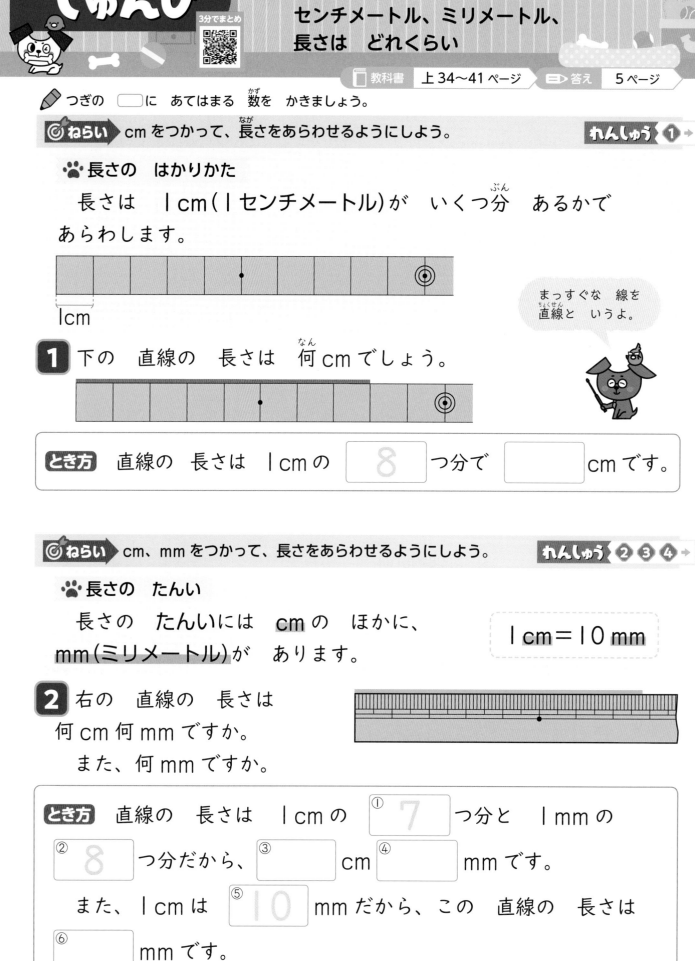

教科書　上34～41ページ　答え　5ページ

1 下の　直線の　長さは　何 cm ですか。 教科書 35ページ 1

① 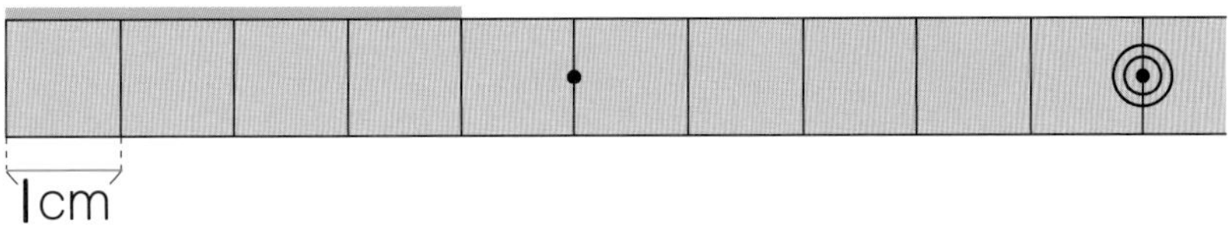

（　　　）

② 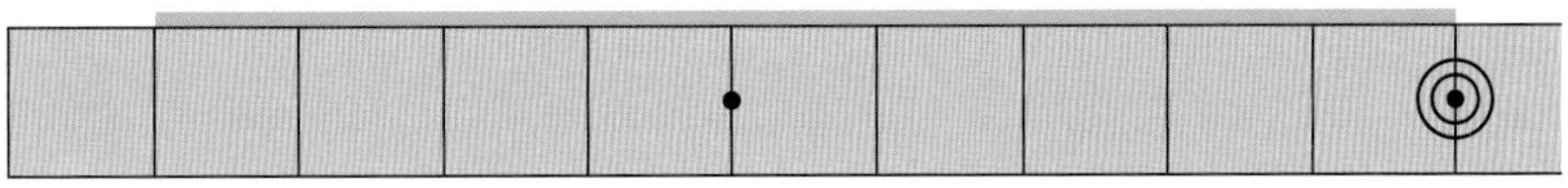
（　　　）

よくみて

2 下の　直線の　長さは　何 cm 何 mm ですか。
また、何 mm と　いえますか。 教科書 40ページ 4

① 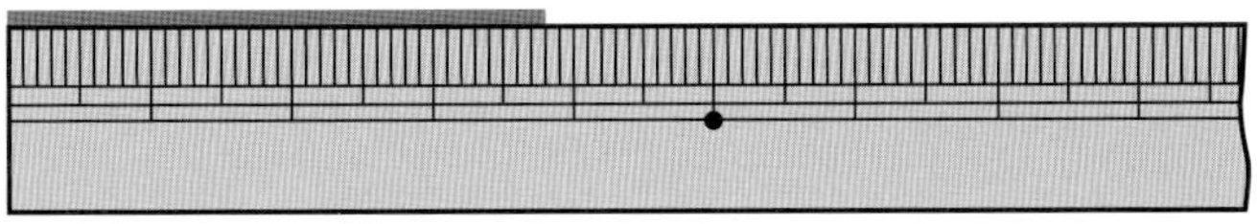
（　　　）
（　　　）

② 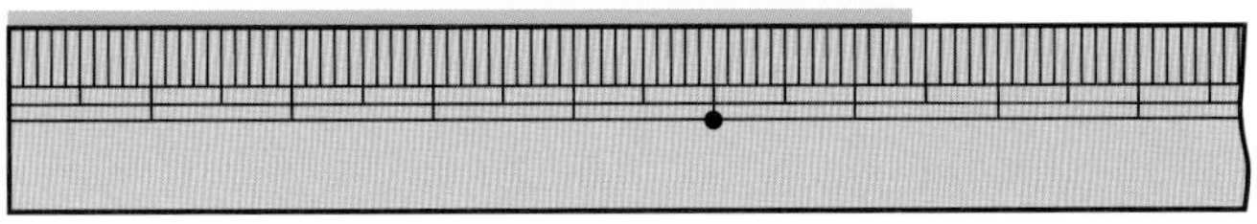
（　　　）
（　　　）

3 □に　あてはまる　数を　かきましょう。 教科書 40ページ 4・△6

① 4 cm＝□mm　　② 3 cm 6 mm＝□mm

③ 73 mm＝□cm□mm

4 20 cm の　長さに　いちばん　近《ちか》いのは　㋐、㋑、㋒の
どれですか。 教科書 41ページ 2

㋐　はがきの　たての　長さ
㋑　この　本の　よこの　長さ
㋒　この　本の　あつさ
（　　　）

ヒント ❷ 1 cm＝10 mm を　つかって　考《かんが》えます。

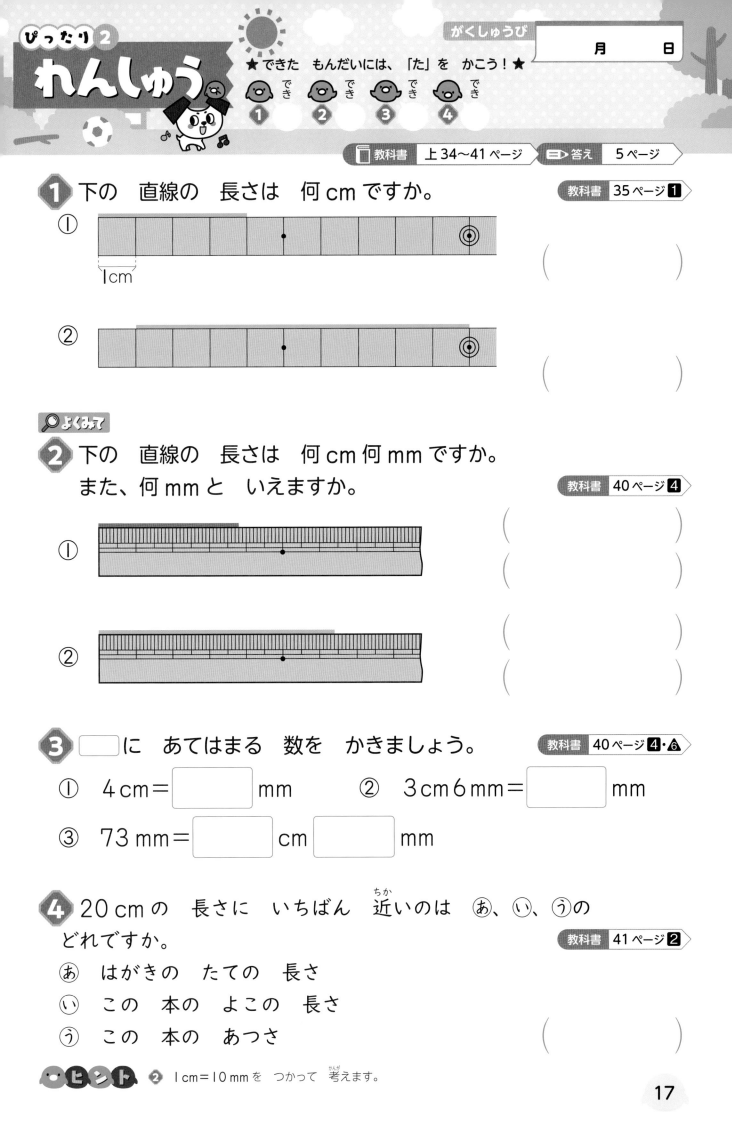

直線の　かき方、長さの　計算

がくしゅうび　　月　　日

教科書 上42〜44ページ　答え 6ページ

つぎの □ に　あてはまる　数《かず》を　かきましょう。

ねらい 直線《ちょくせん》のかき方《かた》がわかるようにしよう。　れんしゅう 1→

直線の　かき方

2つの　点《てん》を　うって、直線で　むすびます。

1 3cmの　直線を　かきましょう。

とき方　点を　1つ　うってから、ものさしを　あわせます。□cmの　ところに　点を　うって、2つの　点を　直線で　むすびます。

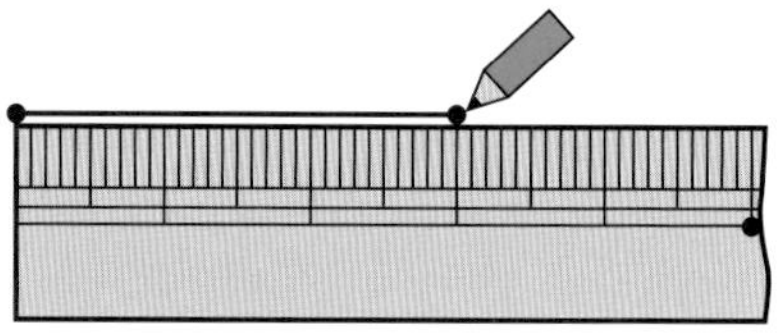

ねらい 長《なが》さのかんたんなたし算《ざん》やひき算ができるようにしよう。　れんしゅう 2 3→

- 長さも　たし算や　ひき算を　する　ことが　できます。

2cm5mm＋6cm4mm＝8cm9mm
8cm9mm－6cm4mm＝2cm5mm

- 長さの　たし算や　ひき算では　同《おな》じ　たんいの　数どうしを　計算《けいさん》します。

2 ㋐と　㋑の　道《みち》の　長さを　くらべて　みましょう。

(1) ㋐の　道の　長さは　どれだけですか。

(2) ㋐と　㋑の　道の　長さの　ちがいは　どれだけですか。

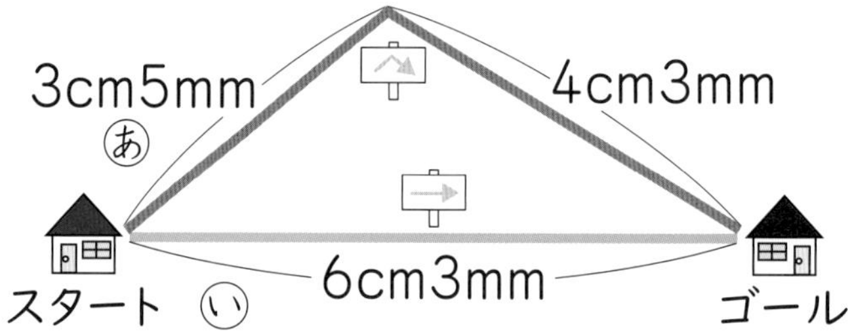

たんいに
気を　つけよう。

とき方　同じ　たんいの　数どうしを　計算します。

(1) 3cm5mm＋4cm3mm＝ 7 cm 8 mm

(2) 7cm8mm－6cm3mm＝ □ cm □ mm

れんしゅう

★ できた もんだいには、「た」を かこう！★

でき ① でき ② でき ③

がくしゅうび
月　日

教科書 上 42〜44 ページ　　答え 6 ページ

1 つぎの 長さの 直線を かきましょう。　　教科書 42 ページ**1**

① 11 cm

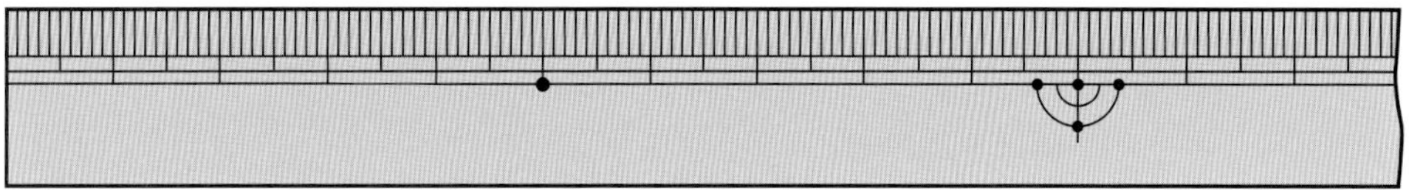

② 8 cm 3 mm

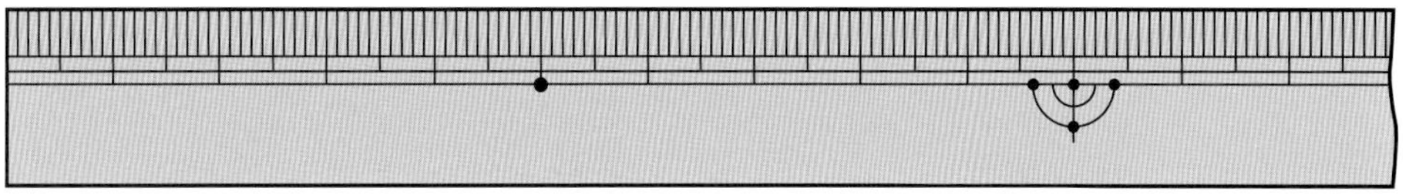

2 つぎの 長さの 計算を しましょう。　　教科書 44 ページ**1**・**2**

① 2 cm＋6 cm

② 5 cm 2 mm＋2 cm 7 mm

③ 3 cm 3 mm＋6 cm

④ 4 cm 2 mm＋8 mm

⑤ 6 mm－2 mm

⑥ 9 cm 8 mm－7 cm 5 mm

⑦ 8 cm 4 mm－3 cm

かならず 同じ たんいの
数どうしを 計算しよう。

⑧ 7 cm 4 mm－4 mm

3 青の テープの 長さは
5 cm 6 mm、赤の テープの
長さは 5 cm です。

青　5cm6mm
赤　5cm

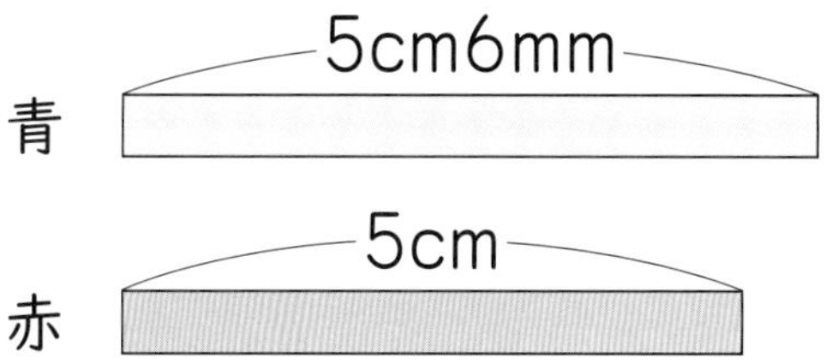

教科書 44 ページ**1**・**2**

① 青の テープと 赤の テープを あわせた 長さは
どれだけですか。

（　　　　　　　　　）

② 青の テープと 赤の テープの 長さの ちがいは
どれだけですか。

（　　　　　　　　　）

ヒント **1** ① 11 cm はなして 2つの 点を うち、直線で むすびます。
2 ④ 2 mm＋8 mm で 10 mm に なると、1 cm に なります。

④ 長さ

時間 30分

／100

ごうかく 80点

教科書 上34〜46ページ　答え 6ページ

知識・技能　／75点

1 下の　直線《ちょくせん》の　長《なが》さは　どれだけですか。　1つ5点(10点)

①

(　　　　　)

②

(　　　　　)

2 つぎの　長さの　分《ぶん》だけ　テープに　色《いろ》を　ぬりましょう。　1つ5点(10点)

①　7cm

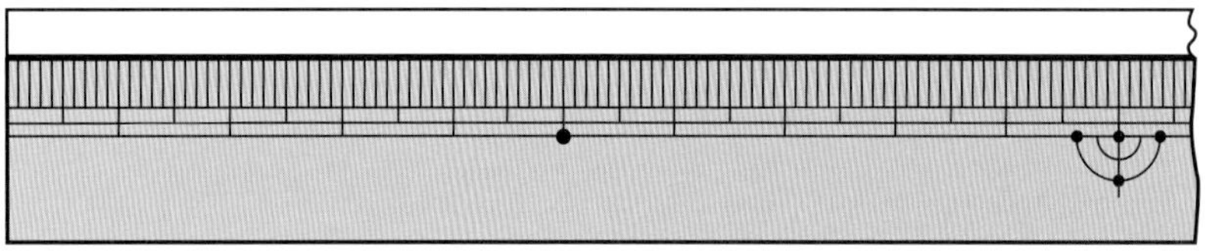

②　5cm5mm

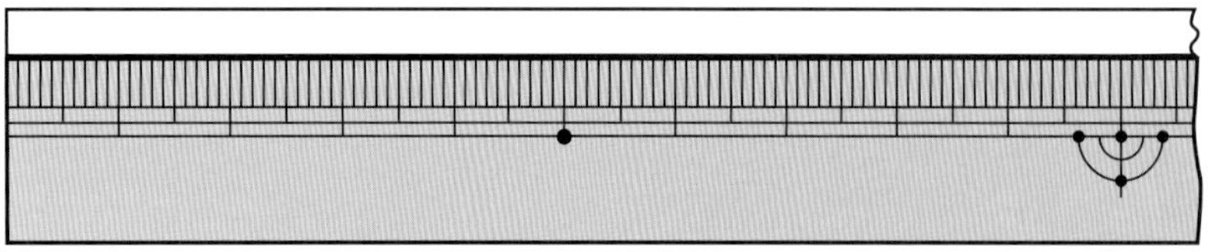

3 よく出る □に　あてはまる　長さの　たんいを　かきましょう。　1つ5点(15点)

①　ノートの　よこの　長さ　18□

②　クレヨンの　長さ　6□

③　算数《さんすう》の　教科書《きょうかしょ》の　あつさ　5□

4 よく出る □に　あてはまる　数《かず》を　かきましょう。

ぜんぶできて　1もん5点(20点)

① 3cm＝□mm　　② 80mm＝□cm

③ 5cm4mm＝□mm

④ 49mm＝□cm□mm

5 つぎの　長さの　計算《けいさん》を　しましょう。　1つ5点(20点)

① 4cm3mm＋2cm6mm　　② 3cm7mm＋3mm

③ 6cm8mm－5cm2mm　　④ 9cm7mm－7mm

思考・判断・表現　　／25点

6 下の　図《ず》を　見て　答《こた》えましょう。　しき・答え　1つ5点(20点)

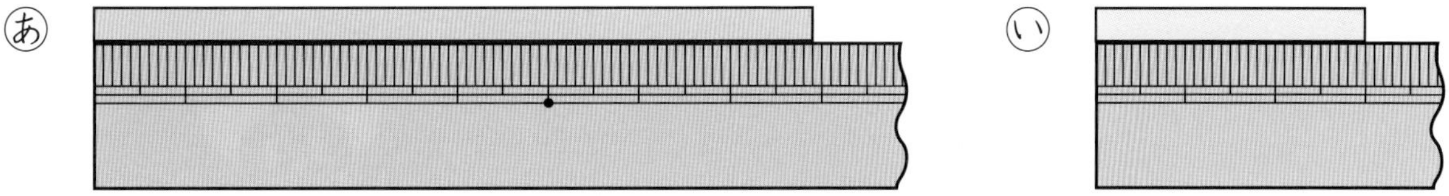

① あと　いの　テープを　あわせた　長さは　どれだけですか。

しき

答え（　　　　）

② あと　いの　テープの　長さの　ちがいは　どれだけですか。

しき

答え（　　　　）

できたらスゴイ!

7 長さ　5cmの　テープ　2まいを　右のように　1cm　かさねて　はります。□に　あてはまる　数は　何《なん》ですか。(5点)

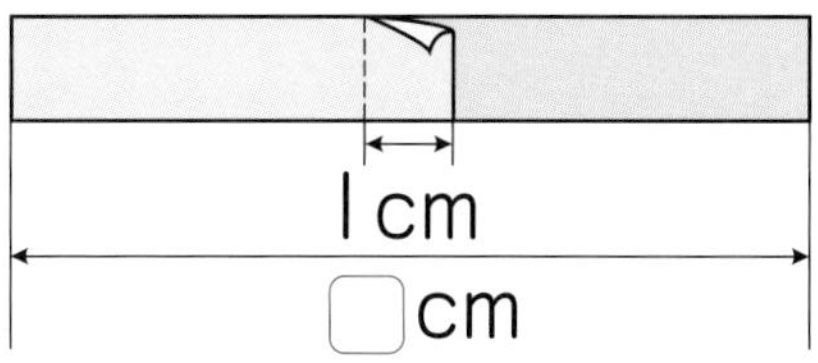

（　　　　）

ふりかえり　1①が　わからない　ときは、16ページの　12に　もどって　かくにんして　みよう。

3分でまとめ

5 たし算と ひき算の ひっ算(1)

① たし算

📖 教科書　上47〜53ページ　▶ 答え　7ページ

✏️ つぎの　□に　あてはまる　数を　かきましょう。

🎯**ねらい**　（2けた）＋（2けた）のひっ算ができるようにしよう。　**れんしゅう ① ② ③→**

🐾 **47＋25の　ひっ算の　しかた**

　くらいを　たてに　そろえて　かいた　あと、
一のくらい、十のくらいの　じゅんに　たします。
　くり上がりが　ある　ときは　わすれずに
たすように　します。
　たてに　ならべて　くらいごとに　計算する
しかたを　ひっ算と　いいます。

$$\begin{array}{r} 1 \\ 47 \\ +25 \\ \hline 72 \end{array}$$
↑
1+4+2

1 29＋53を　ひっ算で　しましょう。

とき方 ① 一のくらいを　たします。

$9+3=$ ① 12

まず くらいを
そろえて かこう。

十のくらいに ② 1 くり上げます。

② 十のくらいを　たします。

くり上げた　1と　で　1＋2＋5＝③

$$\begin{array}{r} 2\,9 \\ +\,5\,3 \\ \hline ④ \end{array}$$

🎯**ねらい**　たし算のきまりをつかって、答えのたしかめができるようにしよう。　**れんしゅう ④→**

🐾 **たし算の　答えの　たしかめ**

　たし算では　たされる数と　たす数を
入れかえても、答えは　同じです。

$$\begin{array}{r} 27 \\ +46 \\ \hline 73 \end{array} \times \begin{array}{r} 46 \\ +27 \\ \hline 73 \end{array}$$

2 49＋38＝87の　答えを　ひっ算で　たしかめましょう。

とき方　たされる数と
たす数を　入れかえても、
答えが　同じに　なるか
たしかめます。答えは　正しいです。

たされる数… 49 ⟍ 38
たす数……… ＋38 ⟋ ＋49
答え………… 87 　 87

答えが　同じに　なるか　たしかめます。

がくしゅうび　月　日

★できた　もんだいには、「た」を　かこう！★

1 でき　2 でき　3 でき　4 でき

教科書　上47～53ページ　答え　7ページ

1 つぎの　計算を　しましょう。

教科書　48ページ 1、49ページ 3

① 45 ＋12　② 72 ＋21　③ 62 ＋15　④ 46 ＋23

2 つぎの　計算を　ひっ算で　しましょう。

教科書　50ページ 4

① 69＋27　② 35＋16　③ 73＋18　④ 29＋53

3 つぎの　計算を　ひっ算で　しましょう。

教科書　51ページ 6・8

① 16＋70　② 42＋18　③ 56＋9　④ 8＋63

4 つぎの　計算の　答えが　あって　いるか　どうかを　ひっ算で　たしかめ、まちがいが　あれば　正しい　答えを　かきましょう。

教科書　52ページ 1、53ページ 2

① 76＋13＝89　② 36＋57＝83

正しい答え（　　）　正しい答え（　　）

ヒント
3 ③④　ひっ算に　かく　ときは、くらいを　そろえましょう。
4 たされる数と　たす数を　入れかえて　計算します。

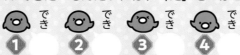

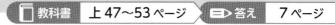

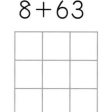

②　ひき算

教科書　上55〜59ページ　答え　7ページ

つぎの □ に　あてはまる　数《かず》を　かきましょう。

ねらい　(2けた)−(2けた)のひっ算《さん》ができるようにしよう。　れんしゅう 1 2 3

62−38の　ひっ算の　しかた

　くらいを　たてに　そろえて　かいた　あと、一のくらい、十のくらいの　じゅんに　ひきます。
　一のくらいが　ひけない　ときは、十のくらいから　1　くり下《さ》げて　ひきます。

```
  5
  6̸2
 −38
 ───
  24
  ↑
 5−3
```

1　73−28を　ひっ算で　しましょう。

とき方　❶　一のくらいを　ひきます。
　十のくらいから　1　くり下げて
　13−8＝ ①[5]

❷　十のくらいを　ひきます。
　1　くり下げたから　6
　②[6] −2＝ ③[　]

一のくらいが
ひけないから、
十のくらいから
くり下げるよ。

	7	3
−	2	8
	④	

ねらい　ひき算《ざん》の答《こた》えのたしかめができるようにしよう。　れんしゅう 4

ひき算の　答えの　たしかめ

　ひき算では　答えに　ひく数を　たすと、ひかれる数に　なります。

```
  95       39
 −56      +56
 ───      ───
  39       95
```

2　64−27＝37の　答えを　ひっ算で　たしかめましょう。

とき方　答えに　ひく数を　たすと、ひかれる数に　なるか　たしかめます。
　答えは　正しいです。

```
ひかれる数…  64        37
ひく数………−27       +27
答え…………  37       [64]
```

ひかれる数と　同《おな》じに　なるか　たしかめます。

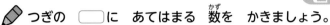

がくしゅうび　　月　　日

★できた　もんだいには、「た」を　かこう！★

でき ①　でき ②　でき ③　でき ④

教科書 上55〜59ページ　答え 7ページ

1 つぎの　計算《けいさん》を　しましょう。

教科書 55ページ1・3、56ページ4

① $\begin{array}{r} 88 \\ -17 \\ \hline \end{array}$　② $\begin{array}{r} 66 \\ -26 \\ \hline \end{array}$　③ $\begin{array}{r} 85 \\ -29 \\ \hline \end{array}$　④ $\begin{array}{r} 90 \\ -58 \\ \hline \end{array}$

2 つぎの　計算を　ひっ算で　しましょう。

教科書 57ページ6・8

① 49−41　② 75−66　③ 57−7　④ 30−7

3 とく点《てん》の　ちがいは　何点《なん》ですか。

教科書 56ページ4

とく点

赤組《ぐみ》	55 点
白組	36 点

しき

答え（　　　　）

4 つぎの　計算の　答えを　たしかめましょう。

教科書 58ページ1

① $\begin{array}{r} 73 \\ -21 \\ \hline 52 \end{array}$ → $\begin{array}{r} 52 \\ +21 \\ \hline (\quad) \end{array}$

② $\begin{array}{r} 50 \\ -17 \\ \hline 33 \end{array}$ → $\begin{array}{r} 33 \\ +17 \\ \hline (\quad) \end{array}$

③ $\begin{array}{r} 93 \\ -\ \ 8 \\ \hline 85 \end{array}$ → $\begin{array}{r} (\quad) \\ +\ \ 8 \\ \hline 93 \end{array}$

ひき算では　答えに
ひく数を　たすと、
ひかれる数に
なるよ。

ヒント
② ②〜④　ひっ算に　かく　ときは、くらいを　そろえましょう。
③ ちがいを　もとめる　ときは　ひき算に　なります。

5 たし算と　ひき算の　ひっ算(1)

時間 30 分

／100

ごうかく 80 点

教科書　上47～62ページ　答え　8ページ

知識・技能　／60点

1 よく出る　つぎの　計算《けいさん》を　しましょう。　1つ4点(24点)

①
```
  37
+51
```
②
```
  28
+63
```
③
```
  56
+20
```
④
```
  45
+35
```
⑤
```
  62
+ 4
```
⑥
```
   9
+88
```

2 よく出る　つぎの　計算を　しましょう。　1つ4点(24点)

①
```
  96
-71
```
②
```
  75
-18
```
③
```
  67
-62
```
④
```
  51
-46
```
⑤
```
  23
- 3
```
⑥
```
  90
- 4
```

3 つぎの　計算の　答《こた》えが　あって　いるか　どうかを　ひっ算《さん》で　たしかめ、まちがいが　あれば　正しい　答えを　かきましょう。　1つ6点(12点)

① 27＋36＝53

正しい答え（　　　　）

② 71－45＝24

正しい答え（　　　　）

思考・判断・表現　　　／40点

4 赤い　色紙《いろがみ》が　14まい、青い　色紙が　16まい　あります。
あわせて　何《なん》まい　ありますか。　　しき・答え　1つ5点(10点)

しき

答え（　　　　）

5 あめを　23こ　もって　います。
弟《おとうと》に　15こ　あげると、何こ　のこりますか。　　しき・答え　1つ5点(10点)

しき

答え（　　　　）

6 よく出る　ゲーム用《よう》の　カードを、けんたさんは　37まい、りょうへいさんは　52まい　もって　います。
どちらが　何まい　多《おお》く　もって　いますか。　　しき・答え　1つ5点(10点)

しき

答え（＿＿＿＿さんが　＿＿＿＿多く　もって　いる。）

できたらスゴイ！

7 つぎの　計算で、□に　あてはまる　数字《すうじ》を　かきましょう。
ぜんぶできて　1もん5点(10点)

①

	2	□
＋	4	8
	□	3

②

	□	4
−	2	9
	5	□

ふりかえり　1が　わからない　ときは、22ページの　1に　もどって　かくにんして　みよう。

ふろくの「計算せんもんドリル」1〜6も　やって　みよう！

見方・考え方を　ふかめよう(1)

ほうかご　何する？

教科書　上64～71ページ　答え　9ページ

〈ふえたのは　いくつ〉

1 はじめに　子どもが　16人　あそんで　いました。
そこへ　友《とも》だちが　来《き》ました。みんなで　28人に　なりました。
友だちは　何《なん》人　来ましたか。

① 図《ず》の □ に　あてはまる　数《かず》を　かきましょう。

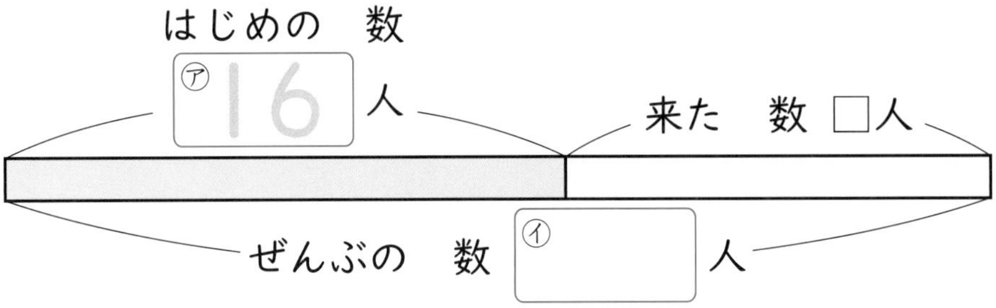

② 何人　来ましたか。　（　　　）

2 はじめに　カードを　7まい　もって　いました。カードを
もらったので、ぜんぶで　26まいに　なりました。
何まい　もらいましたか。

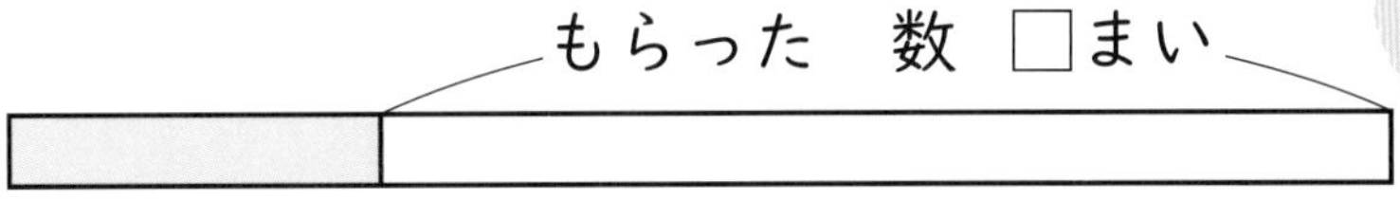

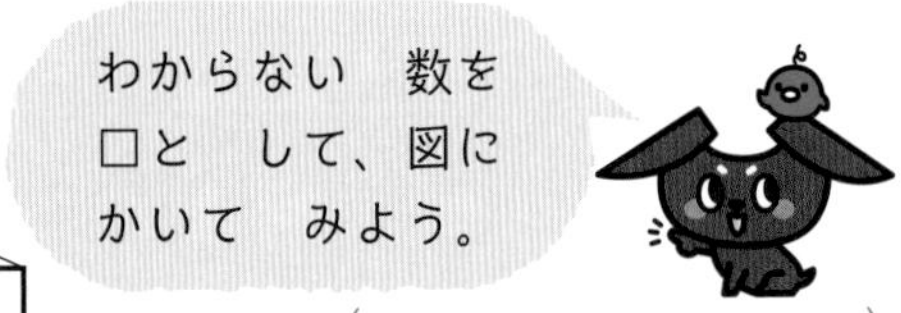

（　　　）

〈へったのは　いくつ〉

3 はじめに　アイスクリームが　30こ　ありました。
子どもたちに　くばりました。のこりは　9こに　なりました。
何こ　くばりましたか。

① 図の □ に　あてはまる　数を　かきましょう。

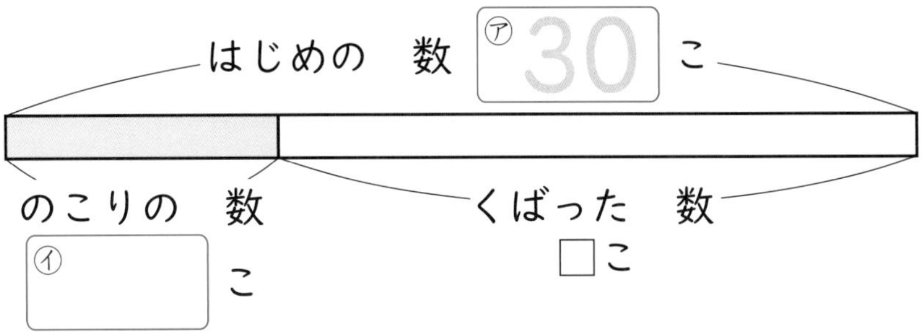

② 何こ　くばりましたか。　（　　　）

〈はじめは　いくつ〉

4 子どもが　あそんで　いました。
その　うちの　24人が　帰《かえ》ったので、16人に　なりました。
はじめは　何人　いましたか。

① 図の　☐　に　あてはまる　数を　かきましょう。

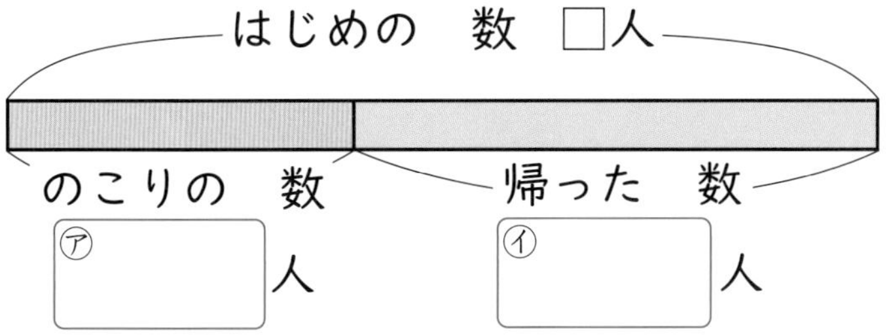

② はじめは　何人　いましたか。　（　　　　）

〈文と　図と　しき〉

5 つぎの　文を　つかって、もんだい文と　図と　しきを
つくりました。もんだい文と　あう　図や　しきを　線《せん》で
むすびましょう。

たまごが　30こ　あります。 13こ　つかうと、のこりは　17こに　なります。

㋐　たまごが　あります。 13こ　つかったら、17こ のこりました。 たまごは　何こ　ありましたか。	㋑　たまごが　30こ　あります。 何こか　つかったら、17こ のこりました。 何こ　つかいましたか。

・　　　　　　　　・

・　　　　　　　　・

㋕
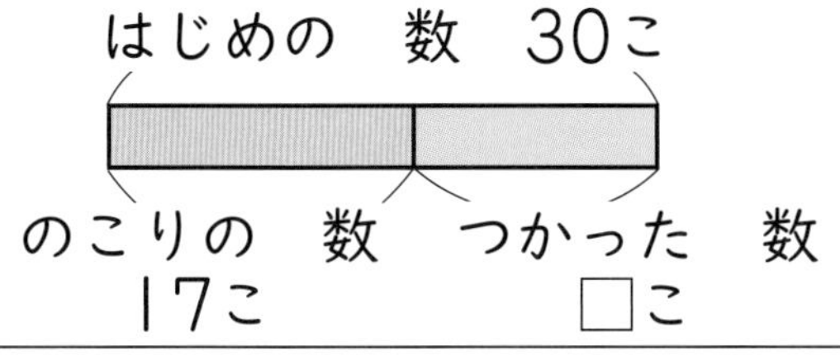

㋖
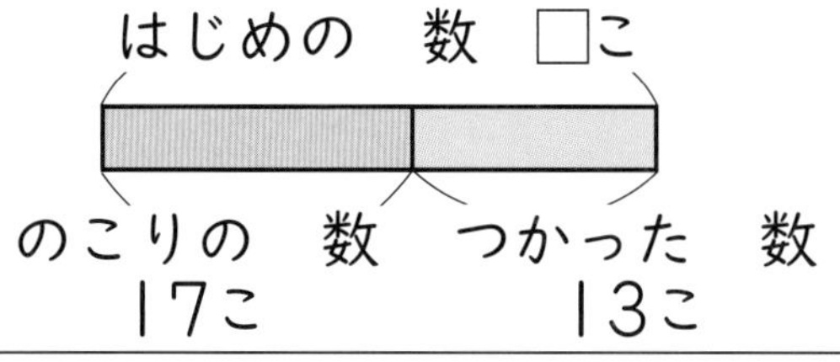

・　　　　　　　　・

・　　　　　　　　・

㋚　17＋13＝30　　30こ	㋛　30－17＝13　　13こ

がくしゅうび　　月　　日

① 100を こえる 数

教科書 上72〜80ページ　答え 9ページ

つぎの □ に あてはまる 数《かず》や きごうを かきましょう。

ねらい　100から1000までの数のあらわし方《かた》や、しくみをりかいしよう。　れんしゅう ①②③→

100を こえる 数

380は、100を 3こ、10を 8こ あわせた 数で、10を 38こ あつめた 数です。
（380 ← 三百《さんびゃく》八十と よみます。）

1000は 100を 10こ あつめた 数です。
（1000 ← 千《せん》と いいます。）

百のくらい	十のくらい	一のくらい
3	8	0

1 ぼうの 数を 数字《すうじ》で かきましょう。

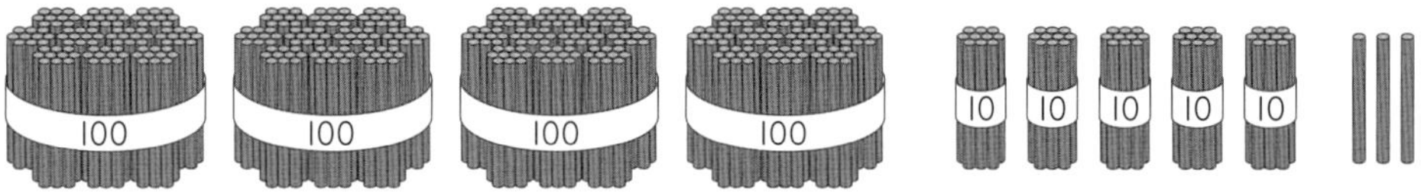

とき方　100を ① 4 こ、10を ② □ こ、
1を ③ □ こ あわせた 数で、④ 453 に なります。

ねらい　100をこえる数の大小をくらべることができるようにしよう。　れんしゅう ④→

数の 大小

＞か ＜を つかって、数の 大小を あらわす ことが できます。

534＞462

534＜551

2 359と 371の 大きさを くらべて、＞か ＜を つかって かきましょう。

とき方　百のくらいの 数字は どちらも ① 3 で 同《おな》じです。十のくらいの 数字は 5と ② □ だから、359 ③ □ 371

3	5	9
3	7	1

1 数字で　かきましょう。

教科書　75ページ 1、76ページ 5

① 五百二十九　（　　　）
② 四百七十　（　　　）
③ 九百三　（　　　）

2 つぎの　数を　数字で　かきましょう。

教科書　75ページ 1・△3、76ページ 5

① 100を　2こ、10を　9こ、1を　6こ　あわせた　数　（　　　）

② 100を　7こ、10を　3こ　あわせた　数　（　　　）

③ 100を　6こ、1を　5こ　あわせた　数　（　　　）

3 □に　あてはまる　数を　かきましょう。

教科書　77ページ 1・2、78ページ 1・2

① 10を　45こ　あつめた　数は　□　です。

② 810は　10を　□　こ　あつめた　数です。

③ 1000は　10を　□　こ　あつめた　数です。

④ 1000より　1　小さい　数は　□　です。

！まちがいちゅうい

⑤ 990は　あと　□　で　1000に　なります。

4 2つの　数を　くらべて、□に　>か　<を　かきましょう。

教科書　80ページ 1・△2

① 701 □ 699

② 528 □ 533

③ 342 □ 324

ヒント　3 ⑤　数の直線《ちょくせん》で　考《かんが》えて　みましょう。

② たし算と ひき算

がくしゅうび　月　日

教科書 上82〜84ページ　答え 10ページ

つぎの □ に あてはまる 数《かず》を かきましょう。

ねらい (何《なん》十)＋(何十)、(百何十)－(何十)の計算《けいさん》ができるようにしよう。 れんしゅう ①→

90＋40、120－80 のような 計算は、10が 何こ あるかを 考《かんが》えます。

90＋40＝130
10が 9こ　10が 4こ　10が 9＋4 で 13こ

120－80＝40
10が 12こ　10が 8こ　10が 12－8 で 4こ

1 70円の ガムと 50円の クッキーを 買《か》うと、何円に なりますか。

とき方

70は 10が ①［7］こ、50は 10が ②［　］こ

だから、70＋50＝③［　］で、④［　］円です。

ねらい (何百)＋(何百)、(何百)－(何百)の計算ができるようにしよう。 れんしゅう ②③→

300＋200、600－400 のような 計算は、100が 何こ あるかを 考えます。

300＋200＝500
100が 3こ　100が 2こ　100が 3＋2 で 5こ

600－400＝200
100が 6こ　100が 4こ　100が 6－4 で 2こ

2 500円 もって います。
300円の ケーキを 買うと、何円 のこりますか。

とき方

500は 100が ①［　］こ、300は 100が ②［　］こ

だから、500－300＝③［　］で、④［　］円です。

1 つぎの 計算を しましょう。 教科書 82ページ 1・2・3

① 50+60 ② 80+70

③ 120−30 ④ 150−60

2 つぎの 計算を しましょう。 教科書 83ページ 4・5・6・7

① 600+300 ② 200+800

③ 900−500 ④ 1000−400

3 400円の ふでばこと 300円の はさみを 買うと、何円に なりますか。 教科書 83ページ 4

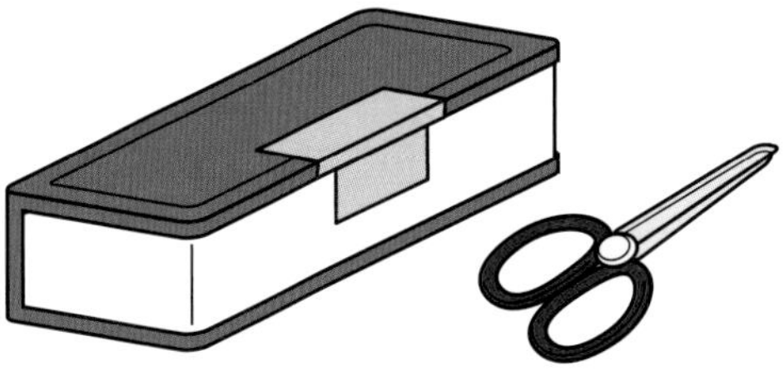

しき

答え（ ）

100円玉で
考えよう。

4 □に あてはまる ＞、＜、＝を かきましょう。 教科書 84ページ 1・2

① 30+80 □ 100

② 100 □ 160−60

③ 40+50 □ 100

＝は 同《おな》じ 大きさ、
＞、＜は ひらいた ほうが
大きく なるよ。

ヒント
❷ ② 100が 何こに なるかを 考えると、2+8で 10こです。
④ 1000は 100が 10こだから、100が 10−4で 6こです。

6 100を こえる 数

時間 30 分

／100

ごうかく 80 点

教科書 上72～86ページ　答え 10ページ

知識・技能　／75点

1 よく出る つぎの 数《かず》を かきましょう。　1つ5点(20点)

① 100を 8こ、1を 6こ あわせた 数　(　　　)

② 10を 70こ あつめた 数　(　　　)

③ 100を 10こ あつめた 数　(　　　)

④ 1000より 10 小さい 数　(　　　)

2 下の 数の直線《ちょくせん》で、①～③の 数は どこですか。
(れい)と 同《おな》じように かき入れましょう。　1つ5点(15点)

(れい)620　① 750　② 680　③ 810

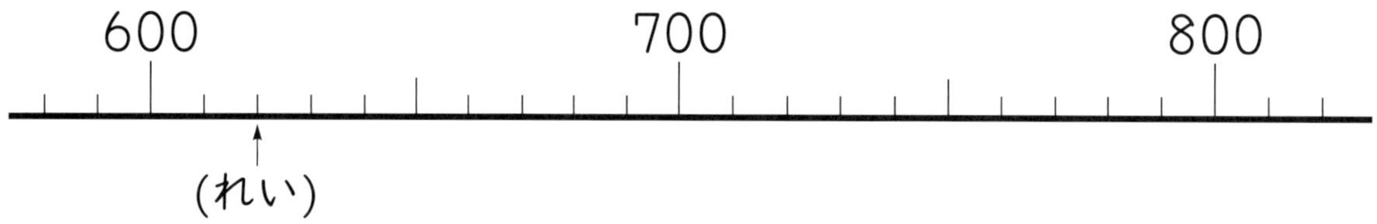

3 つぎの 計算《けいさん》を しましょう。　1つ5点(20点)

① 90＋60　② 130－40

③ 200＋700　④ 1000－600

4 よく出る □に あてはまる 数を かきましょう。　□1つ5点(20点)

① 995 ― 996 ― 997 ― 998 ―□―□

② 550 ― 600 ―□― 700 ― 750 ―□

思考・判断・表現　　／25点

5 かなめさんの、ちょ金ばこには、10円玉が　14こ　はいって　います。
そこから　80円を　つかうと、何《なん》円のこりますか。　　しき・答え　1つ5点(10点)

しき

答《こた》え（　　　　）

できたらスゴイ!

6 あいとさんと　かすみさんが、おはじき入れを　しました。
あいとさんと　かすみさんで、とく点《てん》が　多《おお》いのはどちらですか。　　(5点)

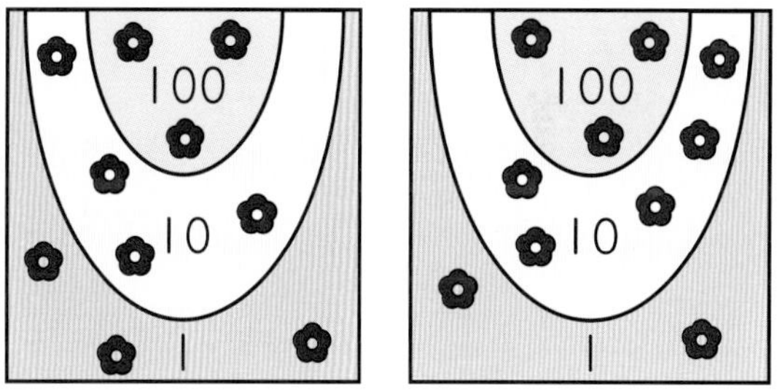

（　　　　さん）

7 3けたの　数を　かいた　カードが　あります。
□に　㋐か　㋑を　かいて、どちらが　大きいかをせつめい　しましょう。　　1つ5点(10点)

㋐ 

㋑ 505

百のくらいは　5で　同じです。

十のくらいは  と　0で　くらべられませんが、

一のくらいは　8と　5で　□　の　ほうが　大きいので、

 が　どんな　数字《すうじ》でも　□　の　ほうが　大きく　なります。

ふろくの「計算せんもんドリル」7〜8も　やって　みよう!

ふりかえり　1が　わからない　ときは、30ページの　1に　もどって　かくにんして　みよう。

7 か さ

教科書 上87～93ページ　答え 11ページ

つぎの □ に あてはまる 数《かず》を かきましょう。

ねらい L、dL、mL をつかって、かさをあらわせるようにしよう。 れんしゅう ① ②→

水などの　かさを　あらわす　たんいには、
L(リットル)　dL(デシリットル)　mL(ミリリットル)
が　あります。

1L＝10dL　　1dL＝100mL　　1L＝1000mL

1 2つの　ペットボトルに　水が　はいって　います。

㋐
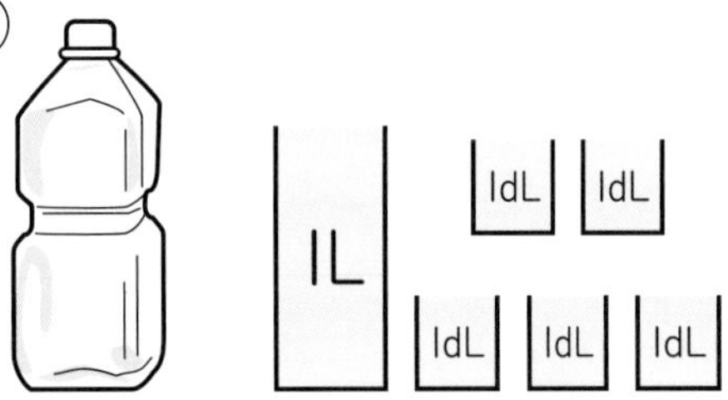

㋑
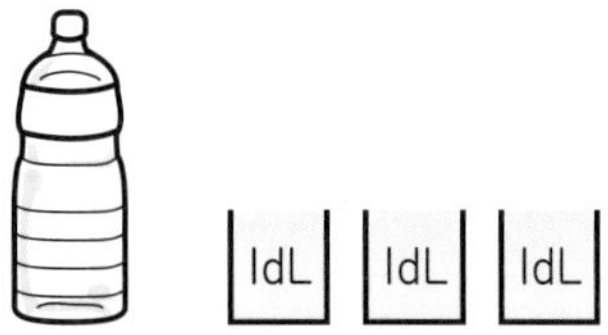

(1)　㋐と　㋑の　水の　かさを、いろいろに　あらわしましょう。
(2)　㋐と　㋑の　水の　かさは　あわせて　どれだけですか。
　また、水の　かさの　ちがいは　どれだけですか。

とき方　1L、1dL、1mLの　いくつ分《ぶん》か　考《かんが》えます。

(1)　㋐　1Lと　1dLの　5つ分で、1L ① □ dLです。
　また、1L＝ ② □ dLだから、10dLと　5dLで ③ □ dLです。
　㋑　1dLの　3つ分で ④ □ dLです。
　また、1dL＝ ⑤ □ mLだから、100mLの　3つ分で ⑥ □ mLです。

(2)　あわせると、1L5dL＋ ① □ dL＝1L ② □ dL
　ちがいは、1L5dL－3dL＝ ③ □ L ④ □ dL

ぴったり2

れんしゅう

がくしゅうび　月　日

★できた　もんだいには、「た」を　かこう！★

でき ①　でき ②

教科書　上 87〜93 ページ　答え　11 ページ

1 つぎの　かさは　どれだけですか。

教科書　88 ページ 1、90 ページ 4、91 ページ 1

①

（　　　　）

②

（　　　　）

③

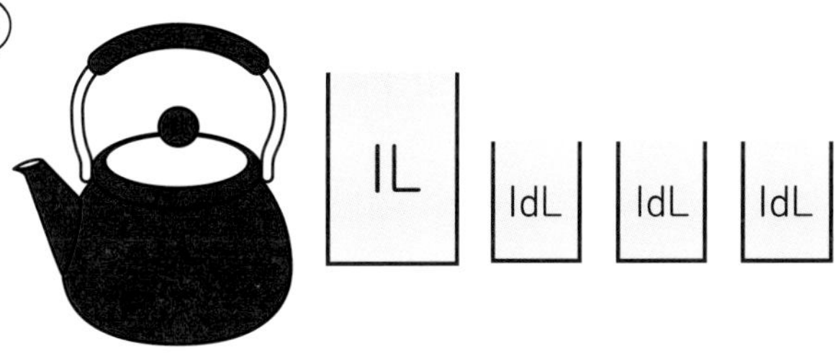

（　　　　）

④

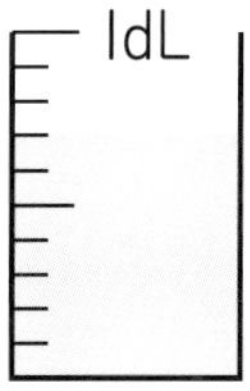

（　　　　）

2 □に　あてはまる　数を　かきましょう。

教科書　93 ページ 1・2

① 10 dL＝□ L

② 5 L＝□ dL

③ 32 dL＝□ L □ dL

④ 1 L＝□ mL

⑤ 4 dL＝□ mL

⑥ 800 mL＝□ dL

⑦ 3 L 4 dL＋5 dL＝□ L □ dL

⑧ 4 L 7 dL－2 L＝□ L □ dL

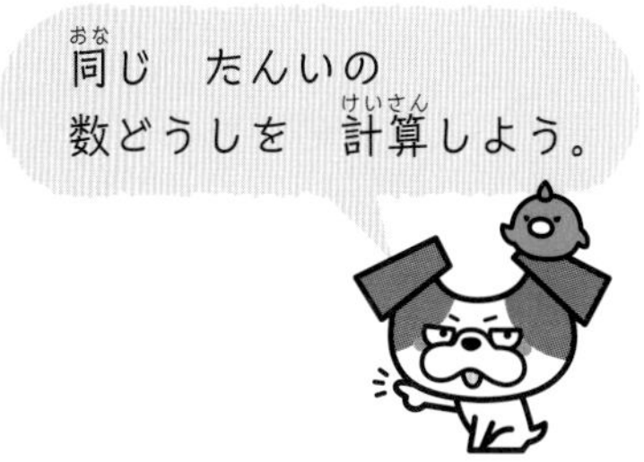

ヒント　1 ④　ますの　1目もりは　10 mL です。

7 か さ

教科書 上87～95ページ　答え 11ページ

知識・技能　／65点

1 よく出る　つぎの　かさは　どれだけですか。
□に　あてはまる　数《かず》を　かきましょう。　ぜんぶできて　1もん5点(15点)

①

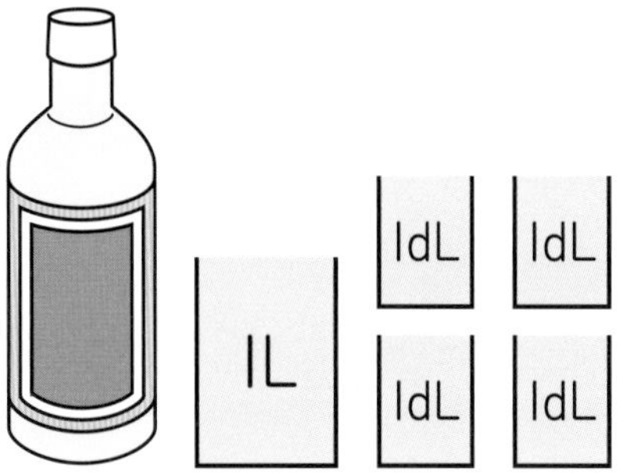

□ L □ dL＝□ dL

②

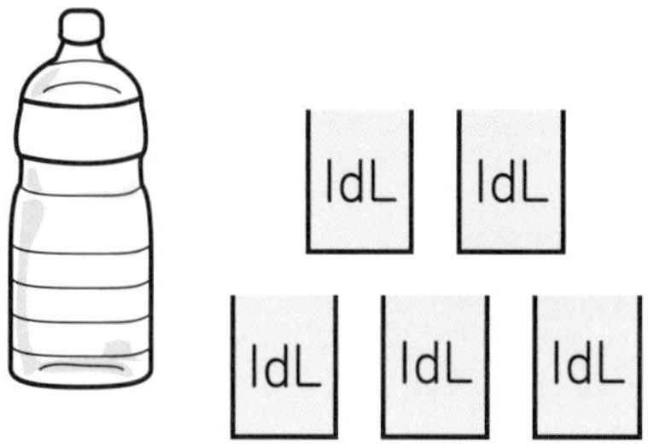

□ dL＝□ mL

できたらスゴイ!

③

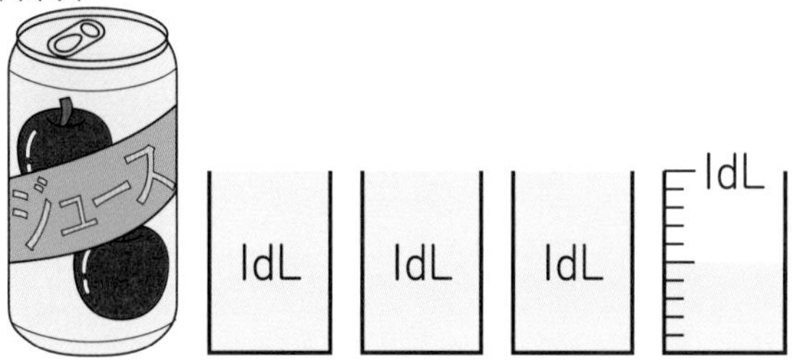

□ dL □ mL＝□ mL

2 よく出る　□に　あてはまる　数を　かきましょう。
ぜんぶできて　1もん5点(30点)

① 40 dL＝□ L　② 6 L 8 dL＝□ dL

③ 29 dL＝□ L □ dL

④ 1000 mL＝□ L　⑤ 7 dL＝□ mL

⑥ 900 mL＝□ dL

3 つぎの　計算《けいさん》を　しましょう。　1つ5点(20点)

① 1L5dL＋8L3dL　② 1L4dL＋6dL

③ 7L9dL－6L7dL　④ 5L2dL－2dL

思考・判断・表現　／35点

4 よく出る 1L2dLの　牛《ぎゅう》にゅうに、3dLの　コーヒーを　入れて、コーヒー牛にゅうを　つくります。　しき・答え　1つ5点(20点)

① できた　コーヒー牛にゅうは、どれだけですか。

しき

答《こた》え（　　　）

② できた　コーヒー牛にゅうを　4dL　のみました。のこりは　どれだけですか。

しき

答え（　　　）

5 2L8dLの　ジュースの　うち、800mLを　のみました。　しき・答え　1つ5点(15点)

① 800mLは　何《なん》dLですか。

（　　　）

② のこりは　どれだけですか。

しき

答え（　　　）

ふりかえり　1が　わからない　ときは、36ページの　1に　もどって　かくにんして　みよう。

活用

学びを　いかそう

買えますか？　買えませんか？

がくしゅうび　　月　　日

教科書　上96～97ページ　答え　12ページ

1 ななみさんは　300円　もって　います。
□に　あてはまる　ことばを　かきましょう。

① 300円で 95円の ジャムパンを 3つ 買《か》う ことが できますか。

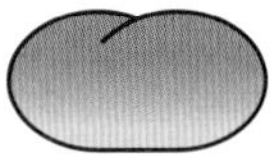 …  で　買える。

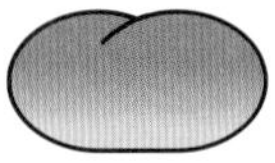 …  で　買える。

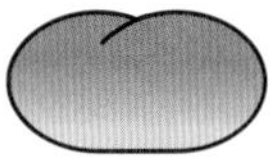 …  で　買える。

95円の　ジャムパンは、
100円で　買え［ます］。
だから、95円の　ジャムパン
3つは　300円で　買え［　　　］。

② 300円で 108円の メロンパンを 3つ 買う ことが できますか。

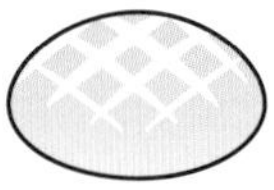 …  で　買えない。

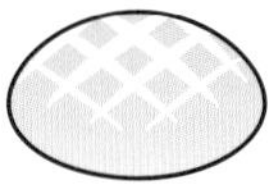 …  で　買えない。

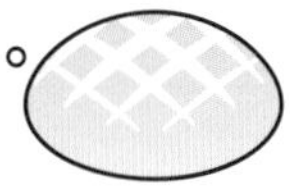 …  で　買えない。

108円の　メロンパンは、
100円で　買え［ません］。
だから、108円の　メロンパン
3つは　300円で　買え［　　　］。

よくよんで

2 ゆうきさんは　400円　もって　います。
□に　あてはまる　ことばや　数《かず》を　かきましょう。

① けしゴム、ペン、のり、シールは　どれも　96円です。
400円で　けしゴム、ペン、のり、シールを　1つずつ　買う　ことが　できますか。

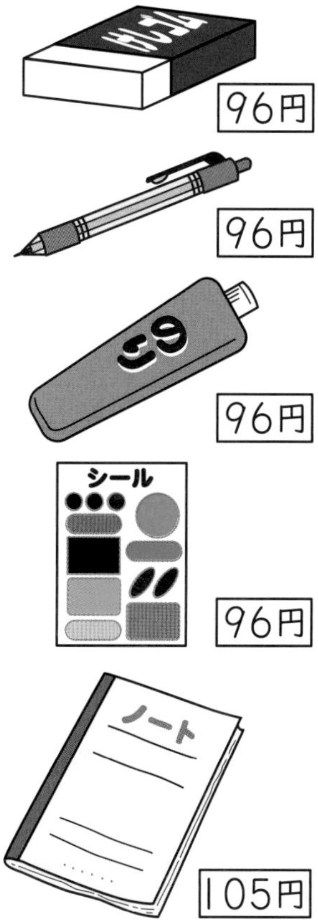

どれも　100円で　買え［㋐　　　　］。
だから、400円で　けしゴム、ペン、のり、シールを　1つずつ　買え［㋑　　　　］。

② 105円の　ノートを　4さつ　買う　ことが　できますか。

105円の　ノートは　［㋐　　　　］円で　買えません。
だから、400円で　4さつは　買え［㋑　　　　］。

3 さくらさんは　500円　もって　います。

① 94円の　ガムを　5つ　買う　ことが　できますか。

（　　　　　　　）

② クッキー、チョコレート、ラムネ、あめ、ジュースは　どれも　103円です。
クッキー、チョコレート、ラムネ、あめ、ジュースを　1つずつ　買う　ことが　できますか。

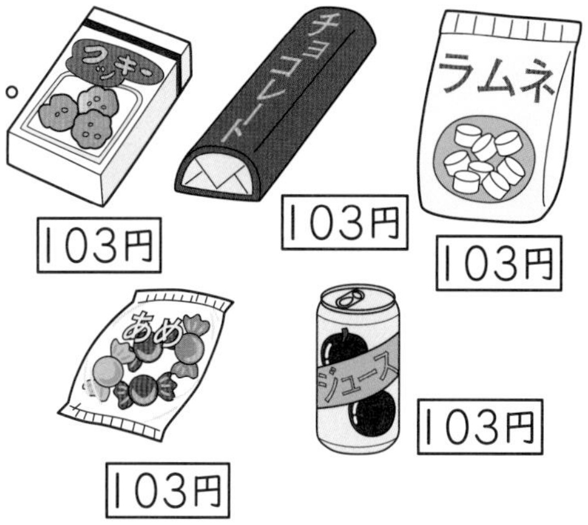

（　　　　　　　）

この　本の　おわりに　ある　「夏の　チャレンジテスト」を　やって　みよう！

① たし算

教科書 上102～105ページ　答え 12ページ

つぎの □に あてはまる 数《かず》を かきましょう。

ねらい 答《こた》えが 100をこえる、たし算《ざん》のひっ算《さん》ができるようにしよう。 れんしゅう ① ②→

　十のくらいに くり上がりが ある ひっ算も、一のくらいに くり上がりが ある ときと 同《おな》じように 考《かんが》えて、百のくらいに くり上げて 計算《けいさん》します。

```
  62
 +56
 118
 ↑6+5
```

1 78＋45を ひっ算で しましょう。

とき方 ❶ 一のくらいは

8＋5＝① 13

十のくらいに ② 1 くり上げます。

❷ 十のくらいは

くり上げた 1とで 1＋7＋4＝③ □

百のくらいに 1 くり上げます。

一のくらいにも
十のくらいにも
くり上がりが あるよ。

	7	8
＋	4	5
④		

ねらい 2けたの数を3つたすひっ算ができるようにしよう。 れんしゅう ③ ④→

3つの 数の たし算

　くらいを たてに そろえて 3だんに 3つの 数を かき、一のくらいから じゅんに くり上がりに 気を つけて 計算します。

```
   1
  38
  57
 +40
 135
 ↑1+3+5+4
```

2 36＋47＋68を ひっ算で しましょう。

とき方 ❶ 一のくらいは 6＋7＋8＝① 21

十のくらいに ② 2 くり上げます。

❷ 十のくらいは

くり上げた 2とで 2＋3＋4＋6＝③ □

	3	6
	4	7
＋	6	8
④		

★ できた もんだいには、「た」を かこう！★
でき① でき② でき③ でき④

がくしゅうび
月　　日

教科書 上 102〜105 ページ　　答え 12 ページ

1 つぎの 計算を しましょう。
教科書 103 ページ **1**・**2**、104 ページ **5**・**6**

① 　81
　+54

② 　36
　+70

③ 　34
　+86

④ 　95
　+ 7

2 色紙は ぜんぶで 何まいですか。
教科書 104 ページ **5**

色紙の 数

赤	68 まい
青	59 まい

しき

答え（　　　　　　　　）

3 つぎの 計算を しましょう。
教科書 105 ページ **1**

! まちがいちゅうい

① 　32
　　81
　+56

② 　46
　　30
　+69

③ 　58
　　35
　+17

4 あめと チョコレートと せんべいを 買うと、何円に
なりますか。
教科書 105 ページ **1**

 39円　　57円　　 28円

しき

答え（　　　　　　　　）

ヒント
1 ③④ 一のくらいと 十のくらいに、くり上がりが あります。
2 あわせた 数を もとめるから、たし算です。

② ひき算

つぎの □ に　あてはまる　数《かず》を　かきましょう。

ねらい　(3けた)－(2けた)のひっ算《さん》ができるようにしよう。　れんしゅう ❶❷❸→

十のくらいが　ひけない　ひっ算も、一のくらいが　ひけない　ときと　同《おな》じように　考《かんが》えて、百のくらいから　1　くり下げて　計算《けいさん》します。

	1	3	5
－		6	2
		7	3

↑13－6

1 147－63 を　ひっ算で　しましょう。

とき方　❶　一のくらいは　7－3＝①4

❷　十のくらいは

百のくらいから　1　くり下げて　14

↑十のくらいからは　ひけないので　百のくらいから　くり下げます。

14－6＝②□

	1	4	7
－		6	3
③			

2 116－39 を　ひっ算で　しましょう。

とき方　❶　一のくらいは

十のくらいから　1　くり下げて　16

16－9＝①□

❷　十のくらいは

百のくらいから　1　くり下げて　10　10－3＝②□

	1	1	6
－		3	9
③			

3 100－84 を　ひっ算で　しましょう。

とき方　❶　一のくらいは　百のくらいから　1　くり下げて、十のくらいを　10に　します。十のくらいから　1　くり下げて　10　10－4＝①□

❷　十のくらいは　9に　なったから、9－8＝②□

	1	0	0
－		8	4
③			

1 つぎの　計算を　しましょう。

教科書　107ページ1、108ページ3・4、109ページ7・8

① $\begin{array}{r} 168 \\ -\ 73 \\ \hline \end{array}$　② $\begin{array}{r} 106 \\ -\ 25 \\ \hline \end{array}$　③ $\begin{array}{r} 134 \\ -\ 57 \\ \hline \end{array}$　④ $\begin{array}{r} 192 \\ -\ 95 \\ \hline \end{array}$

⑤ $\begin{array}{r} 101 \\ -\ 72 \\ \hline \end{array}$　⑥ $\begin{array}{r} 108 \\ -\ 9 \\ \hline \end{array}$　⑦ $\begin{array}{r} 100 \\ -\ 97 \\ \hline \end{array}$　⑧ $\begin{array}{r} 100 \\ -\ 6 \\ \hline \end{array}$

2 つぎの　計算の　まちがいを　みつけ、正しい　答《こた》えを　かきましょう。

教科書　108ページ3、109ページ8

① $\begin{array}{r} 125 \\ -\ 68 \\ \hline 67 \end{array}$　② $\begin{array}{r} 100 \\ -\ 42 \\ \hline 68 \end{array}$

3 けいたさんの　学校の　１年生と　２年生の　人数《ずう》は　あわせて　194人です。その　うち　２年生は　98人です。
１年生は　何《なん》人ですか。

教科書　108ページ4

しき

１年生と　２年生の
人数の　合計《ごうけい》から
２年生の　人数を　ひけば、
１年生の　人数が
もとめられるよ。

答え（　　　　）

ヒント
2 ①　一のくらいの　計算で　１　くり下げたから、十のくらいの
計算は、12－6では　なく、11－6に　なります。

③ 大きい　数の　ひっ算

教科書　上111ページ　答え　13ページ

つぎの □ に　あてはまる　数《かず》を　かきましょう。

ねらい　大きい数のたし算《ざん》やひき算のひっ算《さん》ができるようになろう。　れんしゅう 1 2 3 4

3けたの　数の　たし算や　ひき算も、2けたの　ときと　同《おな》じように　ひっ算で　計算《けいさん》できます。

	2	5	6		2	4	3
+		2	5	−		1	5
	2	8	1		2	2	8

1 (1)　325＋47、(2)　726＋8 を　ひっ算で　しましょう。

とき方　(1)　一のくらいは　5＋7＝①□
十のくらいに　1　くり上げます。
十のくらいは　1＋2＋4＝②□

(2)　くらいを　そろえて　かきます。
一のくらいは　6＋8＝①□
十のくらいに　1　くり上げます。
十のくらいは　1＋2＝②□

	3	2	5
+		4	7
③			

	7	2	6
+			8
③			

2 (1)　241−24、(2)　524−9 を　ひっ算で　しましょう。

とき方　(1)　一のくらいは、十のくらいから
1　くり下げて、11−4＝①□
十のくらいは　3−2＝②□

(2)　一のくらいは、十のくらいから
1　くり下げて、14−9＝①□
十のくらいは　2−1＝②□

	2	4	1
−		2	4
③			

	5	2	4
−			9
③			

ぴったり2
れんしゅう

★できた　もんだいには、「た」を　かこう！★

でき ① でき ② でき ③ でき ④

がくしゅうび　月　日

教科書　上111ページ　答え　13ページ

1 つぎの　計算を　しましょう。

教科書　111ページ 1

① $248 + 15$　② $327 + 63$　③ $516 + 40$　④ $447 + 8$

2 つぎの　計算を　しましょう。

教科書　111ページ 1

① $542 - 13$　② $453 - 48$　③ $365 - 65$　④ $812 - 7$

3 まゆさんは、218円の　ものさしと　46円の　えんぴつを　買《か》います。

あわせて　何《なん》円に　なりますか。

教科書　111ページ 1

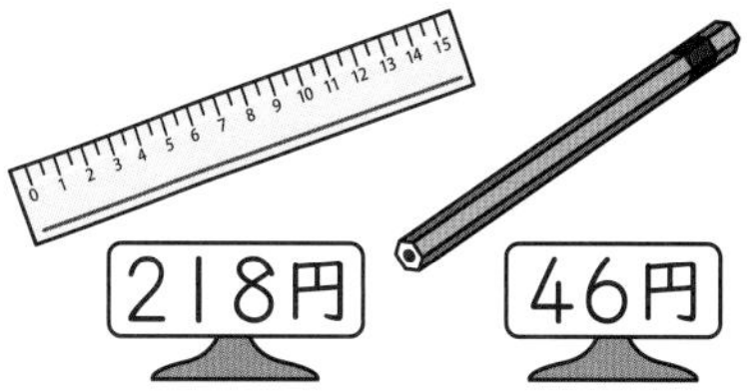

しき

答《こた》え（　　　　）

4 しょうたさんの　学校には、子どもが　373人　います。

その　うち　めがねを　かけて　いる　人は　54人です。
めがねを　かけて　いない　人は　何人　いますか。

教科書　111ページ 1

しき

答え（　　　　）

ヒント

4 ぜんぶの　人数《にんずう》と　めがねを　かけて　いる　人数が　わかって　います。
かけて　いない　人数を　もとめるので、ひき算です。

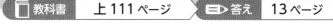

ぴったり3

たしかめのテスト

8 たし算と ひき算の ひっ算(2)

時間 30 分

／100

ごうかく 80 点

教科書 上102〜113ページ　答え 14ページ

知識・技能　／60点

1 つぎの 計算《けいさん》を しましょう。　1つ5点(20点)

① $\begin{array}{r} 87 \\ +63 \\ \hline \end{array}$　② $\begin{array}{r} 29 \\ +76 \\ \hline \end{array}$　③ $\begin{array}{r} 28 \\ 96 \\ +58 \\ \hline \end{array}$　④ $\begin{array}{r} 328 \\ +\ \ 39 \\ \hline \end{array}$

2 つぎの 計算を しましょう。　1つ5点(20点)

① $\begin{array}{r} 107 \\ -\ \ 83 \\ \hline \end{array}$　② $\begin{array}{r} 164 \\ -\ \ 68 \\ \hline \end{array}$　③ $\begin{array}{r} 102 \\ -\ \ 95 \\ \hline \end{array}$　④ $\begin{array}{r} 471 \\ -\ \ 32 \\ \hline \end{array}$

3 よく出る つぎの 計算で、答《こた》えが 正しい ときは ○を、まちがって いる ときは 正しい 答えを (　) に かきましょう。　1つ5点(20点)

① $\begin{array}{r} 85 \\ +69 \\ \hline 154 \end{array}$　② $\begin{array}{r} 74 \\ 53 \\ +29 \\ \hline 146 \end{array}$　③ $\begin{array}{r} 152 \\ -\ \ 86 \\ \hline 66 \end{array}$　④ $\begin{array}{r} 103 \\ -\ \ 17 \\ \hline 96 \end{array}$

(　　　)　(　　　)　(　　　)　(　　　)

思考・判断・表現　　／40点

4 よく出る　あめと　ガムと　クッキーを　買《か》うと、何《なん》円に
なりますか。　　しき・答え　1つ5点(10点)

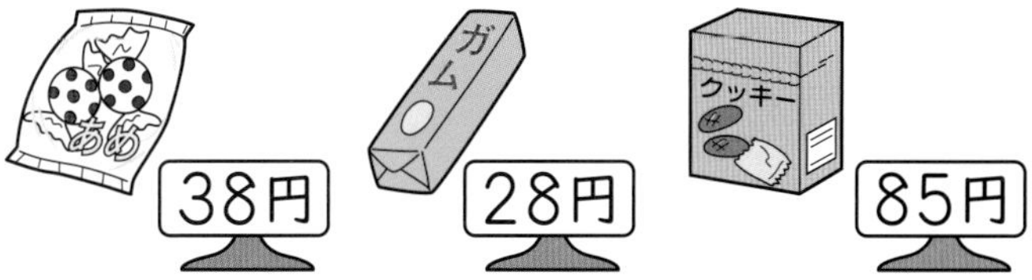

しき

答え（　　　　）

5 まきさんは　ビーズを　136こ　もって　います。
妹《いもうと》に　47こ　あげました。　　しき・答え　1つ5点(20点)

① のこりは　何こに　なりましたか。

しき

答え（　　　　）

よくよんで

② まきさんは、この　あと　お姉《ねえ》さんから　ビーズを　25こ
もらいました。
ビーズは　何こに　なりましたか。

しき

答え（　　　　）

できたらスゴイ！

6 つぎの　ひっ算で、●で　かくれて　いる　数字《すうじ》を（　）に
かきましょう。　　1つ5点(10点)

①

```
   82
 +●5
 117
```

（　　　）

②

```
  102
 − 3●
   65
```

（　　　）

ふろくの「計算せんもんドリル」11～22も　やって　みよう！

ふりかえり　1①②が　わからない　ときは、42ページの　1に　もどって　かくにんして　みよう。

がくしゅうび　　月　　日

見方・考え方を　ふかめよう(2)

こんにちは　さようなら

教科書　上114〜117ページ　答え　14ページ

〈いろいろに　考《かんが》えて〉

1 ちゅう車場《じょう》に　車が　12台《だい》　とまって　いました。
そこへ　3台　はいって　来《き》ました。
また　6台　はいって　来ました。
車は　何《なん》台に　なりましたか。

① 来た　じゅんに　考えて　もとめましょう。

12＋［3］＝［　　］
（まず　3台　ふえました。）

［15］＋6＝［　　］
（また　6台　ふえました。）

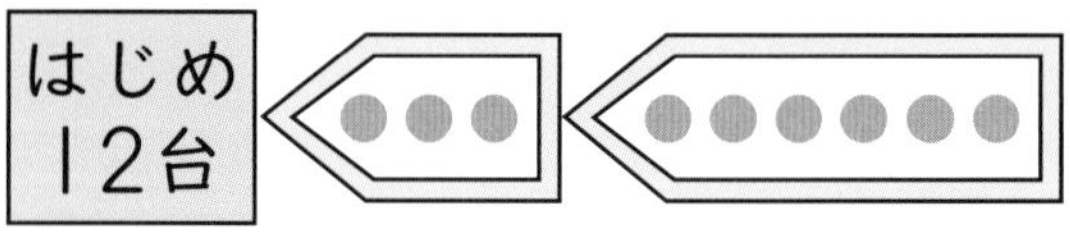

（　　　　　）

② 何台　ふえたかを　まとめて　考えて　もとめましょう。

3＋［6］＝［　　］
（これだけ　ふえた　ことに　なります。）

12＋［9］＝［　　］

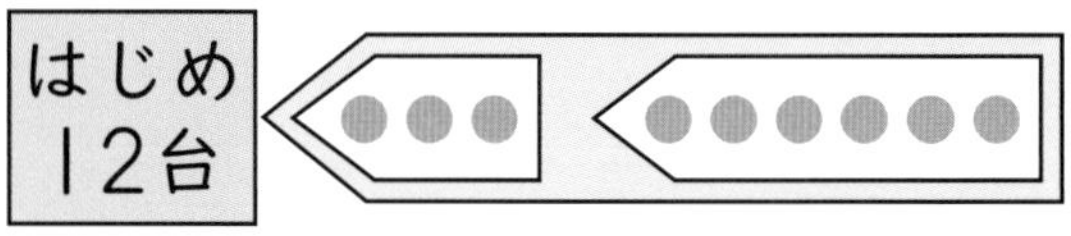

（　　　　　）

〈まとめて　考えて〉

2 あめを　15こ　もって　いました。
きのう　3こ　食《た》べました。
きょう　7こ　食べました。
あめは　いま　何こ　ありますか。
食べた　数《かず》を　まとめて　考えて　もとめましょう。

しき

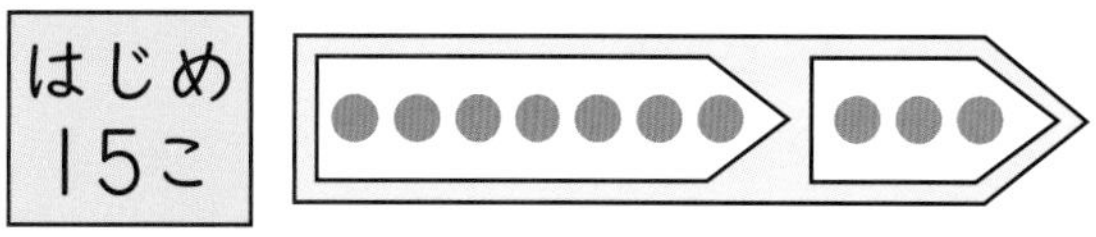

答《こた》え（　　　　　　）

よくよんで

3 バスに　おきゃくさんが　18人　のって　いました。
つぎの　バスていで　6人　のって、4人　おりました。
おきゃくさんは　何人に　なりましたか。
何人　ふえたのかを　まとめて　考えて　もとめましょう。

6－[4]＝[　　]

これだけ　ふえた　ことに　なります。

18＋[2]＝[　　]

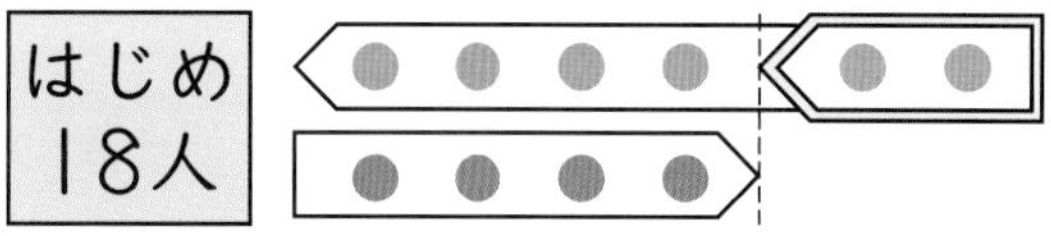

（　　　　　　）

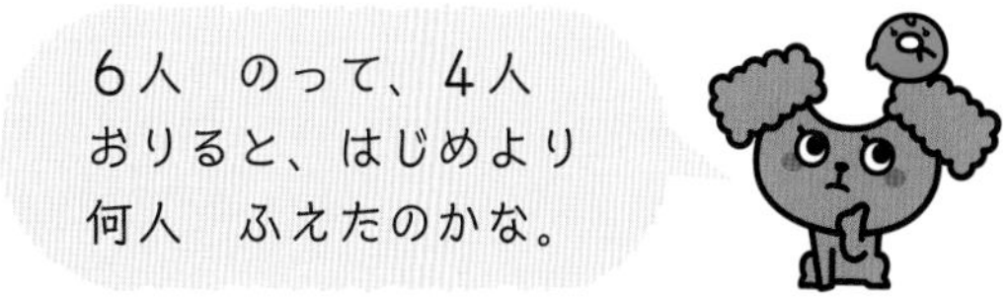

4 広《ひろ》場《ば》で　子どもが　23人　あそんで　いました。
そこへ　10人　来ました。
その　あと　5人　帰《かえ》りました。
子どもは　何人に　なりましたか。
何人　ふえたのかを　まとめて　考えて　もとめましょう。

しき

答え（　　　　　　）

9 しきと　計算

教科書　上118～119ページ　答え　15ページ

つぎの □ に　あてはまる　数《かず》を　かきましょう。

ねらい　(　)をつかって、まとめてたすことができるようにしよう。　れんしゅう 1 →

(　)を　つかった　しき

- じゅんに　たしても、まとめて　たしても、答《こた》えは　同《おな》じです。
- まとめて　たす　ときは　(　)を　つかって　あらわします。
- (　)の　中は　さきに　計算《けいさん》します。

1 (1)　18+6+4、(2)　18+(6+4)を　計算しましょう。

とき方　(1)　18+6=［24］
24+4=［　］
→ 18+6+4=［　］

(2)　6+4=［　］
18+10=［　］
→ 18+(6+4)=［　］

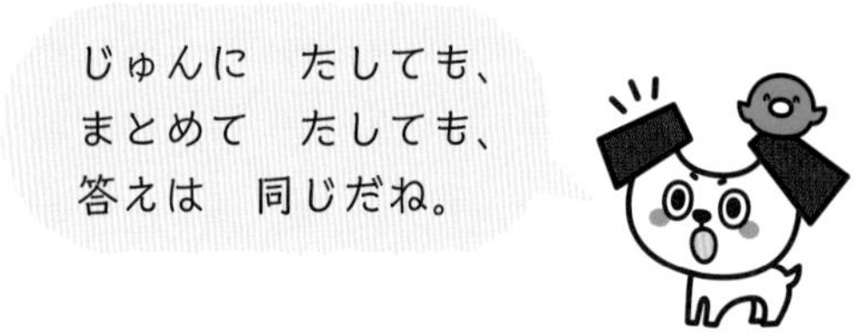

1 つぎの　計算を　しましょう。　教科書　118ページ 1、119ページ △

① 19+(2+8)　　② 45+(2+3)

③ 75+(4+1)　　④ 28+(15+5)

⑤ 37+(14+6)　　⑥ 62+(29+1)

9 しきと　計算

時間 20分

／100

ごうかく 80点

教科書 上118～119ページ　答え 15ページ

知識・技能　／60点

1 よく出る　つぎの　計算を　しましょう。　1つ10点(60点)

① 14+(9+1)　② 36+(7+3)

③ 25+(3+2)　④ 55+(1+4)

⑤ 67+(18+2)　⑥ 48+(25+5)

思考・判断・表現　／40点

2
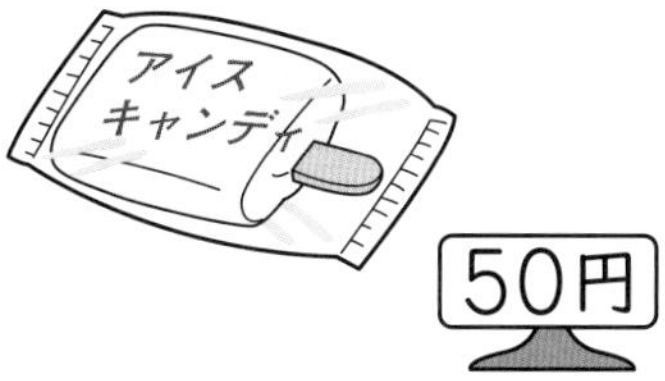

と
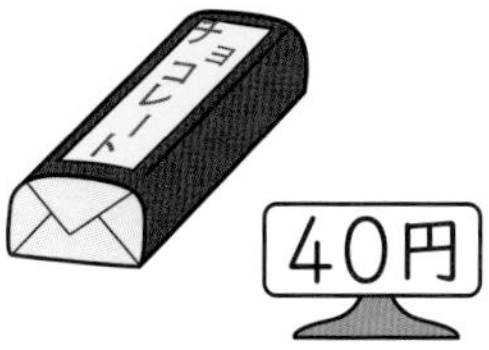

と
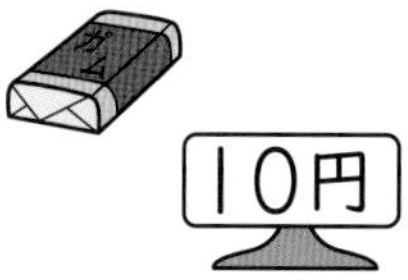

を

買《か》いました。

みんなで　何《なん》円ですか。

それぞれ　つぎの　しかたで、1つの　しきに　かいて
もとめましょう。　しき・答え　1つ10点(40点)

① じゅんに　たしましょう。

しき

答え（　　　　）

② チョコレートと　ガムの　ねだんを　まとめて　たしましょう。

しき

答え（　　　　）

10 かけ算(1)

① いくつ分と　かけ算
② 何ばいと　かけ算

教科書　下2～11ページ　答え　15ページ

つぎの □ に　あてはまる　数《かず》を　かきましょう。

ねらい　かけ算《ざん》のいみを知《し》り、答《こた》えをたし算でもとめられるようにしよう。　れんしゅう ① ②→

かけ算の　いみと　しき

2の　3つ分《ぶん》 ⟶ 2×3
（2：かけられる数、3：かける数）

よみ方《かた》は、「2かける3」
答えは、2＋2＋2で　もとめられます。
かけ算の　しきに　かくと、2×3＝6　6こ

1  4こ の　2さら分は　何《なん》こですか。

とき方　❶ いちごの　数は
① 4 この　② 2 つ分です。
❷ しきは、③ 4 × ④ 2
答えは、4＋4＝⑤ □
答え　⑥ □ こ

ねらい　ばいのいみを知り、かけ算のしきにあらわせるようにしよう。　れんしゅう ③→

何ばい

3cmの　2つ分の　ことを、
「3cmの　2ばい」とも　いいます。

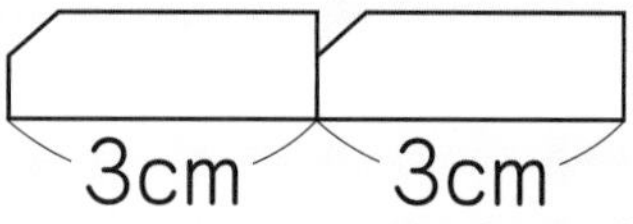

2 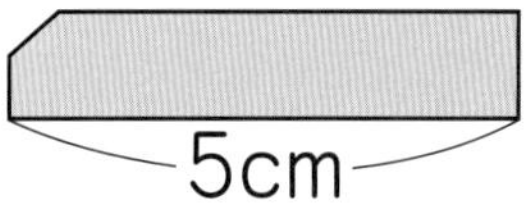

の　3ばいの　長《なが》さは　何cmですか。

とき方　① 5 cmの　3つ分だから、
しきは、② □ × ③ □
答えは、5＋5＋5＝④ □
答え　⑤ □ cm

1 かけ算の　しきに　かきましょう。　教科書　6 ページ 1、8 ページ 3

① の　5ふくろ分
4ひき

しき（　　　　　　）

② 

の　3はこ分
6本

しき（　　　　　　）

③ の　7さら分
2こ

しき（　　　　　　）

④ 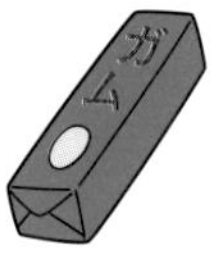

の　6こ分
5まい

しき（　　　　　　）

2 つぎの　かけ算の　答えを　たし算で　もとめましょう。
教科書　6 ページ 1、8 ページ 3

① 7×2　② 5×4

③ 8×3　④ 2×6

①の　7×2の　答えを
たし算で　もとめると、
7＋7＝……

よくよんで

3 下の　直線《ちょくせん》の　長さは　3cmの　4ばいです。
直線の　長さは　何cmですか。
かけ算の　しきに　かいて　もとめましょう。　教科書　10 ページ 1

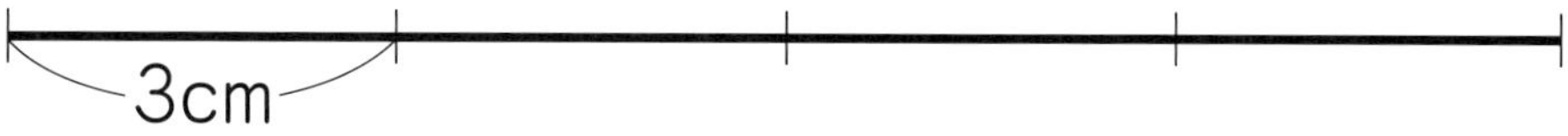

しき

答え（　　　　　　）

ヒント
1 「■の　▲つ分」と　いう　とき、しきは　■×▲です。
3 「4ばい」は、「4つ分」の　ことです。

③　かけ算の　九九ー(1)

教科書　下12~16ページ　答え　16ページ

つぎの □ に　あてはまる　数《かず》を　かきましょう。

ねらい　5のだん、2のだんの九九《くく》をおぼえよう。　れんしゅう 1 2 3 →

5×1、5×2、5×3、……の　答《こた》えを　「五一《ごいち》が　5」、「五二《ごに》　10」、「五三《ごさん》　15」、……と　いって　おぼえます。

このような　いい方《かた》を　九九と　いいます。

5のだんの　九九

5×1＝　5	五一《ごいち》が	5
5×2＝10	五二《ごに》	10
5×3＝15	五三《ごさん》	15
5×4＝20	五四《ごし》	20
5×5＝25	五五《ごご》	25
5×6＝30	五六《ごろく》	30
5×7＝35	五七《ごしち》	35
5×8＝40	五八《ごは》	40
5×9＝45	五九《ごっく》	45

5 ふえます。
5 ふえます。

2のだんの　九九

2×1＝　2	二一《にいち》が	2
2×2＝　4	二二《ににん》が	4
2×3＝　6	二三《にさん》が	6
2×4＝　8	二四《にし》が	8
2×5＝10	二五《にご》	10
2×6＝12	二六《にろく》	12
2×7＝14	二七《にしち》	14
2×8＝16	二八《にはち》	16
2×9＝18	二九《にく》	18

2 ふえます。
2 ふえます。

1　えんぴつを　5本ずつ　7人に　くばります。
えんぴつは　何本《なんぼん》　いりますか。

とき方　5本の　7つ分《ぶん》だから、5のだんの　九九を　つかいます。

しき　①[5] × ②[7] ＝ ③[35]

答え　④[　　]本

2　1つの　はこに　プリンが　2こずつ　はいって　います。
8はこでは　何こに　なりますか。

とき方　2この　8つ分だから、2のだんの　九九を　つかいます。

しき　①[　　] × ②[　　] ＝ ③[　　]

答え　④[　　]こ

❶ つぎの　計算《けいさん》を　しましょう。 教科書　14ページ❷、16ページ❷

① 5×2　② 5×6　③ 5×1

④ 5×9　⑤ 5×4　⑥ 5×5

⑦ 2×3　⑧ 2×9　⑨ 2×7

⑩ 2×4　⑪ 2×5　⑫ 2×1

❷ 長《なが》さ　5cmの　テープを　8本　つくります。
テープは　ぜんぶで　何cm　いりますか。

教科書　14ページ❸

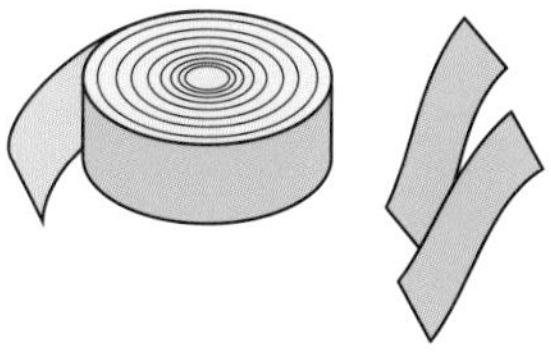

しき

答え（　　　　）

❸ 子どもが　2人ずつ　組《くみ》に
なって　おどって　います。
ぜんぶで　6組　あります。
みんなで　何人　いますか。

教科書　16ページ❹

しき

答え（　　　　）

ヒント
❷ 5cmの　8つ分だから、5のだんの　九九を　つかいます。
❸ 2人の　6つ分だから、2のだんの　九九を　つかいます。

がくしゅうび　月　日

③ かけ算の　九九ー(2)

教科書 下 17〜20 ページ　答え 16 ページ

つぎの □に あてはまる 数《かず》を かきましょう。

ねらい　3のだん、4のだんの九九をおぼえよう。　れんしゅう ❶❷❸→

3のだんの　九九

3×1＝ 3 ― 三一《さんいち》が 3
（3 ふえます。）
3×2＝ 6 ― 三二《さんに》が 6
（3 ふえます。）
3×3＝ 9 ― 三三《さざん》が 9
3×4＝12 ― 三四《さんし》 12
3×5＝15 ― 三五《さんご》 15
3×6＝18 ― 三六《さぶろく》 18
3×7＝21 ― 三七《さんしち》 21
3×8＝24 ― 三八《さんぱ》 24
3×9＝27 ― 三九《さんく》 27

4のだんの　九九

4×1＝ 4 ― 四一《しいち》が 4
（4 ふえます。）
4×2＝ 8 ― 四二《しに》が 8
（4 ふえます。）
4×3＝12 ― 四三《しさん》 12
4×4＝16 ― 四四《しし》 16
4×5＝20 ― 四五《しご》 20
4×6＝24 ― 四六《しろく》 24
4×7＝28 ― 四七《ししち》 28
4×8＝32 ― 四八《しは》 32
4×9＝36 ― 四九《しく》 36

1 1さらに　いちごが　3こずつ
のって　います。
9さらでは　何《なん》こに　なりますか。

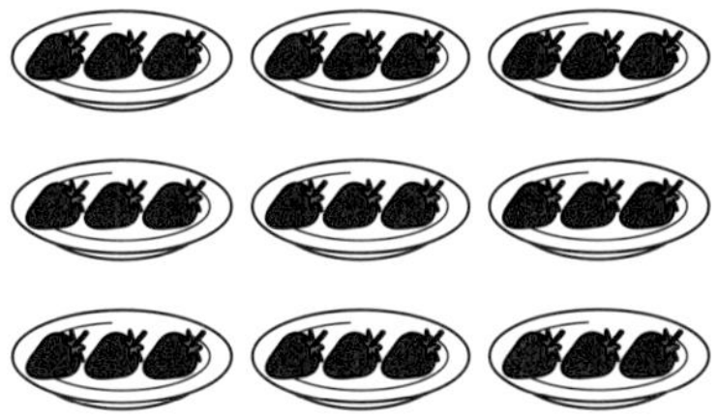

とき方　3この　9つ分《ぶん》だから、3のだんの　九九を　つかいます。

しき ①[3] × ②[　] ＝ ③[　]

答《こた》え ④[　] こ

2 色紙《いろがみ》を　4まいずつ　6人に　くばります。
色紙は　何まい　いりますか。

とき方　4まいの　6つ分だから、4のだんの　九九を　つかいます。

しき ①[　] × ②[　] ＝ ③[　]

答え ④[　] まい

ぴったり2
れんしゅう

★できた　もんだいには、「た」を　かこう！★

でき ①　でき ②　でき ③

がくしゅうび　　月　　日

教科書　下17～20ページ　答え　16ページ

1 つぎの　計算《けいさん》を　しましょう。

教科書　18ページ 2、20ページ 2

① 3×7　　② 3×3　　③ 3×5

④ 3×4　　⑤ 3×8　　⑥ 3×2

⑦ 4×5　　⑧ 4×2　　⑨ 4×3

⑩ 4×7　　⑪ 4×1　　⑫ 4×4

2 玉ねぎは　ぜんぶで　何こ　ありますか。

教科書　18ページ 3

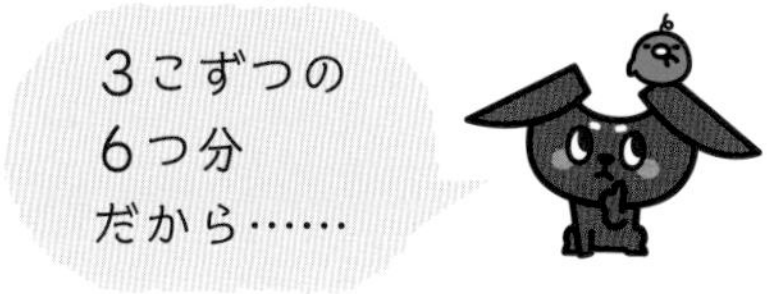

しき

答え（　　　　）

3 1つの　ベンチに　4人　すわる　ことが　できます。
8つでは　何人　すわれますか。

教科書　20ページ 3

しき

答え（　　　　）

ヒント
2 3この　6つ分だから、3のだんの　九九を　つかいます。
3 4人の　8つ分だから、4のだんの　九九を　つかいます。

③　かけ算の　九九ー(3)

がくしゅうび　　月　　日

教科書　下21ページ　　答え　17ページ

つぎの　□に　あてはまる　数《かず》を　かきましょう。

ねらい　かけ算《ざん》のしきを正しくつくることができるようにしよう。　れんしゅう ❶❷❸❹→

かけられる数と　かける数が　わかりにくい　もんだいでは、1つ分《ぶん》の　数の　いくつ分かを　考《かんが》えて、しきを　つくります。

1 ケーキの　はこが　5はこ　あります。
1つの　はこには、ケーキが
4こずつ　はいって　います。
ケーキは　ぜんぶで　何《なん》こ　ありますか。

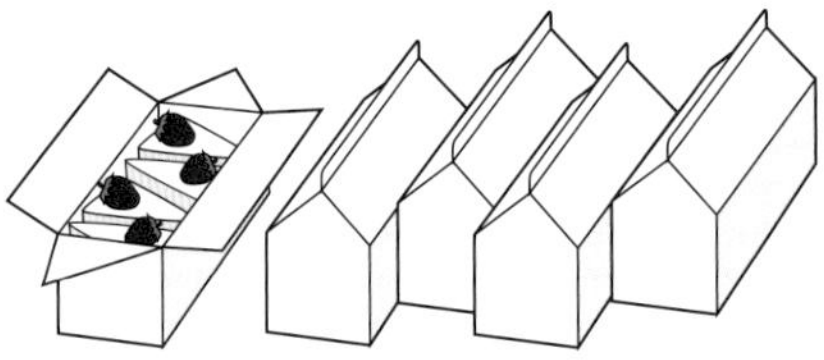

とき方　1つ分の　数は　4で、その　5つ分だから、
4の　だんの　九九を　つかいます。

しき　① 4 × ② □ = ③ □

答《こた》え　④ □ こ

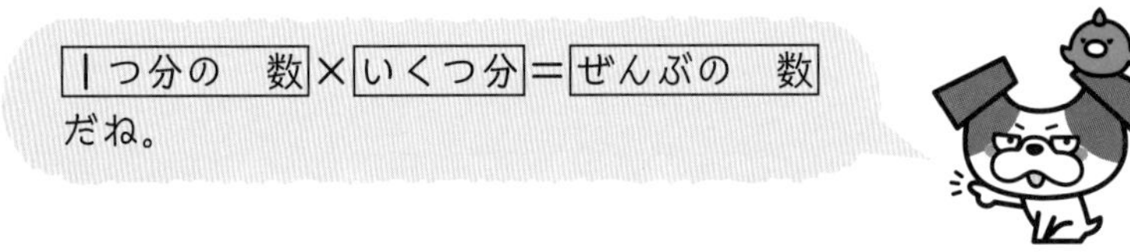

2 テープを　3本　つなぎます。
テープ　1本の　長《なが》さは　2cmです。
ぜんぶで　何cmに　なりますか。

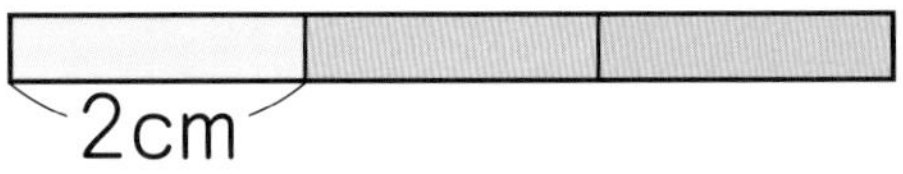

とき方　1つ分の　数は　2で、
その　① □ つ分だから、
2の　だんの　九九を　つかいます。

しき　② □ × ③ □ = ④ □

しきは、
3×2かな？
2×3かな？

答え　⑤ □ cm

★ できた もんだいには、「た」を かこう！★
でき ① でき ② でき ③ でき ④

がくしゅうび

月　　　日

教科書　下21ページ　答え　17ページ

1 さらが 4まい あります。
　1さらに みかんが 3こずつ
のって います。
　みかんは ぜんぶで 何こ
ありますか。　教科書 21ページ 1

しき　　　　　　　　　　答え（　　　　　　　　）

2 画用紙を 6まい 買います。
　1まい 5円の 画用紙を
買うと、何円に なりますか。
　教科書 21ページ 1

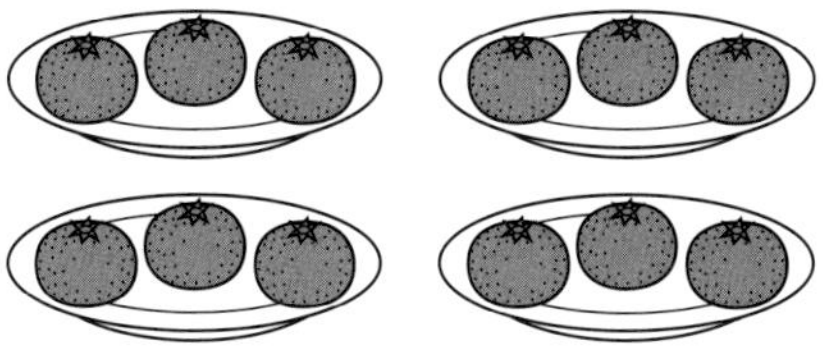

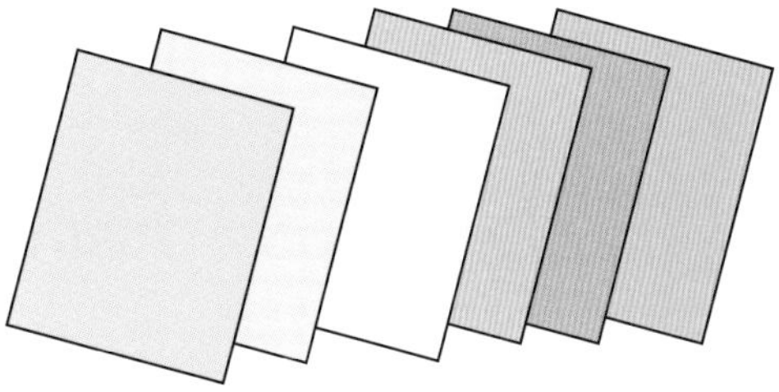

しき　　　　　　　　　　答え（　　　　　　　　）

3 プリンが はいった はこが
3はこ あります。
　1つの はこには、プリンが
4こずつ はいって います。
　プリンは ぜんぶで 何こ
ありますか。　教科書 21ページ 1

しき　　　　　　　　　　答え（　　　　　　　　）

4 ベンチが 5つ あります。
　1つの ベンチに 2人ずつ すわります。
　みんなで 何人 すわれますか。
　教科書 21ページ 1

しき　　　　　　　　　　答え（　　　　　　　　）

ヒント
❶ 3この 4つ分です。
❷ 5円の 6つ分です。

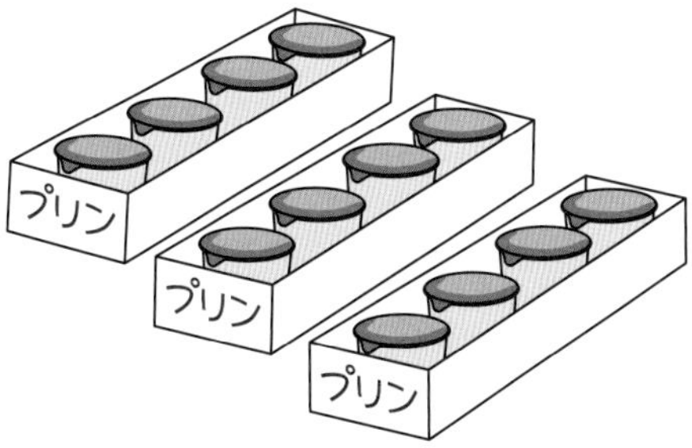

⑩ かけ算(1)

時間 30分 ／100 ごうかく 80点

教科書 下2～23ページ　答え 17ページ

知識・技能 ／65点

1 □に　あてはまる　数《かず》や　しきを　かきましょう。

□1つ4点(20点)

① 

4cmの　5つ分《ぶん》を　4cmの　□ばいと　いいます。

これを　しきに　かくと　□と　なり、

答《こた》えは　□cmです。

②　5のだんの　九九は、答えが　□ずつ　ふえます。

③　3のだんの　九九は、答えが　□ずつ　ふえます。

2 よく出る　つぎの　計算《けいさん》を　しましょう。

1つ3点(45点)

①　2×2　　②　4×8　　③　3×4

④　5×5　　⑤　2×7　　⑥　4×9

⑦　3×9　　⑧　5×4　　⑨　2×8

⑩　4×4　　⑪　3×8　　⑫　5×6

⑬　2×6　　⑭　5×8　　⑮　4×6

思考・判断・表現　　／35点

3 |こ　5円の　あめを　9こ
買《か》います。
何《なん》円に　なりますか。

しき・答え　1つ5点(10点)

しき

答え (　　　　　)

4 よく出る　りささんは、もんだいしゅうを　6日間《かん》　毎日《まいにち》　します。
|日に　3ページずつ　すると、何ページ　できますか。

しき・答え　1つ5点(10点)

しき

答え (　　　　　)

できたらスゴイ!

5 コップに　ジュースを
4dL ずつ　入れます。

しき・答え　1つ5点(15点)

①　7こでは、ジュースは
何 dL　いりますか。

しき

答え (　　　　　)

②　コップが　|こ　ふえると、ジュースは　何 dL　ふえますか。

(　　　　　)

ふりかえり　❶①が　わからない　ときは、54ページの　❷に　もどって　かくにんして　みよう。

① 九九づくり−(1)

がくしゅうび　月　日

教科書　下24〜28ページ　答え　18ページ

つぎの □ に あてはまる 数《かず》を かきましょう。

ねらい　6のだん、7のだんの九九をおぼえよう。　れんしゅう ❶❷❸→

6のだんの　九九

6×1= 6	六一《ろくいち》が	6
6×2=12	六二《ろくに》	12
6×3=18	六三《ろくさん》	18
6×4=24	六四《ろくし》	24
6×5=30	六五《ろくご》	30
6×6=36	六六《ろくろく》	36
6×7=42	六七《ろくしち》	42
6×8=48	六八《ろくは》	48
6×9=54	六九《ろっく》	54

6 ふえます。
6 ふえます。

7のだんの　九九

7×1= 7	七一《しちいち》が	7
7×2=14	七二《しちに》	14
7×3=21	七三《しちさん》	21
7×4=28	七四《しちし》	28
7×5=35	七五《しちご》	35
7×6=42	七六《しちろく》	42
7×7=49	七七《しちしち》	49
7×8=56	七八《しちは》	56
7×9=63	七九《しちく》	63

7 ふえます。
7 ふえます。

1 えんぴつを　くばります。
子ども　4人に　6本ずつ
くばると、何《なん》本　いりますか。

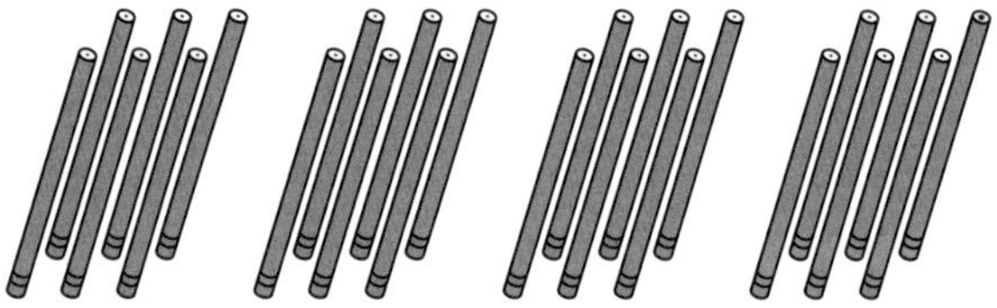

とき方　6本の　4つ分《ぶん》だから、6のだんの　九九を　つかいます。

しき　①6 ×② □ =③ □　　答《こた》え ④ □ 本

2 りんごが　1ふくろに　7こずつ
はいって　います。
5ふくろでは　何こに　なりますか。

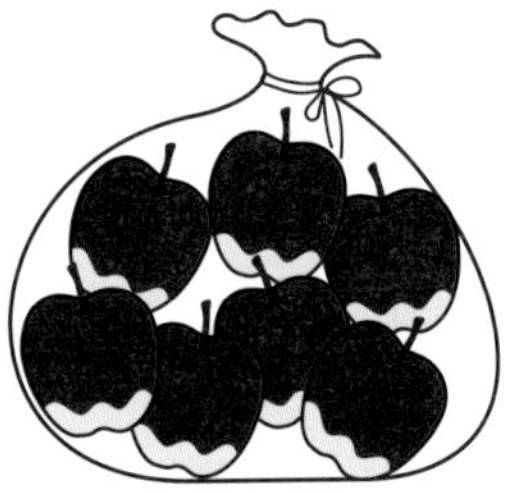

とき方　7この　5つ分だから、7のだんの
九九を　つかいます。

しき　① □ ×② □ =③ □　　答え ④ □ こ

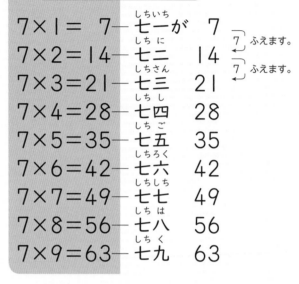

ぴったり2

れんしゅう

★できた もんだいには、「た」を かこう！★

でき 1　でき 2　でき 3

がくしゅうび　月　日

教科書 下24～28ページ　答え 18ページ

1 つぎの 計算《けいさん》を しましょう。

教科書 26ページ 2、28ページ 2

① 6×5　② 6×2　③ 6×7

④ 6×8　⑤ 6×1　⑥ 6×6

⑦ 7×3　⑧ 7×4　⑨ 7×1

⑩ 7×7　⑪ 7×9　⑫ 7×6

2 長《なが》さ 6cmの テープを 9本 つくります。

テープは ぜんぶで 何cm いりますか。

教科書 26ページ 3

しき

答え（　　　）

3 7こ入りの あめの ふくろが 8ふくろ あります。

あめは ぜんぶで 何こ ありますか。

教科書 28ページ 3

しき

答え（　　　）

ヒント

2 6cmの 9つ分だから、6のだんの 九九を つかいます。

3 7この 8つ分だから、7のだんの 九九を つかいます。

① 九九づくり−(2)

がくしゅうび　月　日

教科書 下29～32ページ　答え 18ページ

つぎの □ に　あてはまる　数《かず》を　かきましょう。

ねらい 8のだん、9のだんの九九をおぼえよう。　れんしゅう 1 2 →

8のだんの　九九

8×1＝ 8— 八一《はちいち》が　8
8×2＝16— 八二《はちに》　16
8×3＝24— 八三《はちさん》　24
8×4＝32— 八四《はちし》　32
8×5＝40— 八五《はちご》　40
8×6＝48— 八六《はちろく》　48
8×7＝56— 八七《はちしち》　56
8×8＝64— 八八《はっぱ》　64
8×9＝72— 八九《はっく》　72

（8 ふえます。　8 ふえます。）

9のだんの　九九

9×1＝ 9— 九一《くいち》が　9
9×2＝18— 九二《くに》　18
9×3＝27— 九三《くさん》　27
9×4＝36— 九四《くし》　36
9×5＝45— 九五《くご》　45
9×6＝54— 九六《くろく》　54
9×7＝63— 九七《くしち》　63
9×8＝72— 九八《くは》　72
9×9＝81— 九九《くく》　81

（9 ふえます。　9 ふえます。）

1 1こ　8円の　あめを　6こ　買《か》うと、何円《なん》に　なりますか。
また、1こ　9円の　あめ　6こでは、何円に　なりますか。

とき方　8のだんと　9のだんの　九九を　つかって　考《かんが》えます。

8円の　あめ……しき　[① 8]×6＝[②]　答《こた》え [③] 円

9円の　あめ……しき　9×[④]＝[⑤]　答え [⑥] 円

ねらい 1のかけ算《ざん》のいみをりかいして、つかえるようにしよう。　れんしゅう 1 3 →

1の　かけ算

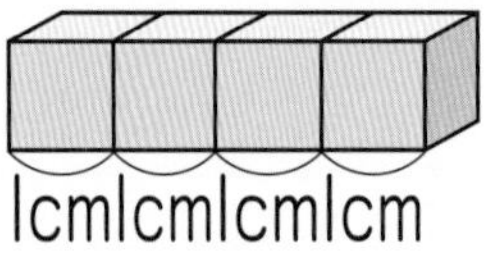

つみ木を　ならべた　長《なが》さは、
1cm の　4つ分《ぶん》だから、
1の　だんの　九九を　つかいます。
しき　1×4＝4　　答え 4cm

1のだんの　九九

1×1＝1 — 一一《いんいち》が　1
1×2＝2 — 一二《いんに》が　2
1×3＝3 — 一三《いんさん》が　3
1×4＝4 — 一四《いんし》が　4
1×5＝5 — 一五《いんご》が　5
1×6＝6 — 一六《いんろく》が　6
1×7＝7 — 一七《いんしち》が　7
1×8＝8 — 一八《いんはち》が　8
1×9＝9 — 一九《いんく》が　9

（1 ふえます。　1 ふえます。）

2 バナナを　1人に　1本ずつ　くばると、5人では　5本
いります。かけ算の　しきに　かきましょう。

とき方　1本の　[5] つ分だから、しきは　[　]×5＝[　]

がくしゅうび　月　日

★できた　もんだいには、「た」を　かこう！★

でき ①　でき ②　でき ③

教科書　下29～32ページ　答え　18ページ

1 つぎの　計算《けいさん》を　しましょう。

教科書　30ページ2、31ページ6、32ページ2

① 8×3　② 8×9　③ 8×4

④ 8×2　⑤ 9×7　⑥ 9×9

⑦ 9×1　⑧ 9×4　⑨ 1×7

⑩ 1×3　⑪ 1×1　⑫ 1×8

2 1はこに　ケーキが　8こずつ　はいって　います。5はこでは　何こに　なりますか。

教科書　30ページ3

しき

答え（　　　）

3 1cmの　9ばいの　長さは、何cmですか。かけ算の　しきに　あらわして、答えを　もとめましょう。

教科書　32ページ1・2

しき

答え（　　　）

ヒント
❷ 8この　5つ分だから、8のだんの　九九を　つかいます。
❸ 1cmの　9つ分だから、1のだんの　九九を　つかいます。

がくしゅうび　月　日

② かけ算を　つかった　もんだい
③ 図や　しきを　つかって

教科書　下 35～37 ページ　答え　19 ページ

つぎの □ に　あてはまる　数《かず》を　かきましょう。

ねらい　いろいろな計算《けいさん》をつかって、もんだいがとけるようにしよう。　れんしゅう ❶❷❸❹→

まとあての　とく点《てん》を　もとめましょう。

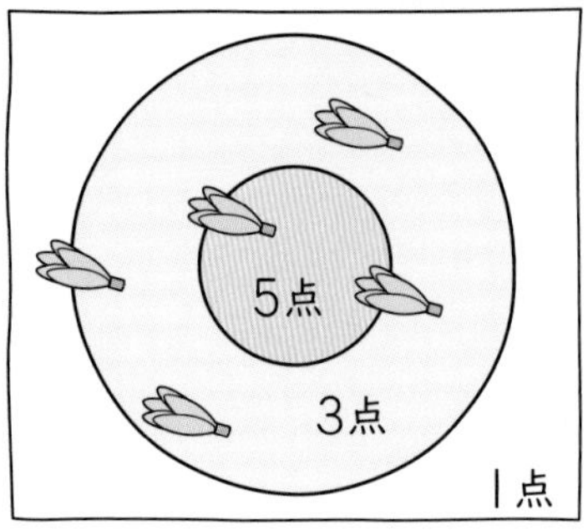

まとあて
コーナー
1人 5回《かい》

3点が　4つ　あるので、
かけ算《ざん》で　もとめます。
3×4＝12
ぜんぶの　とく点は
たし算で　もとめます。
12＋5＝17　　17 点

1 1こ　8円の　あめを　4こと、30 円の　ガムを　1つ
買《か》いました。みんなで　何円《なんえん》ですか。

とき方　はじめに、あめ　4この　ねだんを　もとめます。
8円の　あめが　4こ　あるので、
8×①[4]＝②[ ]
あめと　ガムの　ねだんを　あわせると、
③[ ]＋30＝④[ ]　　答《こた》え ⑤[ ] 円

2 クッキーが　3こずつ　6れつ　はいって　います。
2こ　食《た》べると、何こ　のこりますか。

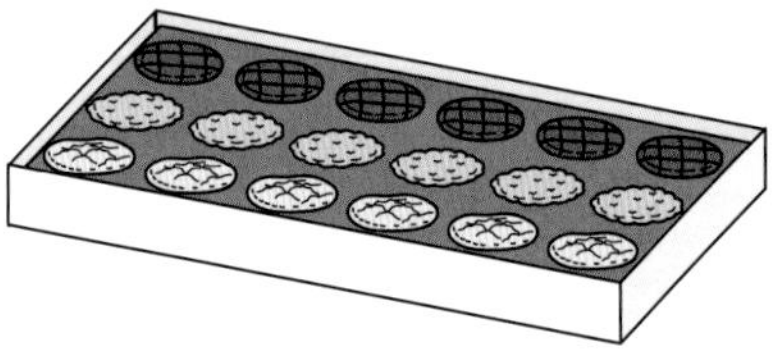

とき方　クッキーの　ぜんぶの　数を
もとめます。
3こずつ　6れつ　あるので、
3×①[ ]＝②[ ]
2こ　食べたので、
③[ ]－2＝④[ ]　　答え ⑤[ ] こ

★ できた もんだいには、「た」を かこう！★
でき ① でき ② でき ③ でき ④

がくしゅうび
月 日

教科書 下 35～37 ページ ＝▷ 答え 19 ページ

！まちがいちゅうい

① 1まい 5円の 色紙を 9まいと、40円の えんぴつを 1本 買いました。

みんなで 何円ですか。 教科書 35 ページ **1**

しき

答え（　　　　　　　　）

② 1ふくろ 9こ入りの グミが 4ふくろ あります。

6こ 食べると、何こ のこりますか。 教科書 35 ページ **▲**

しき

答え（　　　　　　　　）

③ はこの 中に りんごは 何こ ありますか。

　□に あてはまる 数を かいて、

2つの 考え方で もとめましょう。

教科書 36 ページ **1**

① 5×□＝15

15＋□＝□　　答え □ こ

② 5×□＝20

20－□＝□　　答え □ こ

①、②の 考え方を せつめいして みよう。

④ ビー玉は ぜんぶで 何こ ありますか。

教科書 36 ページ **1**

しき

答え（　　　　　　　　）

●ヒント ④ 考え方① 6この まとまりと 4この まとまりを たします。
考え方② ぜんたいから ない ところを ひきます。

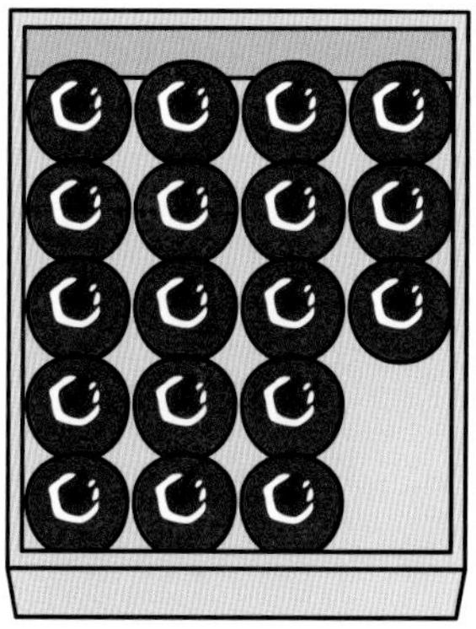

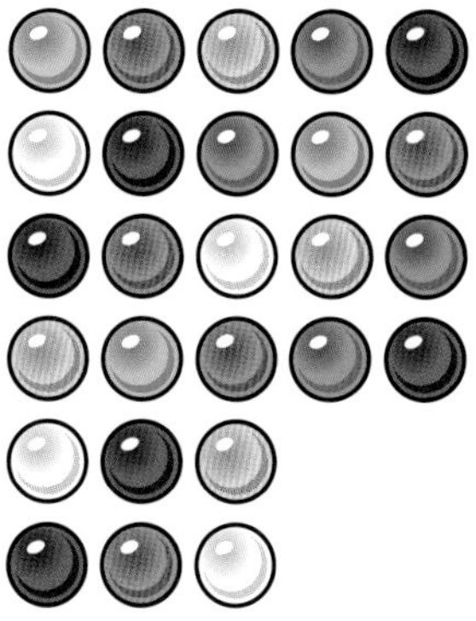

ぴったり3
たしかめのテスト

11 かけ算(2)

時間 30 分

／100

ごうかく 80 点

教科書 下 24〜39 ページ　答え 19 ページ

知識・技能　／60点

1 つぎの　計算《けいさん》を　しましょう。　1つ4点(60点)

① 1×4　② 9×3　③ 6×6

④ 8×6　⑤ 6×5　⑥ 7×2

⑦ 8×2　⑧ 7×8　⑨ 1×9

⑩ 9×8　⑪ 7×4　⑫ 8×5

⑬ 6×2　⑭ 1×6　⑮ 9×7

思考・判断・表現　／40点

2 よく出る　テープを　7本　つくります。
1本の　長《なが》さを　6cmに　すると、テープは　何《なん》cm　いりますか。
しき・答え　1つ2点(4点)

しき

答《こた》え（　　　　）

3 クッキーは　みんなで　何こ　ありますか。　しき・答え　1つ2点(4点)

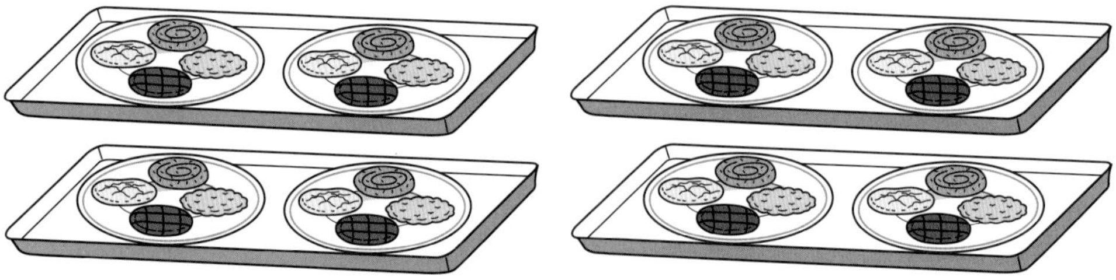

しき

答え（　　　　）

4 高《たか》さ　4cmの　つみ木を　7こ　つみました。
その　上に、高さ　5cmの　つみ木を　1こ　つみました。
高さは　何cmに　なりましたか。　しき・答え　1つ4点(8点)

しき

答え（　　　　）

できたらスゴイ!

5 チョコレートが　100こ　あります。
9人に　6こずつ　あげると、何こ　のこりますか。
しき・答え　1つ4点(8点)

しき

答え（　　　　）

できたらスゴイ!

6 なおきさんは　まとあての　けっかを
下の　ひょうに　まとめました。
ひょうに　それぞれの　とく点《てん》を
もとめる　かけ算《ざん》の　しきと　とく点を
かき、ぜんぶの　とく点を
もとめましょう。　1つ2点(16点)

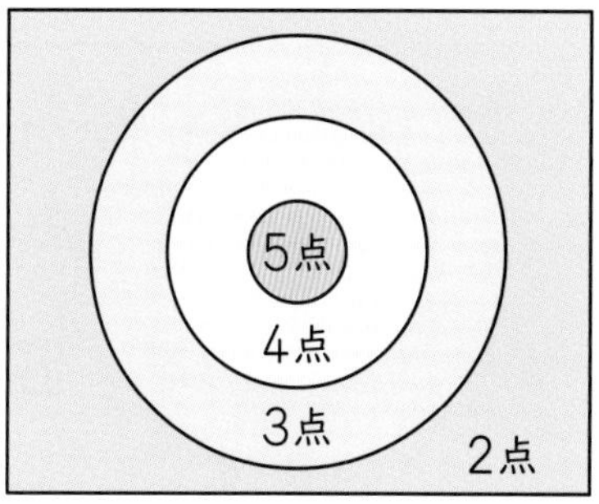

なおきさんの　とく点

点	あたった　数《かず》	しき	とく点
5点	1こ	5×1	5点
4点	2こ	①	②
3点	3こ	③	④
2点	6こ	⑤	⑥

ぜんぶの　とく点
しき
（⑦　　　　）

答え（⑧　　　　）

ふろくの「計算せんもんドリル」23～32も　やって　みよう!

ふりかえり　1①が　わからない　ときは、66ページの　2に　もどって　かくにんして　みよう。

① 三角形と　四角形

教科書 下40～45ページ　答え 20ページ

つぎの □ に　あてはまる　きごうを　かきましょう。

ねらい 三角形《さんかくけい》がどのような形《かたち》かがわかるようにしよう。　れんしゅう ❶❷❸→

- 3本の　直線《ちょくせん》で　かこまれて　いる　形を　**三角形**と　いいます。
  （直線 → まっすぐな　線）
- まわりの　ひとつひとつの　直線を　**辺《へん》**、かどの　点《てん》を　**ちょう点**と　いいます。

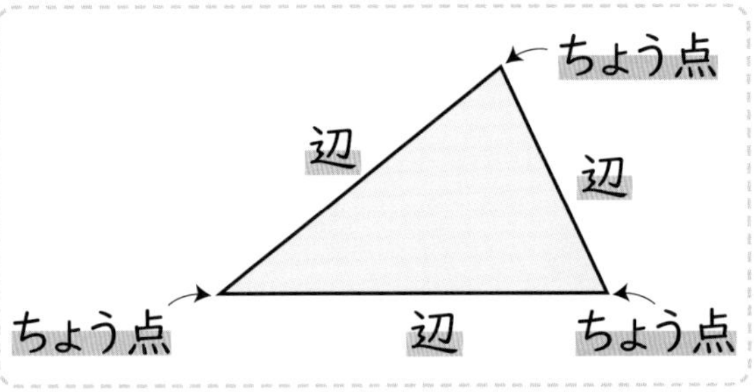

1 三角形を　みつけましょう。

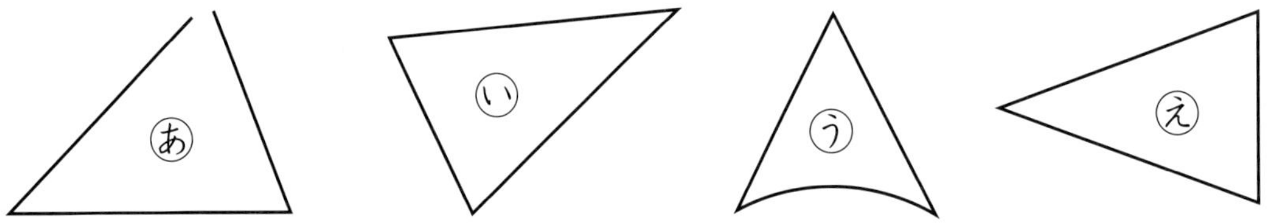

とき方　3本の　直線で　かこまれて　いる　形を　みつけます。
三角形は、［ い ］と［　　］です。

ねらい 四角形《しかくけい》がどのような形かがわかるようにしよう。　れんしゅう ❶❷❸→

- 4本の　直線で　かこまれて　いる　形を　**四角形**と　いいます。

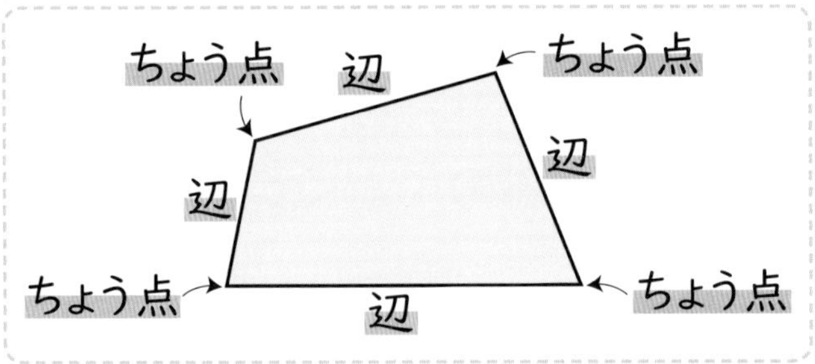

2 四角形を　みつけましょう。

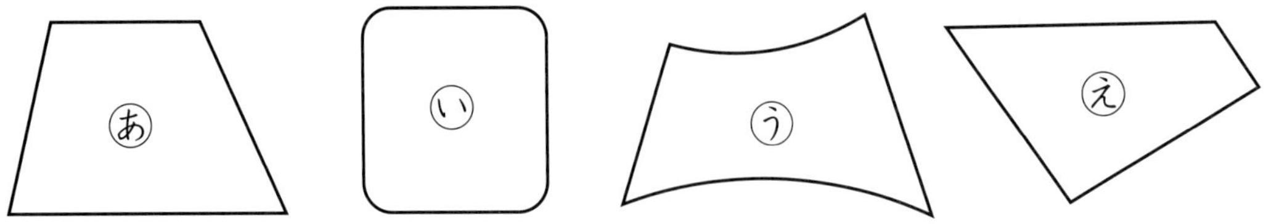

とき方　4本の　直線で　かこまれて　いる　形を　みつけます。
四角形は、［ あ ］と［　　］です。

★ できた もんだいには、「た」を かこう！★
でき ① でき ② でき ③

がくしゅうび
月　　　日

教科書　下 40〜45 ページ　　答え　20 ページ

1 点と　点を　直線で　つないで、三角形と　四角形を　１つずつ
つくりましょう。　　　　　　　　　教科書 42 ページ ➋

　・　・　・　・　・　・　・　・　・　・　・　・　・

　・　・　・　・　・　・　・　・　・　・　・　・　・

　・　・　・　・　・　・　・　・　・　・　・　・　・

　・　・　・　・　・　・　・　・　・　・　・　・　・

　・　・　・　・　・　・　・　・　・　・　・　・　・

　・　・　・　・　・　・　・　・　・　・　・　・　・

📖 よくよんで

2 下の　形で、三角形には　△を、四角形には　○を、どちらでも
ない　形には　×を、（　）に　かきましょう。　教科書 43 ページ ❶

① 　② 　③ 　④（　　　）　　　（　　　）　　　（　　　）　　　（　　　）

3 下の　三角形に　直線を　１本　ひいて、つぎの　形を
つくりましょう。　　　　　　　　　教科書 44 ページ ❸

①　三角形と　四角形　　　　　②　２つの　三角形

ヒント　❶ 三角形は　３つの　点を、四角形は　４つの　点を　直線で　つなぎます。
　　　　❷ 三角形は　３本の　直線で、四角形は　４本の　直線で　かこまれて　いる　形です。

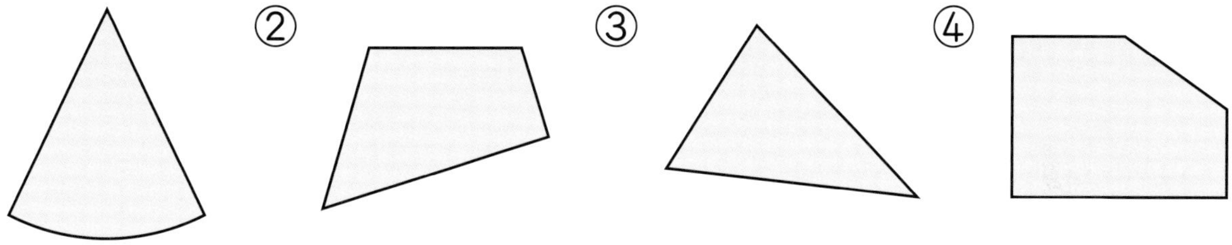

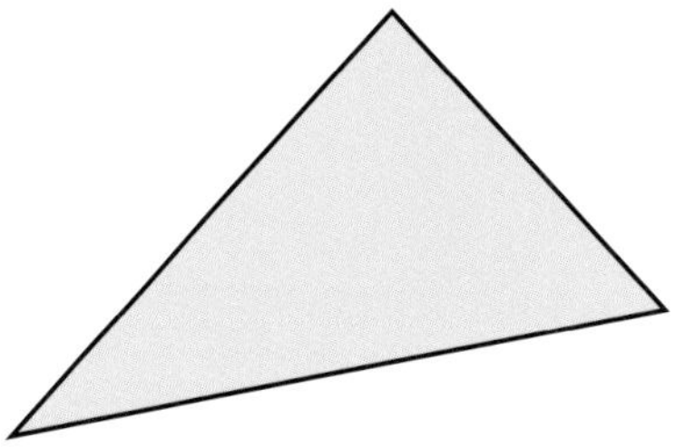

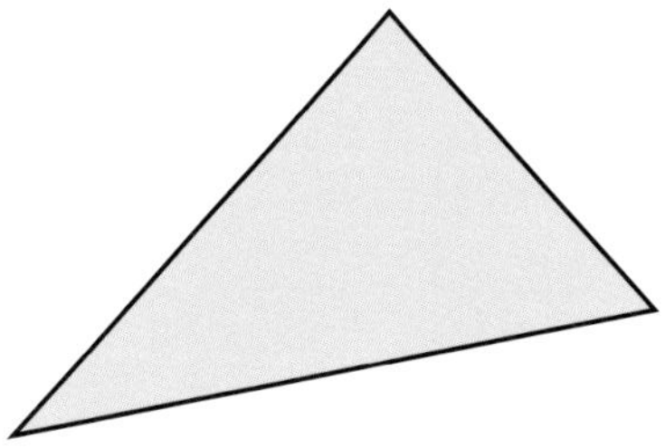

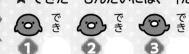

② 長方形と 正方形

教科書 下46〜53ページ 答え 20ページ

つぎの □に あてはまる きごうを かきましょう。

ねらい 直角《ちょっかく》が、どのような形《かたち》なのかがわかるようにしよう。 れんしゅう ①②③→

右の 図《ず》のように、紙《かみ》を 2回《かい》、きちんと おって できた かどの 形を **直角**と いいます。

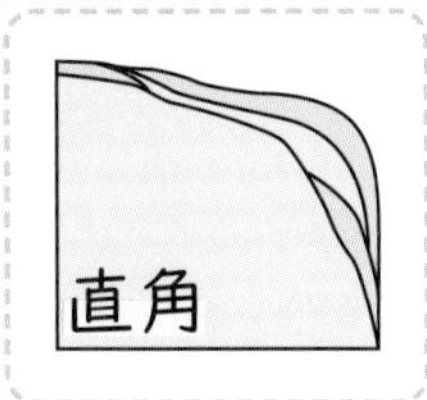

1 三角じょうぎの 6つの かどから、直角に なって いる ところを みつけましょう。

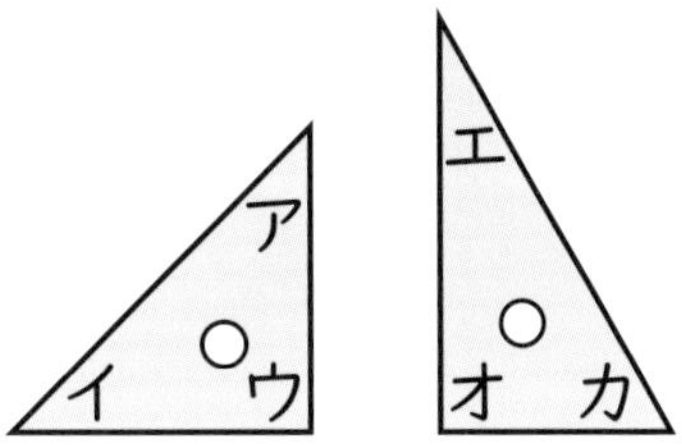

とき方 本や ノートの かどの 形と 同《おな》じ □ と □ が 直角です。

ねらい 長方形《ちょうほうけい》、正方形《せいほうけい》、直角三角形《ちょっかくさんかくけい》の形がわかるようにしよう。 れんしゅう ①②③→

- **長方形** かどが みんな 直角に なって いる 四角形《しかくけい》
- **正方形** かどが みんな 直角で、辺《へん》の 長《なが》さが みんな 同じ 四角形
- **直角三角形** 1つの かどが 直角に なって いる 三角形

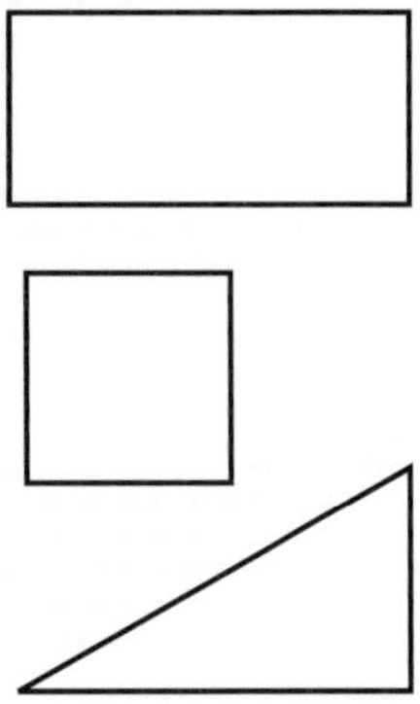

2 長方形、正方形、直角三角形を みつけましょう。

とき方 かどの 形や 辺の 長さを しらべます。
長方形は □、正方形は □、
直角三角形は □ です。

★できた　もんだいには、「た」を　かこう！★

でき ①　でき ②　でき ③

がくしゅうび　　月　　日

教科書　下46〜53ページ　答え　20ページ

① 長方形と　正方形を　みつけて、きごうで　答《こた》えましょう。

教科書　47ページ 1、48ページ 1、49ページ △2

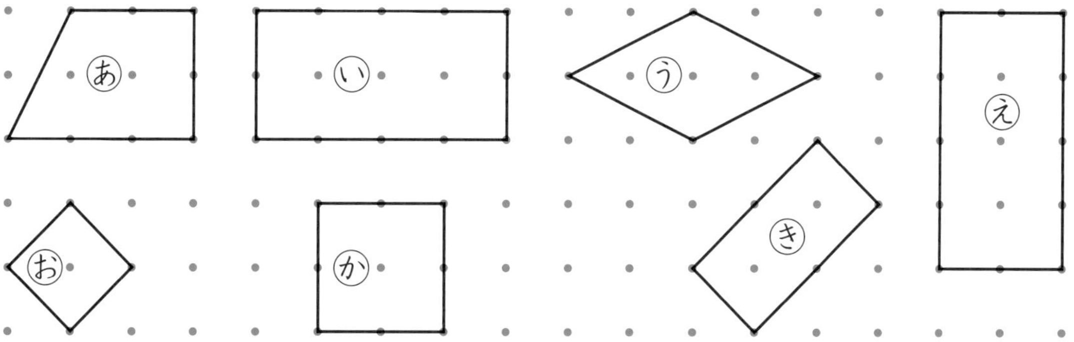

長方形（　　　　　　）　正方形（　　　　　　）

② 直角三角形を　みつけて、きごうで　答えましょう。

教科書　50ページ 1・△2

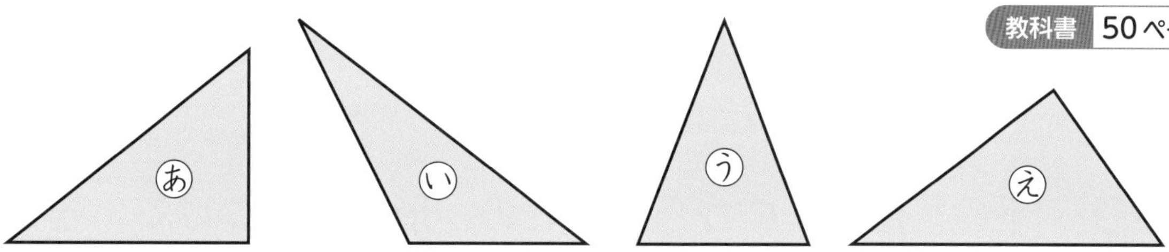

（　　　　　　）

③ 下の　方《ほう》がん紙《し》に　つぎの　形を　かきましょう。

教科書　51ページ 1

① 2つの　辺の　長さが　3cmと　4cmの　長方形

② 1つの　辺の　長さが　2cmの　正方形

③ 直角に なる 2つの 辺の 長さが 4cmと 5cmの 直角三角形

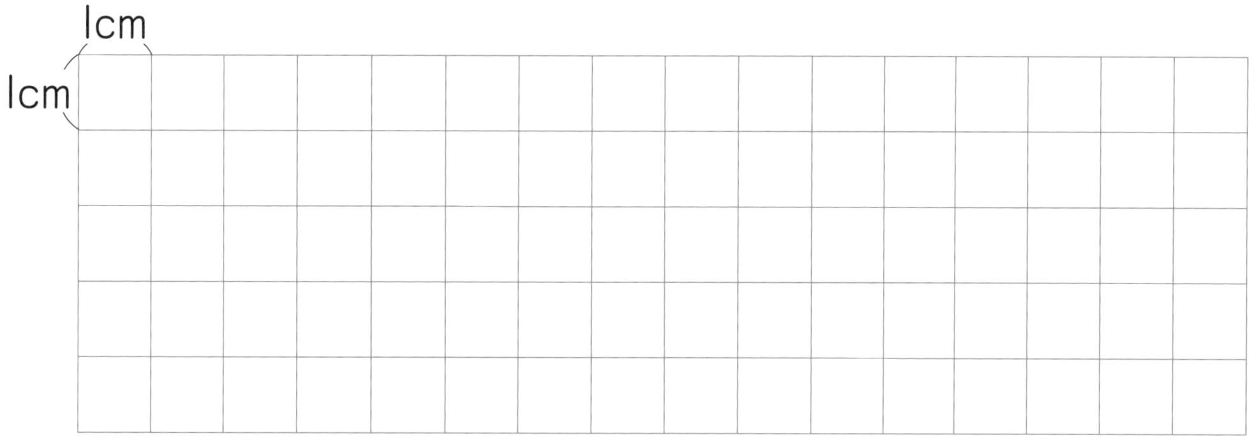

ヒント

① まず、かどが　みんな　直角に　なって　いる　四角形を　みつけます。
その　あと、辺の　長さを　しらべましょう。

⑫ 三角形と　四角形

時間30分
／100
ごうかく80点

教科書　下40〜55ページ　答え　21ページ

知識・技能　／100点

1 つぎの □ に　あてはまる　ことばを　かきましょう。1つ7点(28点)

① 3本の　直線《ちょくせん》で　かこまれて　いる

形《かたち》を □ と　いいます。

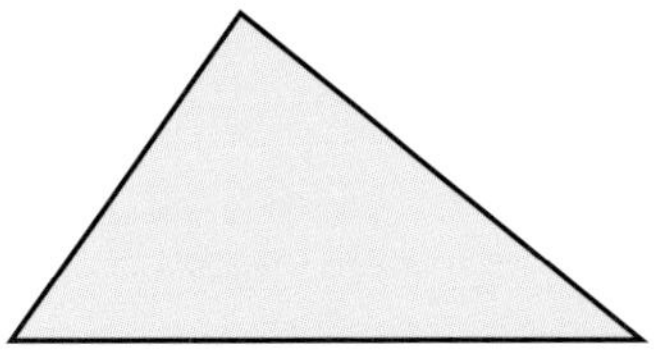

② 4本の　直線で　かこまれて　いる

形を □ と　いいます。

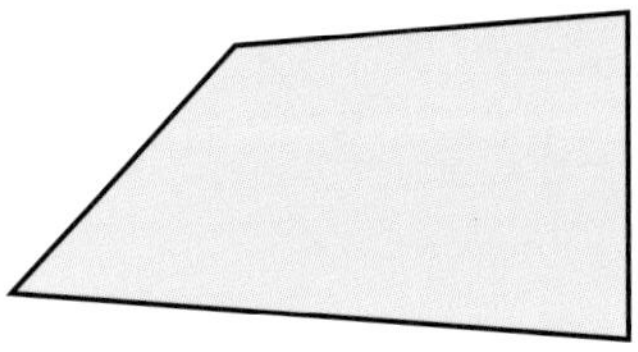

③ 長方形《ちょうほうけい》や　正方形《せいほうけい》の　かどは　みんな

□ です。

④ 正方形の　辺《へん》の　長《なが》さは　みんな □ です。

2 よく出る 下の　形の　中から、つぎの　形を　みつけて、きごうで　答《こた》えましょう。

1つ7点(42点)

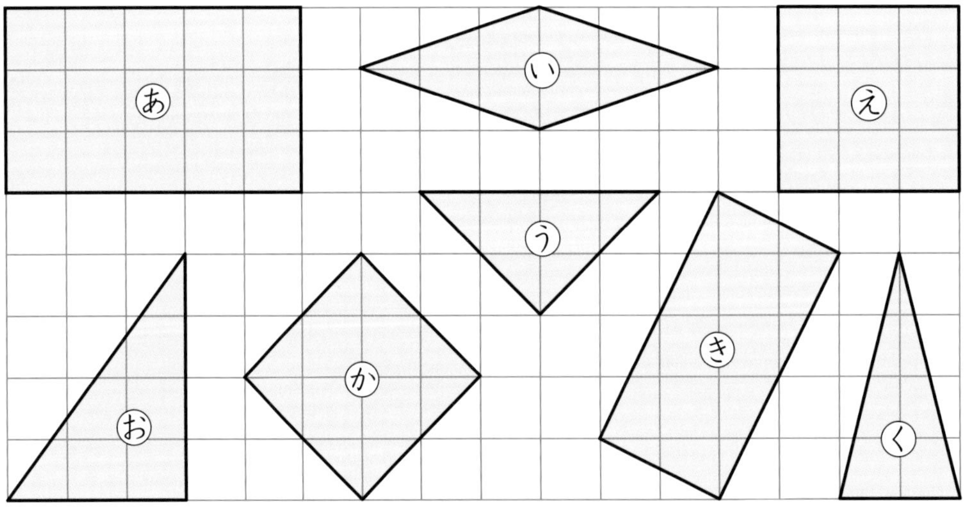

① 長方形

(　　)(　　)

② 正方形

(　　)(　　)

③ 直角三角形《ちょっかくさんかくけい》

(　　)(　　)

3 下の　三角形や　四角形《しかくけい》に　直線を　1本　ひいて、つぎの　形を　つくりましょう。

1つ6点(18点)

① 2つの　三角形

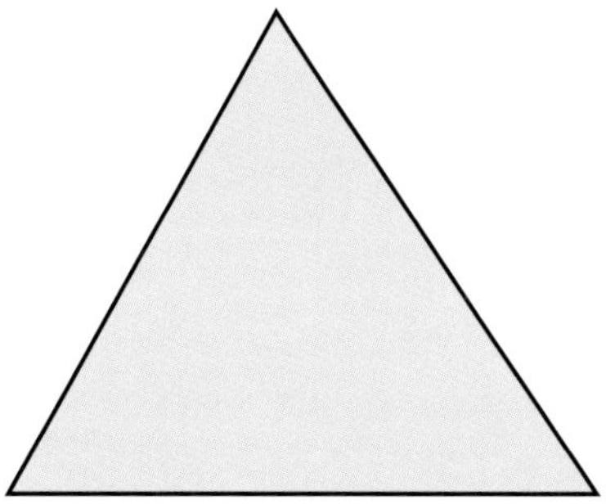

② 三角形と　四角形

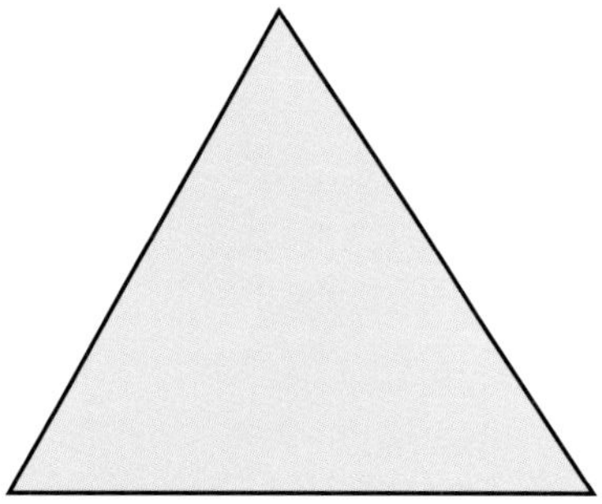

③ 三角形と　四角形

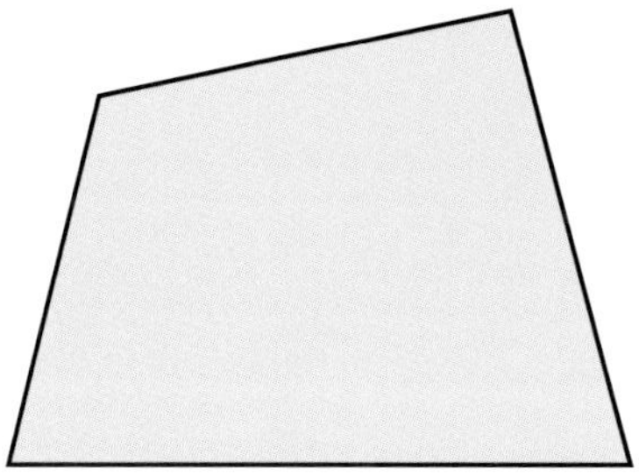

4 よく出る　下の　方《ほう》がん紙《し》に　つぎの　形を　かきましょう。

1つ6点(12点)

① 2つの　辺の　長さが　5cmと　6cmの　長方形

② 直角に　なる　2つの　辺の　長さが　4cmと　7cmの　直角三角形

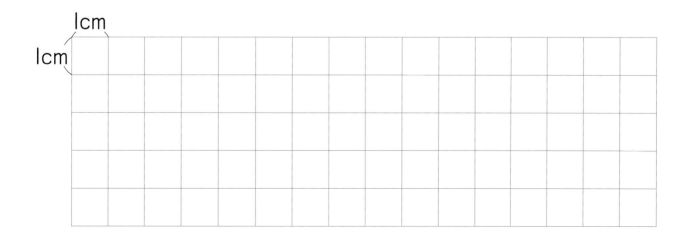

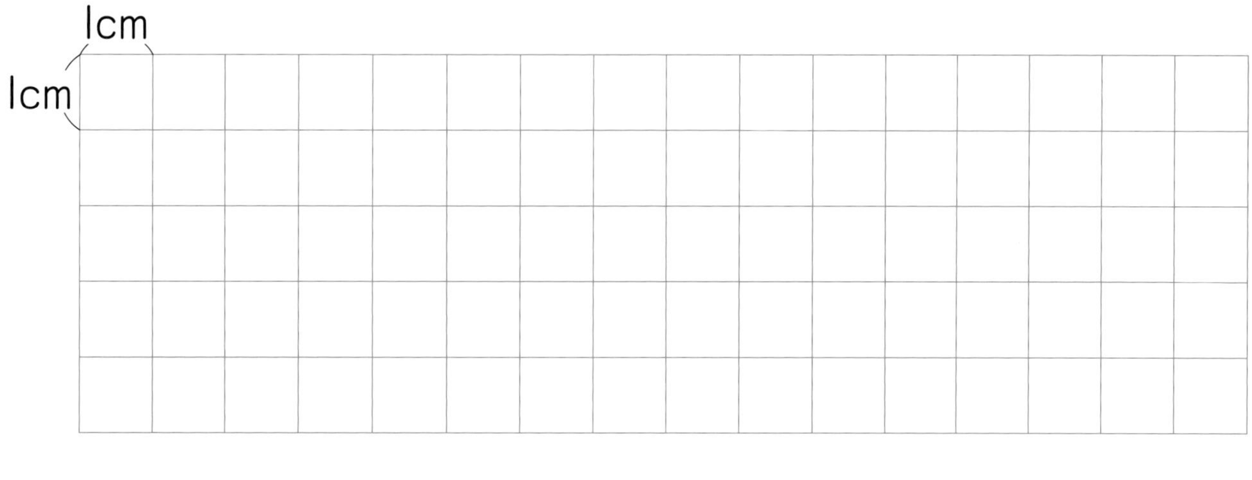

ふりかえり　1①が　わからない　ときは、72ページの　1に　もどって　かくにんして　みよう。

見方・考え方を　ふかめよう(3)

かってても　まけても！

がくしゅうび　月　日

教科書　下 56～59 ページ　答え　21 ページ

1 1 組《くみ》は　32 人です。
1 組は、2 組より　3 人　多《おお》いそうです。

① 図《ず》の □ に　あてはまる　数《かず》を　かきましょう。

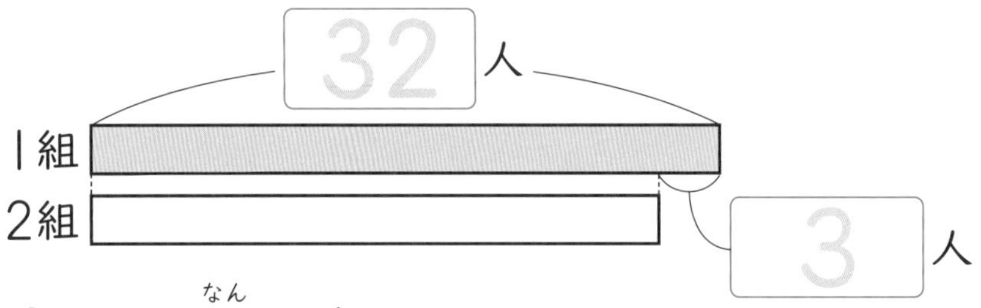

多い　分《ぶん》だけ
数を　ひいて
考《かんが》えよう。

② 2 組は　何《なん》人ですか。

32 － 3 ＝ □　（　　）

よくよんで

2 赤組《ぐみ》と　白組で　玉入れを　して　います。
赤組は　50 こ　はいって　います。
赤組は、白組より　7 こ　多いそうです。
白組は　何こ　はいって　いますか。

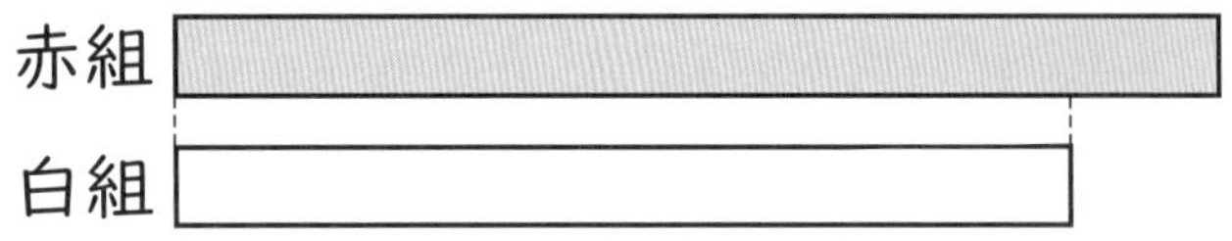

しき

答《こた》え（　　）

図に　かいて
考えよう。

3 白い　とびばこと　青い　とびばこが　あります。
白い　とびばこの　高《たか》さは　60 cm です。
白い　とびばこは、青い　とびばこより
20 cm　ひくいそうです。

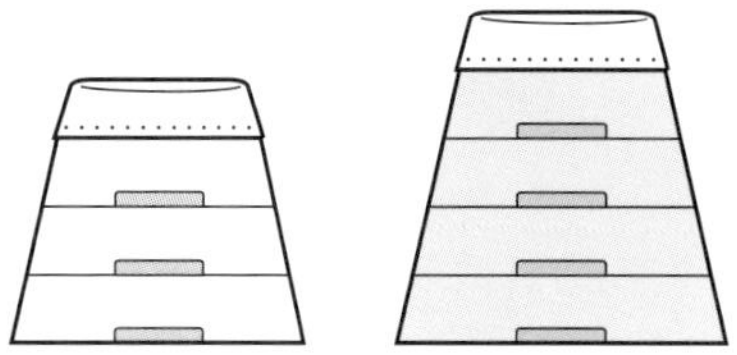

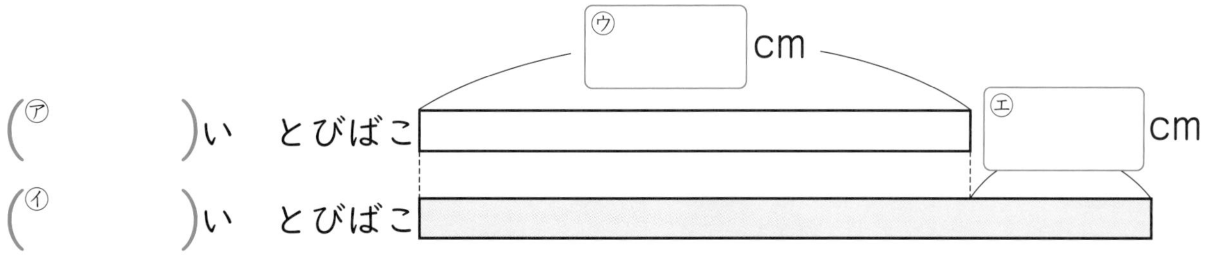

① 上の（　）に　あてはまる　白か　青を　それぞれ　かきましょう。
② 上の □ に　あてはまる　数を　かきましょう。
③ 青い　とびばこの　高さは　何 cm ですか。

60 ＋ 20 ＝ □　（　　　）

4 公園《こうえん》で　おとなと　子どもが　あそんで　います。
おとなは　28 人です。
おとなは、子どもより　5人　少《すく》ないそうです。
子どもは　何人ですか。

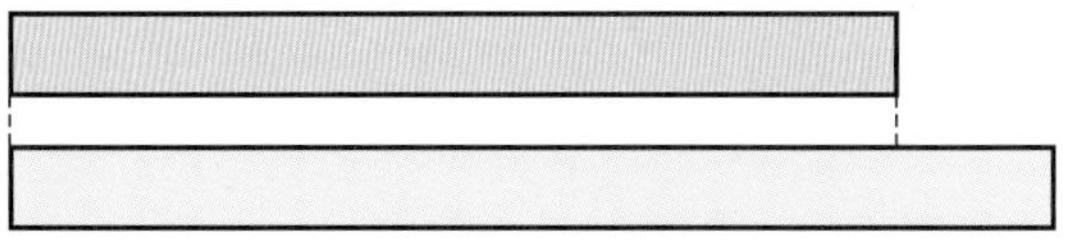

しき　　　　　　　　　　　　　　答え（　　　）

5 白組と　赤組で　とく点《てん》を　きそって　います。
白組は、赤組より　7点　少ないそうです。
白組は　82 点です。
赤組は　何点ですか。

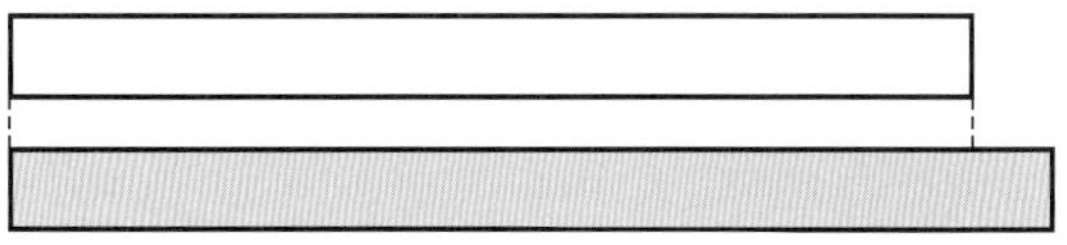

しき　　　　　　　　　　　　　　答え（　　　）

学びを　いかそう

何番目

教科書　下62～63ページ　答え　22ページ

1 12人が　1れつに　ならんで　います。
まいかさんの　前《まえ》には　4人　います。
まいかさんの　うしろには　何《なん》人　いますか。
図《ず》の　□に　あてはまる　数《かず》を　かいて　考《かんが》えましょう。

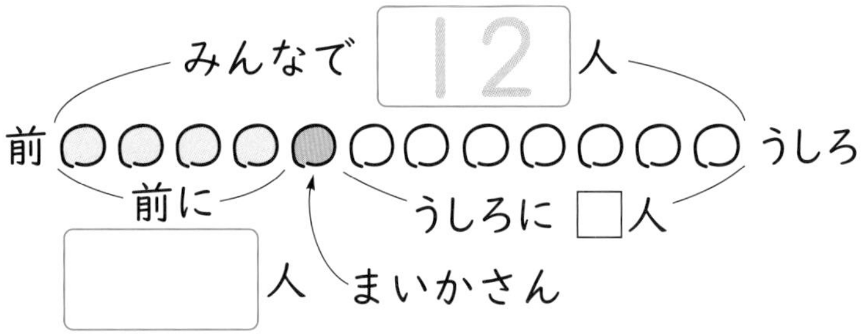

（　　　　）

2 どうぶつが　ならんで　歩《ある》いて　います。
ライオンの　前には　7ひき、うしろには
6ぴき　います。
どうぶつは　みんなで　何びき　いますか。

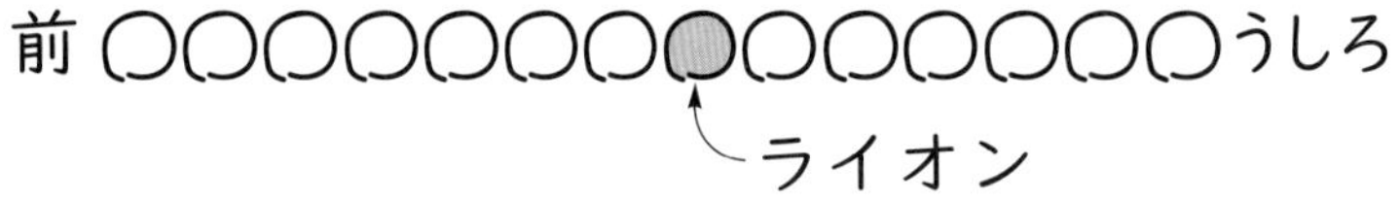

（　　　　）

3 いろいろな　かばんが　11こ
1れつに　ならべて　あります。
ランドセルは　左から　5番《ばん》目です。
ランドセルは　右から　何番目ですか。
□に　あてはまる　数を　かいて　考えましょう。

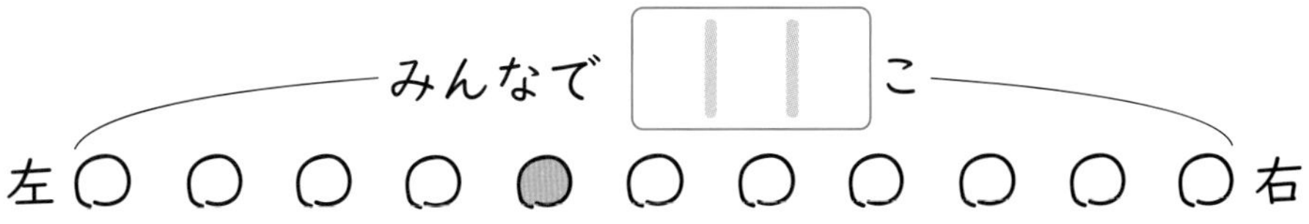

ランドセルは　左から　5　番目で、
右から　□　番目です。

（　　　　）

！まちがいちゅうい

4 ジュースが　13本　1れつに　ならべて　あります。
りんごの　ジュースは　左から　8番目です。
りんごの　ジュースは　右から　何番目ですか。

図に　かくと
わかりやすいね。

（　　　　）

5 子どもが　1れつに　ならんで　います。
ひろきさんは　前からも　うしろからも
8番目です。
子どもは　みんなで　何人　いますか。

ひろきさんの
前と　うしろに
何人ずつ　ならんで
いるのかな。

（　　　　）

→ この 本の おわりに ある「冬の チャレンジテスト」を やって みよう！

① かけ算の　きまり－(1)

教科書　下67～70ページ　答え　22ページ

つぎの □ に　あてはまる　数《かず》を　かきましょう。

ねらい かける数が１ふえるときの、答《こた》えのかわり方《かた》がわかるようにしよう。　れんしゅう ①→

かけ算《ざん》では、かける数が
１　ふえると、答えは
かけられる数だけ　ふえます。

3×5＝15
3×6＝18
１　ふえると、3　ふえます。

1 九九の　ひょうから、九九の　答えが　どのように　ならんで　いるかを　しらべましょう。

とき方 九九の　ひょうで　答えの　かわり方を　しらべます。
4のだんでは、かける数が　１　ふえると、答えは 4 ずつ　ふえます。
2のだんでは、かける数が　１　ふえると、答えは □ ずつ　ふえます。

かける数 / かけられる数

	1	2	3	4	5	6
1	1	2	3	4	5	6
2	2	4	6	8	10	12
3	3	6	9	12	15	18
4	4	8	12	16	20	24
5	5	10	15	20	25	30

ねらい 答えが同《おな》じになるかけ算が、みつけられるようにしよう。　れんしゅう ②③→

かけ算では、かけられる数と
かける数を　入れかえても、
答えは　同じです。

4×6＝6×4

2 九九の　ひょうから、2×7と　同じ　答えに　なる　かけ算を　みつけましょう。

とき方 かけられる数と　かける数を　入れかえても、答えは
同じだから、2×7＝ 7 × 2 です。

1 □に　あてはまる　数を　かきましょう。　教科書 68ページ 1

① 9のだんでは、かける数が　1　ふえると、
答えは　□　ずつ　ふえます。

② □　のだんでは、かける数が　1　ふえると、
答えは　5ずつ　ふえます。

③ 8×8は、8×7より　□　大きいです。

④ 4×□は、4×3より　4　大きいです。

2 答えが　同じに　なる　カードを　線《せん》で　むすびましょう。
教科書 69ページ 2

3×5	6×8	9×2	8×7
2×9	7×8	5×3	8×6

3 九九の　ひょうで、答えが　つぎの　数に　なる　かけ算を
みんな　かきましょう。　教科書 70ページ 3

① 10
(　　　　　　　　　　)

② 12
(　　　　　　　　　　)

③ 36
(　　　　　　　　　　)

ヒント
2 かけられる数と　かける数を　入れかえて　みましょう。
3 ②は　4つ　あります。

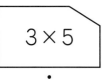

① かけ算の　きまりー(2)
② かけ算を　広げて

教科書　下71～73ページ　答え　23ページ

つぎの □ に　あてはまる　数《かず》を　かきましょう。

ねらい 九九のひょうの、だんとだんのきまりをしらべよう。　れんしゅう ① ②→

だんと　だんを　たした　答《こた》えの　きまり

九九の　ひょうで、●のだんと　■のだんを　たてに　たした　ときの　答えは、●＋■のだんと　同《おな》じに　なります。

だんから　だんを　ひいた　答えの　きまり

九九の　ひょうで、★のだんから　▲のだんを　たてに　ひいた　ときの　答えは、★ー▲のだんと　同じに　なります。

1 九九の　ひょうから、だんと　だんを　たしたり、だんから　だんを　ひいたり　した　ときの　きまりを　しらべましょう。

とき方　2のだんと　4のだんを　たてに　たすと、答えは　2＋[4]で、[　]のだんと　同じに　なります。

6のだんから　4のだんを　たてに　ひくと、答えは　[　]のだんと　同じに　なります。

かける数 / かけられる数

	1	2	3	4
2	2	4	6	8
3	3	6	9	12
4	4	8	12	16
6	6	12	18	24

ねらい かけ算《ざん》のきまりをつかって、九九にないかけ算の答えをみつけよう。　れんしゅう ③→

3×10、3×11の　答えの　もとめ方《かた》

3のだんでは、かける数が　1　ふえると、答えは　3ずつ　ふえます。

3×9＝27　　3×10＝30　　3×11＝33

かける数 / かけられる数

	9	10	11
3	27	30	33

（27→30：3、30→33：3）

2 2×11の　答えを　もとめましょう。

とき方　2のだんでは、かける数が　1　ふえると、答えは　[　]ずつ　ふえます。

2×11＝[　]

かける数 / かけられる数

	9	10	11
2	18	20	22

（18→20：2、20→22：2）

★できた もんだいには、「た」を かこう！★

でき ①　でき ②　でき ③

がくしゅうび　　月　　日

教科書 下71～73ページ　答え 23ページ

1 □に あてはまる 数を かきましょう。　教科書 71ページ5

① 2のだんと 5のだんを たてに たすと、
答えは □ のだんと 同じに なります。

② 7のだんから 3のだんを たてに ひくと、
答えは □ のだんと 同じに なります。

2 6のだんと 同じに なる ものを みつけて、きごうで 答えましょう。　教科書 71ページ5

あ 2のだんと 7のだんを たてに たした 答え
い 1のだんと 5のだんを たてに たした 答え
う 9のだんから 6のだんを たてに ひいた 答え

（　　　）

3 はこに クッキーが 3こずつ 12れつ はいって います。

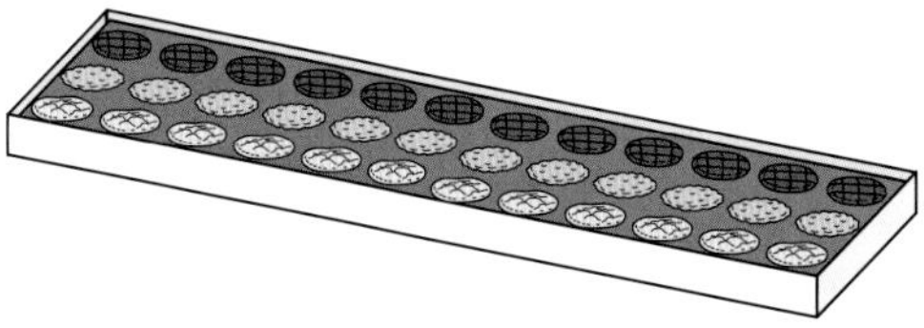

教科書 72ページ1

① クッキーは ぜんぶで 何《なん》こ あるかを もとめる かけ算の しきを かきましょう。

（　　　　　）

② クッキーは ぜんぶで 何こ ありますか。
□に あてはまる 数を かきましょう。

3× 9＝ 27
　3ふえる
3×10＝ 30
　3ふえる
3×11＝ 33
　㋐□ ふえる
3×12＝㋑□

答え ㋒□ こ

ヒント
2 だんを たしたり ひいたりして 6に なる ものを えらびます。
3 ① たて3この 12こ分と みて、かけ算の しきに かきます。

⑬ かけ算の　きまり

時間 30 分

／100

ごうかく 80 点

教科書　下 67～75 ページ　答え　23 ページ

知識・技能　／100点

1 九九の　ひょうを　見て、あとの　もんだいに　答《こた》えましょう。

1つ4点(60点)

かける数《かず》

かけられる数

	1	2	3	4	5	6	7	8	9
1	㋐	2	3	4	5	6	7	8	9
2	2	4	6	8	10	12	㋑	16	18
3	3	6	9	㋒	15	18	21	24	27
4	4	8	12	16	20	24	28	32	㋓
5	5	10	15	20	㋔	30	35	40	45
6	6	12	18	24	30	36	42	㋕	54
7	7	14	㋖	28	35	42	49	56	63
8	8	16	24	32	40	48	㋗	64	72
9	9	18	27	36	㋘	54	63	72	㋙

① 上の　九九の　ひょうの　㋐～㋙に、あてはまる　数を　かきましょう。

② 九九の　ひょうで、答えが　つぎの　数に　なる　かけ算《ざん》を　みんな　かきましょう。

9 (　　　　　)(　　　　　)(　　　　　)

28 (　　　　　)(　　　　　)

2 よく出る □に　あてはまる　数を　かきましょう。　1つ5点(20点)

① □のだんでは、かける数が　1　ふえると、
答えは　7ずつ　ふえます。

② 9×7は、9×6より　□　大きいです。

③ 6×5は、6×□より　6　大きいです。

④ 7×3=□×7

3 □に　あてはまる　数を　かきましょう。　1つ4点(12点)

① 3のだんと　5のだんを　たてに　たすと、
答えは　□のだんと　同《おな》じに　なります。

② □のだんと　6のだんを　たてに　たすと、
答えは　8のだんと　同じに　なります。

③ 9のだんから　2のだんを　たてに　ひくと、
答えは　□のだんと　同じに　なります。

4 つぎの　かけ算の　答えを　もとめましょう。　1つ4点(8点)

① 7×11

(　　　　)

② 14×3

(　　　　)

ふりかえり　❶①が　わからない　ときは、82ページの　❶に　もどって　かくにんして　みよう。

1 m は　どれくらい

教科書　下 76〜79 ページ　答え　24 ページ

つぎの □ に　あてはまる　数《かず》を　かきましょう。

ねらい　100 cm をこえる長《なが》さを、m や cm であらわせるようにしよう。　れんしゅう 1 2 3

100 cm を　こえる　長さ

100 cm より　長い　長さを
あらわす　たんいに
m(メートル)が　あります。

1 m＝100 cm

1 cm＝10 mm

1 かずきさんの　せの　高《たか》さは　126 cm です。
これは　何《なん》m 何 cm ですか。

とき方　1 m＝①[100] cm
126 cm は　1 m が　1つ分《ぶん》と
②[26] cm だから、
126 cm＝③□ m ④□ cm

126 cm は、
100 cm＋26 cm
だから……

2 長さを　いろいろな　たんいで　あらわしましょう。

(1)　2 m＝□ cm　　(2)　1 m 5 cm＝□ cm
(3)　180 cm＝□ m □ cm　　(4)　104 cm＝□ m □ cm

とき方　「1 m＝100 cm」を　つかって　考《かんが》えます。

(1)　2 m＝[200] cm
(2)　1 m 5 cm＝□ cm
(3)　180 cm＝□ m □ cm
(4)　104 cm＝□ m □ cm

(1)は、100 cm の　2つ分と
考えよう。

★ できた もんだいには、「た」を かこう！★
でき ① でき ② でき ③

がくしゅうび
月　　日

教科書 下 76〜79 ページ　答え 24 ページ

1 3人の りょう手を 広げた 長さは、それぞれ
何 m 何 cm ですか。

教科書 78ページ 2・3

りょう手を 広げた 長さ

名 前	とおる	ひとみ	みき
長 さ	130 cm	123 cm	108 cm
	①	②	③

2 □に あてはまる 数を かきましょう。

教科書 78ページ 2

① 4 m ＝ □ cm　　② 2 m 3 cm ＝ □ cm

③ 315 cm ＝ □ m □ cm

3 長い ほうに ○を かきましょう。

教科書 78ページ 2

① 90 cm　　　1 m　　② 2 m　　190 cm

（　）　　（　）　　　（　）　　（　）

！まちがいちゅうい

③ 102 cm　　1 m 20 cm　　④ 1 m 4 cm　　140 cm

（　）　　（　）　　　（　）　　（　）

ヒント
1 ① 130 cm＝100 cm＋30 cm と 考えます。
3 cm で あらわして くらべましょう。

14 100 cm を　こえる　長さ

長さは　どれくらい、長さの　計算

教科書　下 80〜81 ページ　答え　24 ページ

つぎの □ に　あてはまる　たんいや　数《かず》を　かきましょう。

ねらい いろいろなものの長《なが》さをよそうできるようにしよう。　れんしゅう 1→

Ｉmの　だいたいの　長さを　おぼえて　おくと、長さを　よそうするのに　べんりです。

1 □ に　あてはまる　長さの　たんいを　かきましょう。

(1) 教科書《きょうかしょ》の　たての　長さは　26 □ です。

(2) 教室《きょうしつ》の　天じょうの　高《たか》さは　3 □ です。

とき方 (1) 教科書の　たての　長さは、りょう手を　広《ひろ》げた長さより　ずっと　みじかいので、たんいは □ に　なります。

（りょう手を　広げた長さ：Ｉmより　少《すこ》し　長い　長さ）

(2) 教室の　天じょうは　せの　高さより　ずっと　高いので、たんいは □ に　なります。

（せの　高さ：Ｉmより　長い　長さ）

ねらい 何《なん》m何cmの長さの計算《けいさん》ができるようにしよう。　れんしゅう 2 3→

何m何cmの　長さも　同《おな》じ　たんいの　数どうしを　計算します。

7m 40 cm＋2m 30 cm＝9m 70 cm
4m 30 cm－Ｉm 20 cm＝3m 10 cm

2 青い　テープの　長さは　3m 20 cm、赤い　テープの　長さは　Ｉm 60 cm です。

あわせた　長さは　何m何cmですか。

とき方 同じ　たんいの　数どうしを　計算します。

3m 20 cm＋Ｉm 60 cm＝ 4 m □ cm

がくしゅうび　月　日

★できた　もんだいには、「た」を　かこう！★

でき ①　でき ②　でき ③

教科書 下80〜81ページ　答え 24ページ

1 つぎの　ものの　長さを　考《かんが》えて、□に　m か　cm を　かきましょう。 教科書 80ページ 1

① 下じきの　よこの　長さは　20 □ です。

② こくばんの　たての　長さは　1 □ です。

2 つぎの　長さの　計算を　しましょう。 教科書 81ページ 1・△3

① 2m 10cm＋1m 40cm　② 3m 30cm＋3m 50cm

③ 5m 60cm＋10cm　④ 6m 70cm＋20cm

⑤ 3m 50cm－1m 30cm　⑥ 4m 90cm－2m 80cm

⑦ 7m 80cm－4m　⑧ 8m 60cm－60cm

3 青の　テープの　長さは　4m 40cm です。
　みどりの　テープは、青い　テープより　1m 20cm　みじかい　長さです。

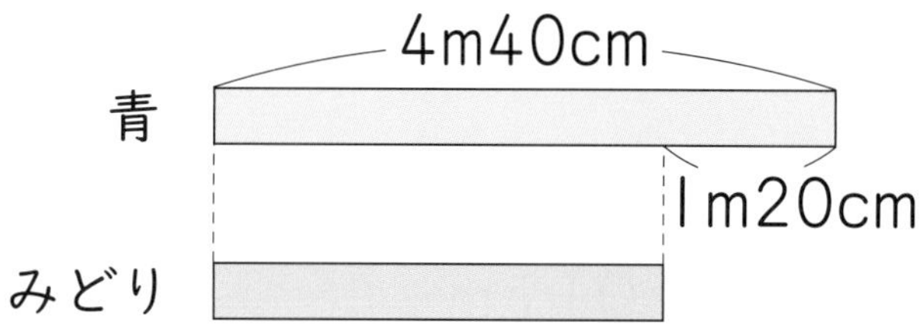

教科書 81ページ 1

① みどりの　テープの　長さは　何 m 何 cm ですか。

(　　　　　)

② 青の　テープと　みどりの　テープを　あわせた　長さは、何 m 何 cm ですか。

(　　　　　)

ヒント　② ③ cm どうしを　計算します。

⑭ 100 cm を　こえる　長さ

時間 30分

／100

ごうかく 80点

教科書 下76〜83ページ　答え 25ページ

知識・技能　／90点

1 よく出る □に　あてはまる　長《なが》さの　たんい（m、cm、mm）を　かきましょう。　1つ5点（20点）

① この　本の　あつさは　8 □ です。

② はがきの　よこの　長さは　10 □ です。

③ すな場《ば》の　たての　長さは　4 □ です。

④ チョークの　長さは　6 □ です。

2 よく出る □に　あてはまる　数《かず》を　かきましょう。　ぜんぶできて1もん　6点（24点）

① 1 m 65 cm＝□ cm

② 200 cm＝□ m

③ 170 cm＝□ m □ cm

④ 1 m 6 cm＝□ cm

3 長い　ほうに　○を　かきましょう。　1つ6点（24点）

① 101 cm（　）　1 m（　）

② 198 cm（　）　2 m（　）

③ 1 m 50 cm（　）　105 cm（　）

④ 130 cm（　）　1 m 3 cm（　）

がくしゅうび　　月　　日

4 つぎの　色《いろ》を　ぬった　ところの　長さは　どれだけですか。

1つ6点(12点)

①

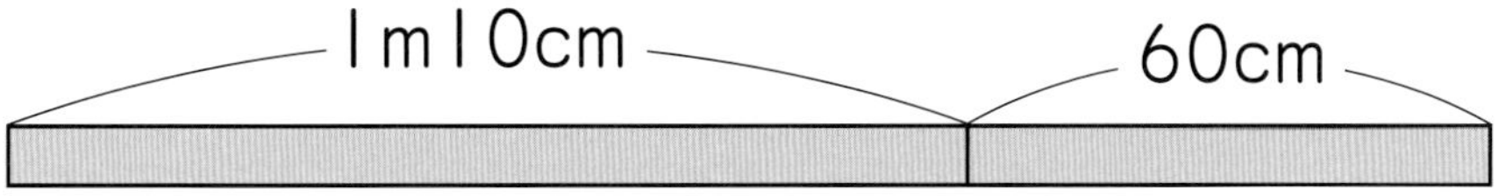

(　　　　　)

②

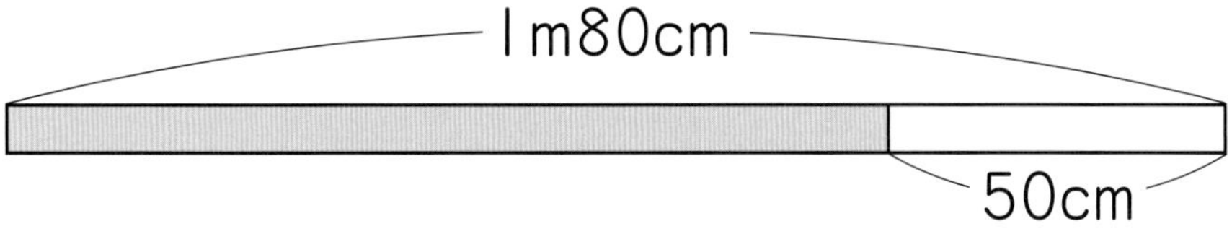

(　　　　　)

5 つぎの　計算《けいさん》を　しましょう。

1つ5点(10点)

① 70 cm＋1 m 20 cm

② 4 m 60 cm－2 m 40 cm

思考・判断・表現　　／10点

できたらスゴイ！

6 へやの　本だなの　長さを　はかると、高《たか》さが　150 cm、よこが　1 m でした。

高さと　よこの　長さの　ちがいは　何《なん》 cm ですか。

しき・答え　1つ5点(10点)

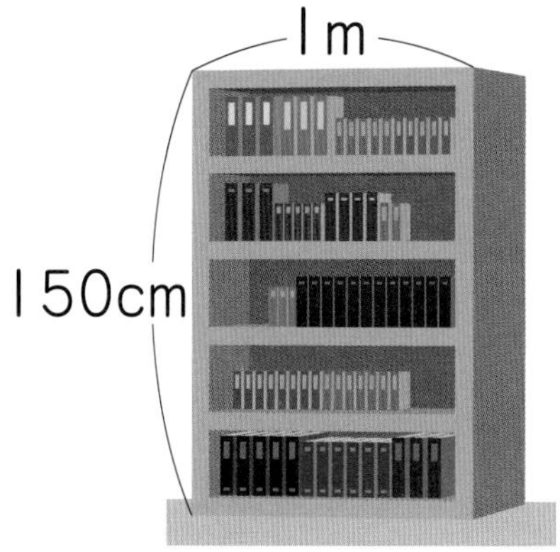

しき

答《こた》え (　　　　　)

15 1000を こえる 数

教科書 下86〜91ページ　答え 25ページ

つぎの □に あてはまる 数《かず》を かきましょう。

ねらい 1000をこえる数のあらわし方《かた》やしくみがわかるようにしよう。 れんしゅう 1 2 →

1000を こえる 数

3258は、1000を 3こ、100を 2こ、10を 5こ、1を 8こ あわせた 数です。

2700は 100を 27こ あつめた 数です。

千のくらい	百のくらい	十のくらい	一のくらい
3	2	5	8

1 紙《かみ》の 数を 数字《すうじ》で かきましょう。

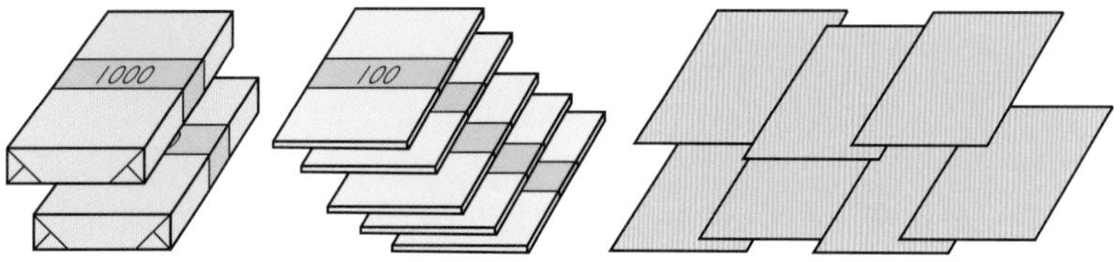

とき方 1000を ①[2]こ、100を ②[　]こ、1を ③[　]こ あわせた 数で、④[　]に なります。

2 100を 68こ あつめた 数は いくつですか。

とき方 100が 60こで [6000]、100が 8こで [　]、あわせて [　]に なります。

ねらい 10000という数がわかるようにしよう。 れんしゅう 1 →

10000

10000は 1000を 10こ あつめた 数です。

3 9999に あと いくつで 10000に なりますか。

とき方 9999の つぎの 数が 10000だから、あと [1]で 10000に なります。

がくしゅうび　月　日

★できた　もんだいには、「た」を　かこう！★

1 でき　2 でき　3 でき

教科書　下86〜91ページ　答え　25ページ

1 つぎの　数を　数字で　かきましょう。

教科書　88ページ 1・2・5、89ページ 1、90ページ 2

① 三千八百十五

（　　　　）

② 千六十三

（　　　　）

③ 1000を　5こ、10を　7こ　あわせた　数

（　　　　）

④ 100を　65こ　あつめた　数

（　　　　）

⑤ 100を　100こ　あつめた　数

（　　　　）

2 □に　あてはまる　数を　かきましょう。

教科書　91ページ 3

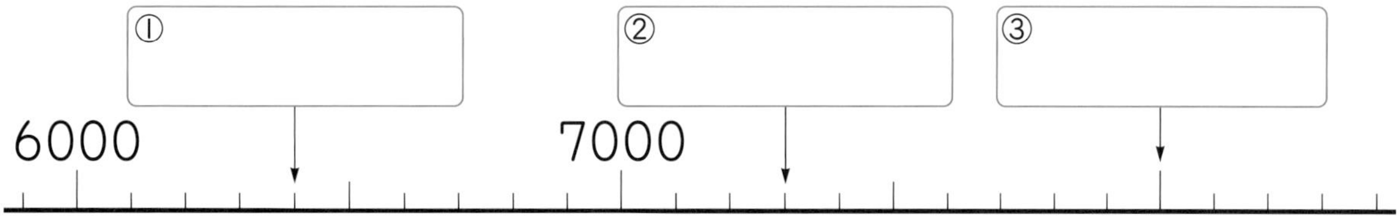

3 □に　あてはまる　>か　<を　かきましょう。

教科書　91ページ 6

① 2904 □ 3010

! まちがいちゅうい

② 7832 □ 7382

ヒント
2 1目もりの　大きさは　100です。
3 大きい　くらいの　数字から　じゅんに　くらべます。

⑮ 1000を こえる 数

時間 30分　／100　ごうかく 80点

教科書 下86～94ページ　答え 26ページ

知識・技能　／65点

1 つぎの □ に あてはまる 数《かず》を かきましょう。　□1つ4点(12点)

① 4208の 千のくらいの 数字《すうじ》は □ で、十のくらいの 数字は □ です。

② 7697は、1000を 7こ、100を □ こ、10を 9こ、1を 7こ あわせた 数です。

2 よく出る つぎの 数を 数字で かきましょう。　1つ4点(16点)

① 6000と 300と 1を あわせた 数　(　　　)

② 1000を 8こ、100を 5こ、10を 7こ あわせた 数　(　　　)

③ 1000を 10こ あつめた 数　(　　　)

④ 10000より 10 小さい 数　(　　　)

3 □ に あたる 数を かきましょう。　1つ4点(12点)

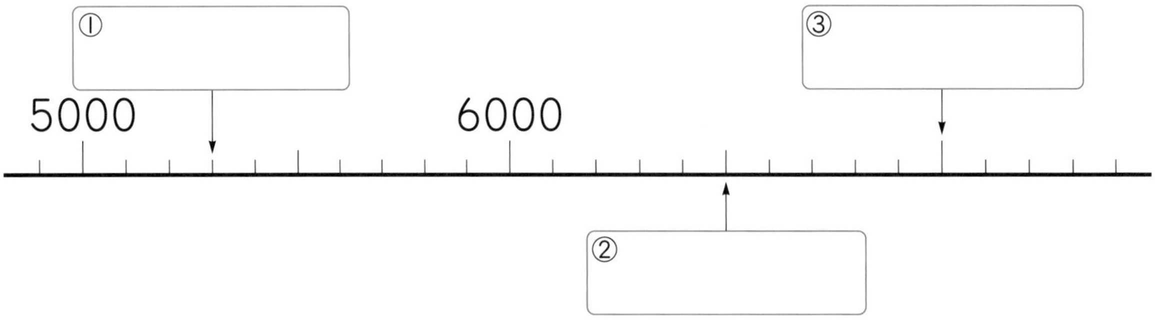

4 つぎの　数を　数字で　かきましょう。　1つ3点(9点)

① 五千二百九十三　② 四千五百九　③ 三千六

（　　）（　　）（　　）

5 つぎの　数は、100 を　何《なん》こ　あつめた　数ですか。　1つ4点(8点)

① 3400　② 10000

（　　）（　　）

6 □に　あてはまる　＞か　＜を　かきましょう。　1つ4点(8点)

① 5206 □ 4891　② 9278 □ 9592

思考・判断・表現　／35点

7 よく出る　□に　あてはまる　数を　かきましょう。　1つ4点(16点)

7970 — 7980 — ①□ — 8000 — ②□

10000 — ③□ — 9800 — 9700 — ④□

できたらスゴイ！

8 大きい　数から　じゅんに　かきましょう。　(4点)

3410　4310　3401　4013

（　　）

9 □に　あてはまる　数を　かきましょう。　1つ5点(15点)

600 は　100 が　6 こ、700 は　100 が　7 こだから、

600＋700 は　100 が　6＋□ で　□ こです。

600＋700＝□

ふりかえり　❶が　わからない　ときは、94 ページの　❶に　もどって　かくにんして　みよう。

16 はこの 形

① はこの 形
② はこづくり

つぎの □ に あてはまる ことばや 数《かず》を かきましょう。

ねらい はこの面《めん》の形《かたち》や、面・辺《へん》・ちょう点《てん》の数をしらべよう。　れんしゅう ❶❷❸→

✪はこの ㋐を 面、㋑を 辺、㋒を ちょう点と いいます。

✪はこの 形には、面が 6つ、辺が 12、ちょう点が 8つ あります。

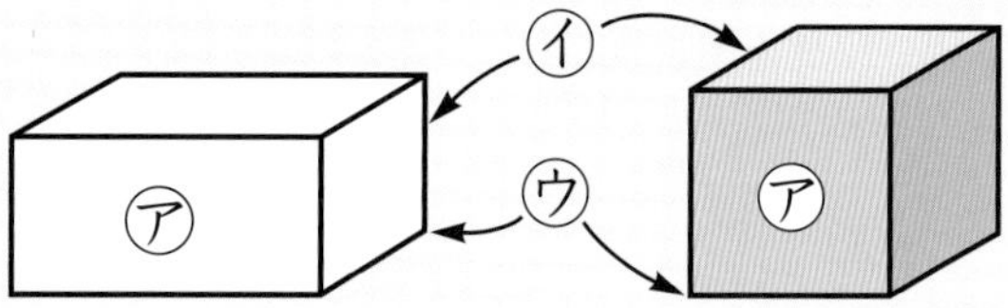
㋑
㋒
㋐
㋐

1 右のような はこの 形の、面、辺、ちょう点に ついて しらべましょう。

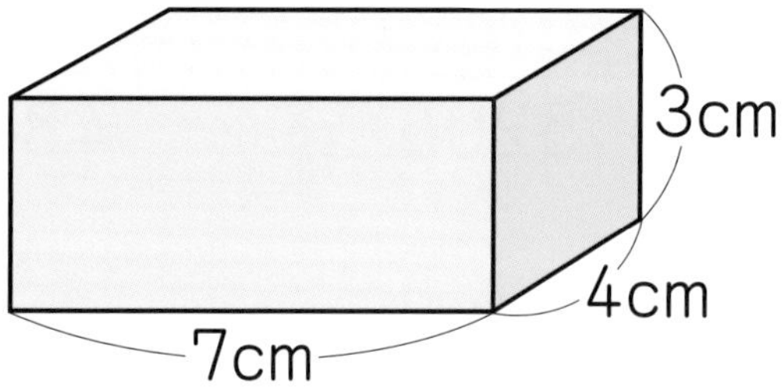
3cm
4cm
7cm

とき方 はこの 面を 紙《かみ》に うつしとりました。

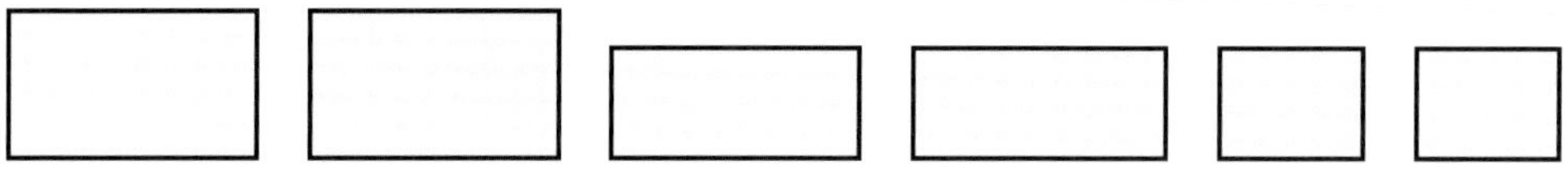

●この はこの 面は、みんな ①□ の 形を して います。

●面は ぜんぶで ②□ つ あって、同《おな》じ 大きさの 面が ③□ つずつ あります。

●辺の 数は ぜんぶで ④□ で、右のような 長《なが》さの 辺が あります。

辺の 数

7cm	⑤
4cm	⑥
3cm	⑦

●ちょう点の 数は ⑧□ つです。

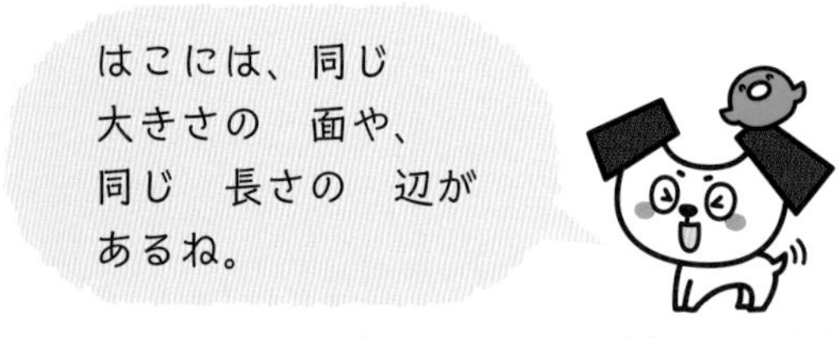
はこには、同じ
大きさの 面や、
同じ 長さの 辺が
あるね。

がくしゅうび　月　日

★できた　もんだいには、「た」を　かこう！★

でき ①　でき ②　でき ③

教科書　下95〜100ページ　答え　26ページ

1 つぎの □ に　ことばや　数を　かきましょう。 教科書　96ページ 1

はこの　面は、□ や □ の　形を　して　いて、

ぜんぶで □ つ　あります。

2 右のような　さいころの　形を　つくります。
どんな　形の　面が　いくつ　いりますか。
□ に　数や　ことばを　かきましょう。

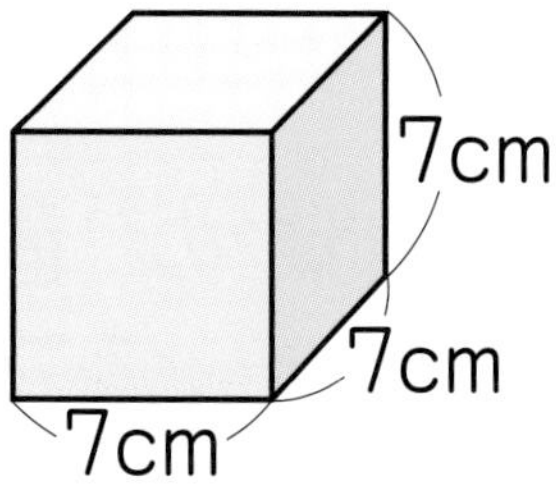

教科書　99ページ 2

１つの　辺が □ cmの □ の

形を　した　面が □ つ　いります。

3 ひごと　ねんど玉を　つかって、
右のような　はこの　形を　つくります。

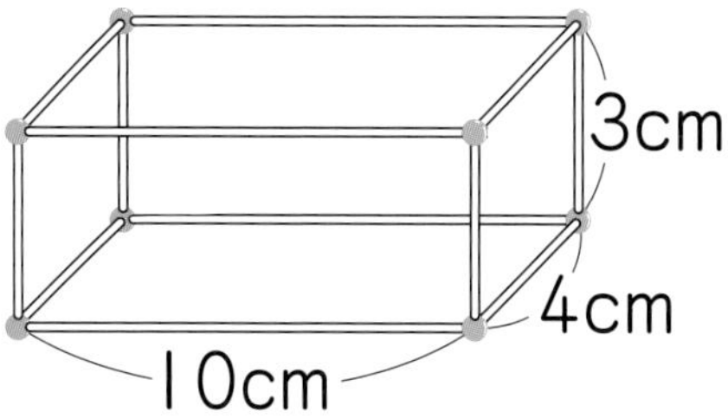

教科書　100ページ 1

① つぎの　長さの　ひごが　何《なん》本
いりますか。

10cm（　　　）　4cm（　　　）　3cm（　　　）

② ねんど玉は　何こ　いりますか。

（　　　）

ヒント
3 ① ひごは、はこの　形の　辺です。
② ねんど玉は、はこの　形の　ちょう点です。

16 はこの　形

時間 30分

／100

ごうかく80点

教科書　下95〜102ページ　答え　27ページ

知識・技能　／60点

1 □に　あてはまる　数《かず》を　かきましょう。　1つ6点(18点)

① はこの　形《かたち》には、面《めん》が　□つ　あります。

② はこの　形には、辺《へん》が　□　あります。

③ はこの　形には、ちょう点《てん》が　□つ　あります。

2 はこの　面を　紙《かみ》に　うつしとって　しらべました。　1つ7点(21点)

あ

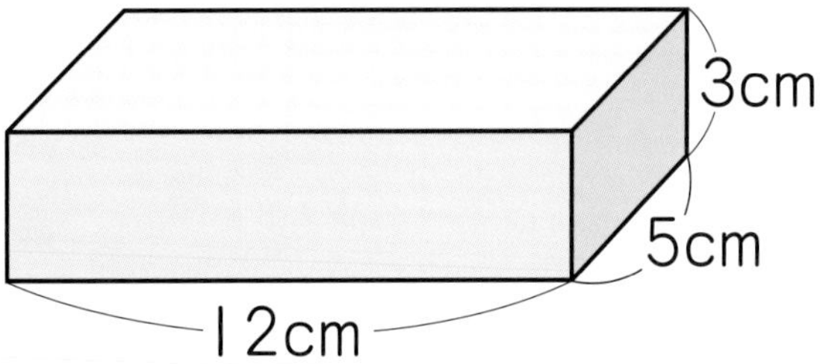

い

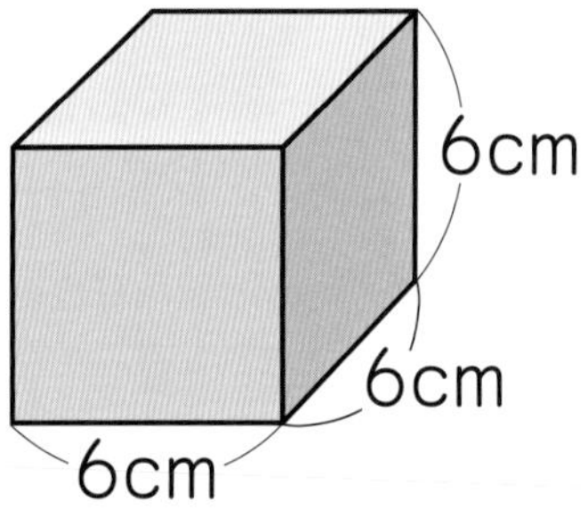

① 下の　形は、あと　いの　どちらの　はこの　面を　うつしとった　ものですか。

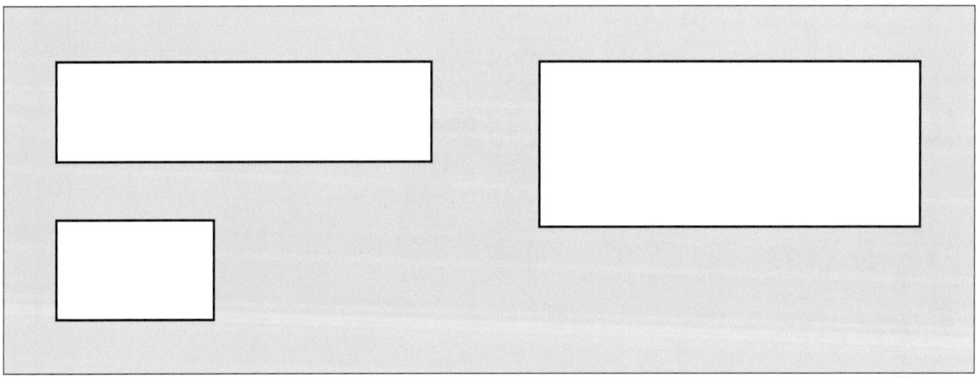

(　　　　　)

② あの　はこの　面は、どんな　形を　して　いますか。

(　　　　　)

③ いの　はこの　面は、どんな　形を　して　いますか。

(　　　　　)

3 よく出る ひごと　ねんど玉を　つかって、右のような　さいころの　形を　つくります。
□に　あてはまる　数を　かきましょう。

1つ7点(21点)

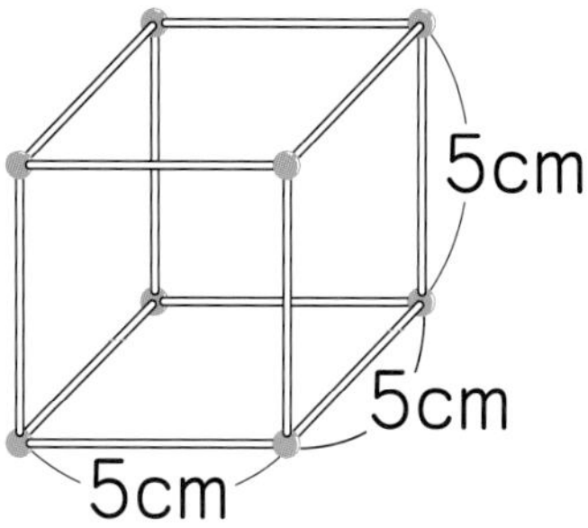

□cm の　ひごが　□本、

ねんど玉が　□こ　いります。

思考・判断・表現　／40点

できたらスゴイ！

4 工作用紙《こうさくようし》に　面の　形を　かいて、切《き》りとった　面を　テープで　つないで、右のような　形の　はこを　つくります。　□1つ8点(40点)

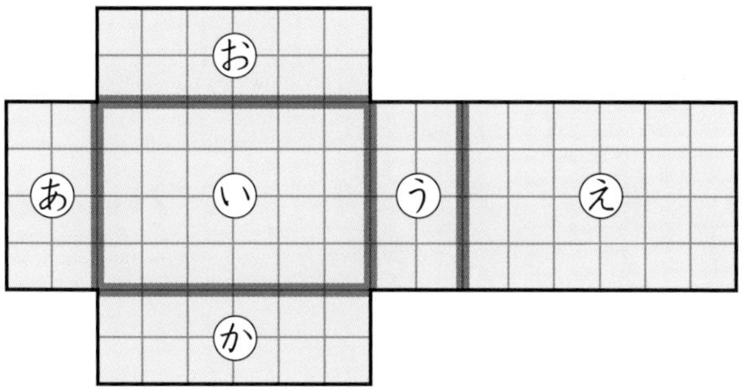

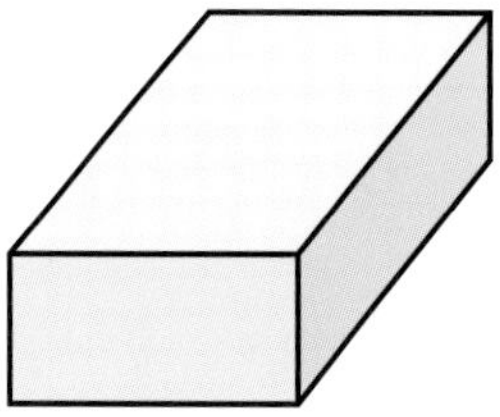

① □に　あてはまる　数を　かきましょう。

同《おな》じ　形の　面が　□つずつ　□組《くみ》
あります。

② □に　あてはまる　きごうを　かきましょう。

いの　面と　むかいあう　面は、□の　面で、
うの　面と　むかいあう　面は、□の　面で、
かの　面と　むかいあう　面は、□の　面です。

ふりかえり　1が　わからない　ときは、98ページの　1に　もどって　かくにんして　みよう。

じゅんび

3分でまとめ

⑰ 分　数

がくしゅうび

月　　　日

📖 教科書　下 103〜109 ページ　　▶答え　27 ページ

✏️ つぎの □ に あてはまる 数を かきましょう。

🎯 ねらい　ものをいくつかに分けたときの大きさのあらわし方をしらべよう。　れんしゅう ① ② ③ ➡

🐾 分数の あらわし方

☆ もとの 大きさを 同じ 大きさに
2つに 分けた 1つ分を、もとの

大きさの 二分の一と いい、$\frac{1}{2}$ と かきます。

☆ $\frac{1}{2}$ のような 数を 分数と いいます。

$\frac{1}{2}$

1 おり紙を、①、②のように
切りました。

　それぞれ どんな 大きさに
なりますか。分数で かきましょう。

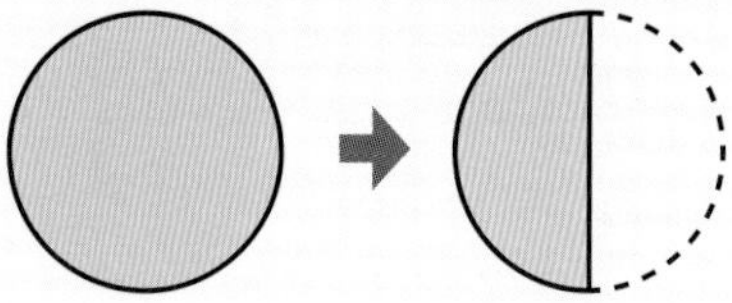

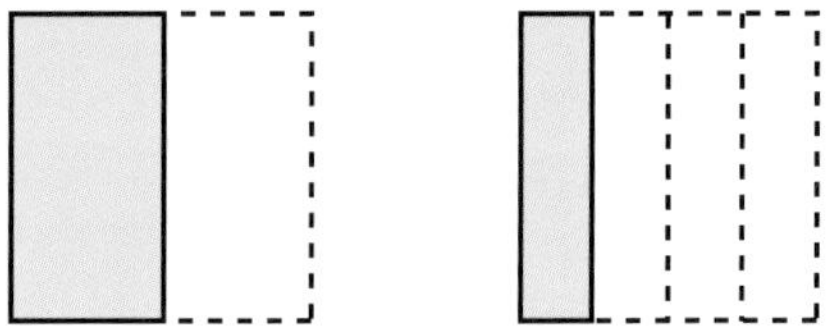

とき方　① もとの 大きさを 同じ 大きさに 2つに 分けた

1つ分だから、$\boxed{\dfrac{1}{2}}$ です。

② もとの 大きさを 同じ 大きさに 4つに 分けた

1つ分だから、$\boxed{\dfrac{1}{4}}$ です。

2 1はこ 9こ入りの まんじゅうと
15こ入りの まんじゅうが あります。

　それぞれの $\frac{1}{3}$ の 大きさは 何こですか。

とき方　右のように、図を つかって 考えると、

9この $\frac{1}{3}$ の 大きさは $\boxed{}$ こです。

15この $\frac{1}{3}$ の 大きさは $\boxed{}$ こです。

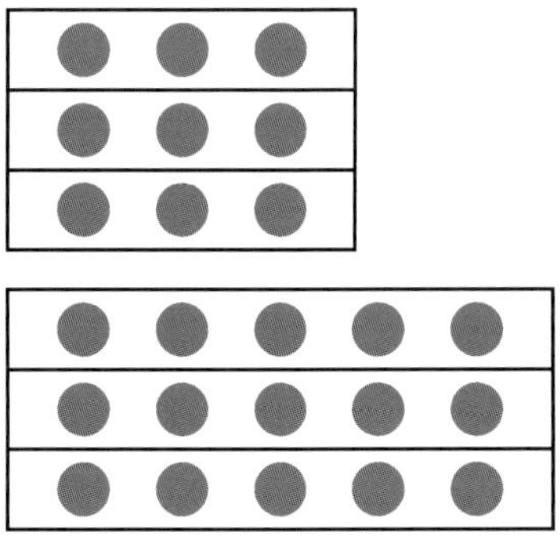

がくしゅうび　　月　　日

★できた　もんだいには、「た」を　かこう！★

でき ①　でき ②　でき ③

教科書　下103～109ページ　答え　27ページ

1 ㋐の　$\frac{1}{2}$の　大きさに　なって　いるのは　どれですか。

教科書　105ページ 3

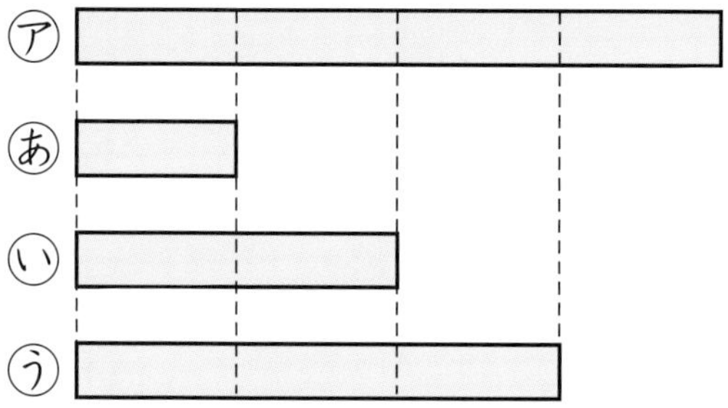

(　　　　)

2 色《いろ》を　ぬった　ところは、もとの　大きさの　何分の一ですか。
分数で　かきましょう。

教科書　105ページ 2、106ページ 5

①

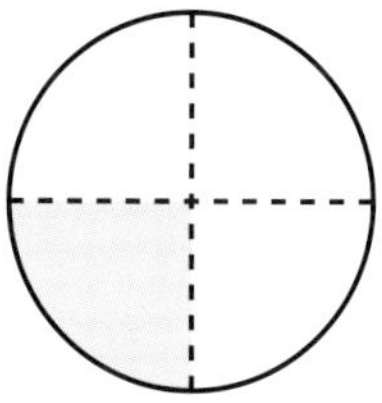

(　　　　)

②

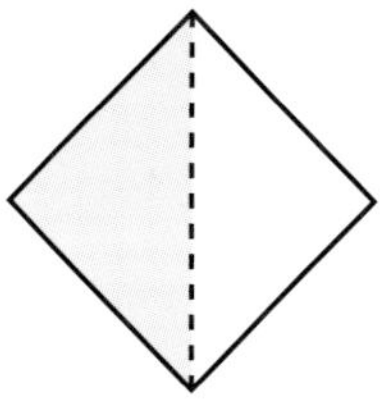

(　　　　)

3 (あ)の　はこには　ボールが　８こ
はいって　います。
(い)の　はこには　ボールが　１０こ
はいって　います。

教科書　108ページ 1

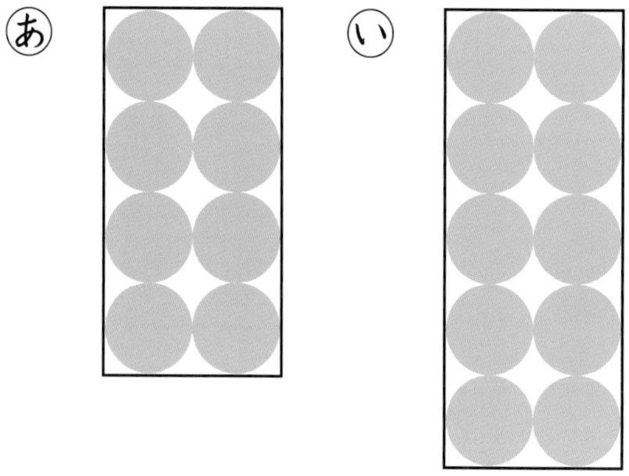

①　８この　$\frac{1}{2}$の　大きさは
何こですか。

(　　　　)

②　１０この　$\frac{1}{2}$の　大きさは　何こですか。

(　　　　)

ヒント
2 ①　４つに　分けた　１つ分に　なって　います。
3 図を　つかって、２つに　分けて　みましょう。

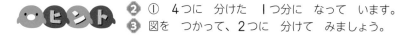

⑰ 分　数

時間 30 分

／100

ごうかく 80 点

教科書　下 103〜109 ページ　答え　28 ページ

知識・技能　／100点

1 ［　］に　あてはまる　数《かず》を　分数《ぶんすう》で　かきましょう。　1つ10点(30点)

おり紙《がみ》を　半分《はんぶん》に　切《き》ると、もとの

大きさの ［　　］ に　なります。

また、それを　半分に　切ると、もとの

大きさの ［　　］ に　なります。

さらに、それを　半分に　切ると、もとの

大きさの ［　　］ に　なります。

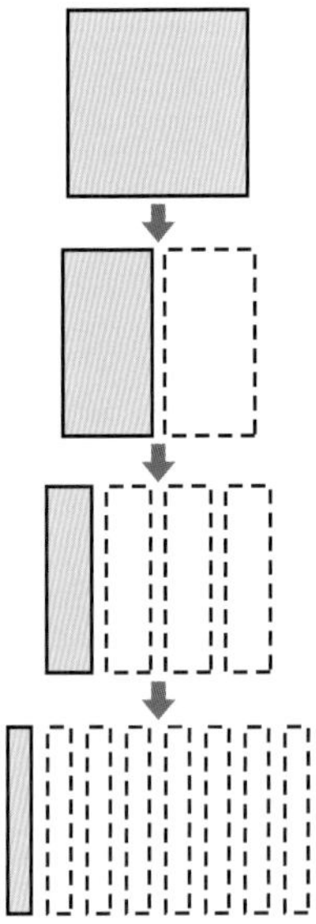

2 つぎの　形《かたち》の　$\frac{1}{2}$ の　大きさに　色《いろ》を　ぬりましょう。　1つ8点(16点)

①

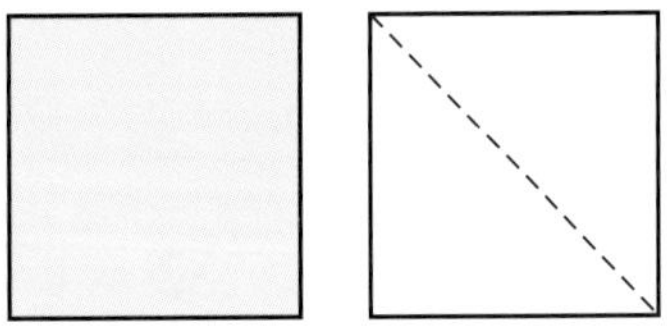

②

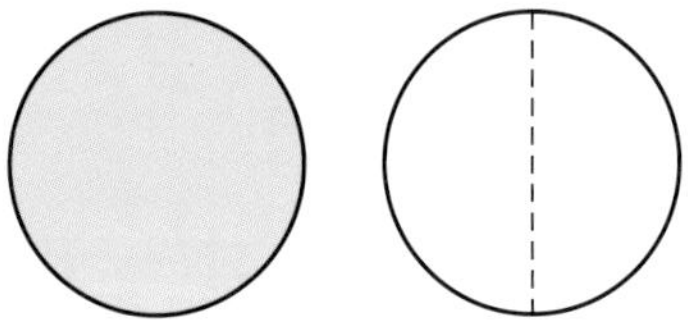

3 つぎの　大きさに　色を　ぬりましょう。　1つ8点(24点)

① $\frac{1}{2}$

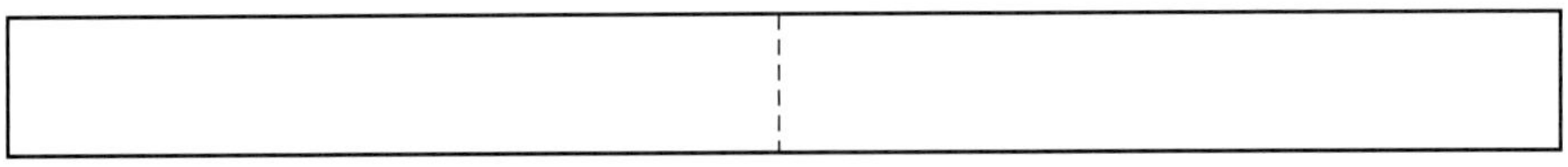

② $\frac{1}{4}$

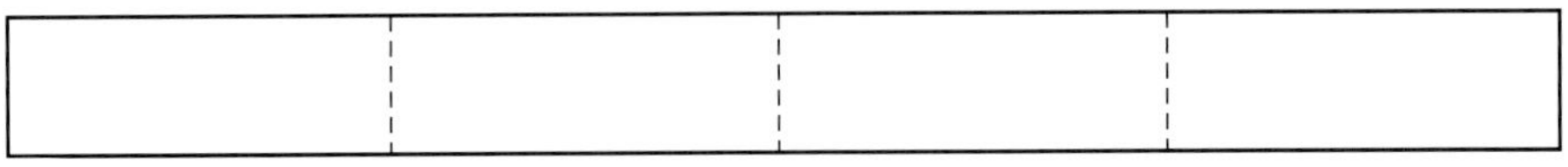

③ $\frac{1}{8}$

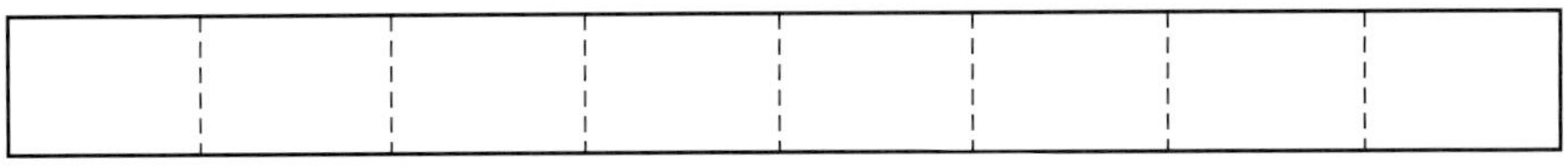

4 色を ぬった ところが、もとの 大きさの $\frac{1}{4}$ に
なって いる ものを えらんで、きごうで 答えましょう。 (10点)

あ 　　い 　　う(　　　　　　　)

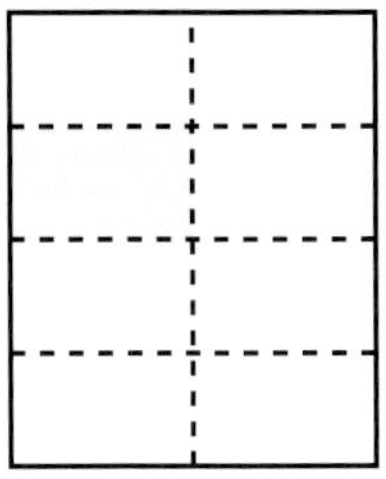

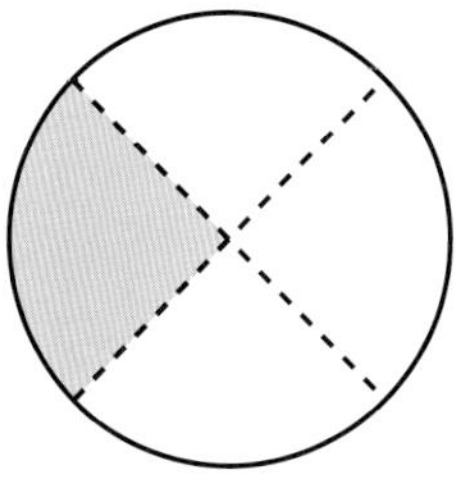

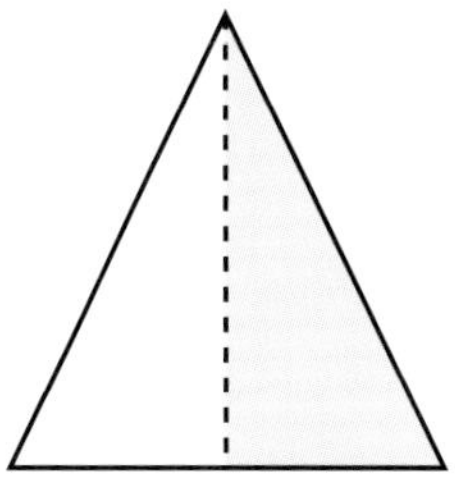

できたらスゴイ!

5 $\frac{1}{3}$ の 大きさを 何ばい すると、もとの 大きさに
なりますか。 (10点)

(　　　　　　　)

6 正方形の 紙を、ぴったり かさなるように 3回 おって、
いちばん 上の ところに 色を ぬりました。 (10点)

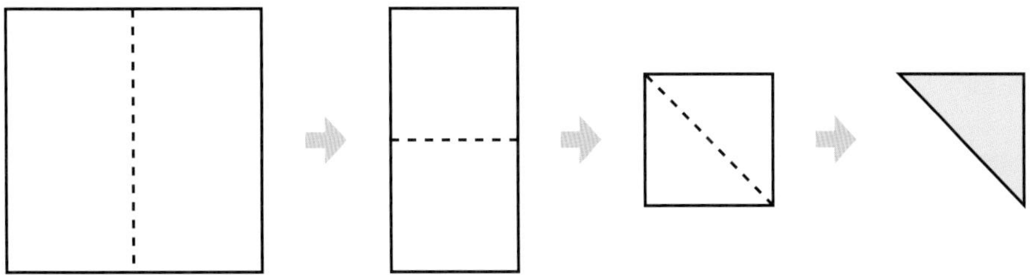

この 紙を ひらくと、色を ぬった ところの 大きさは、
もとの 紙の 何分の一に なって いますか。分数で かきましょう。

(　　　　　　　)

ふりかえり ❶が わからない ときは、102ページの ❶に もどって かくにんして みよう。

学びを　いかそう

わくわく　プログラミング

教科書　下 110〜111 ページ　答え　29 ページ

1 下の　めいれいを　組《く》み合《あ》わせて、ロボット(　)を　うごかす
プログラムを　つくります。

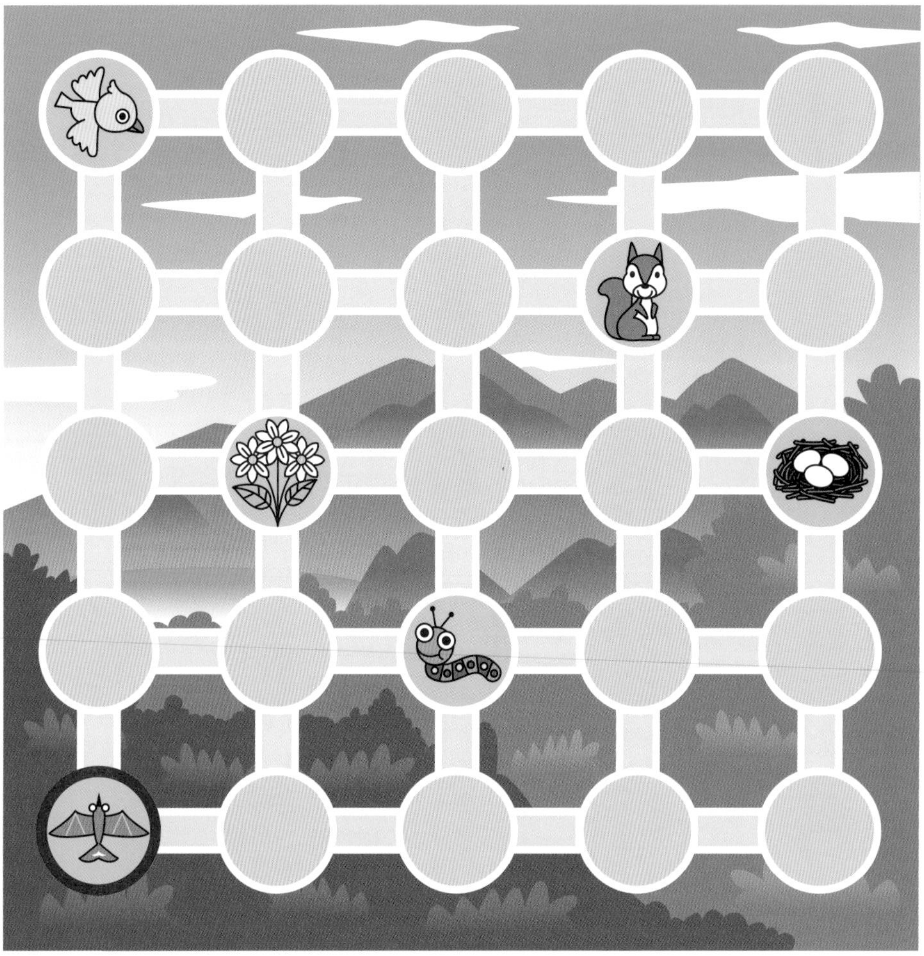

めいれい

前《まえ》に □ すすむ　　右を　むく　　左を　むく

□に　1を　入れた　とき

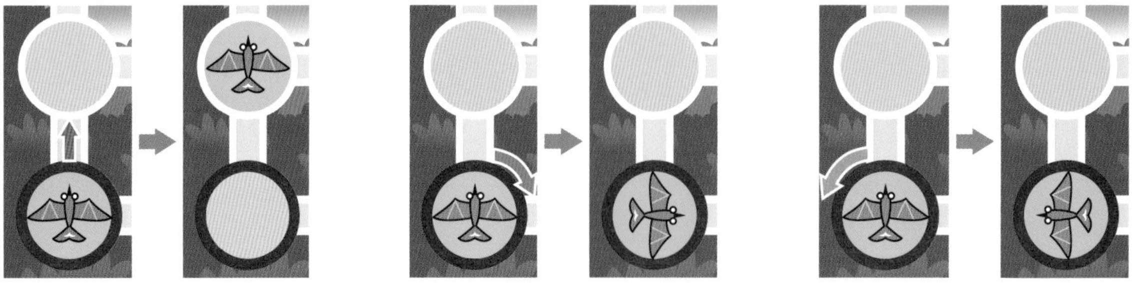

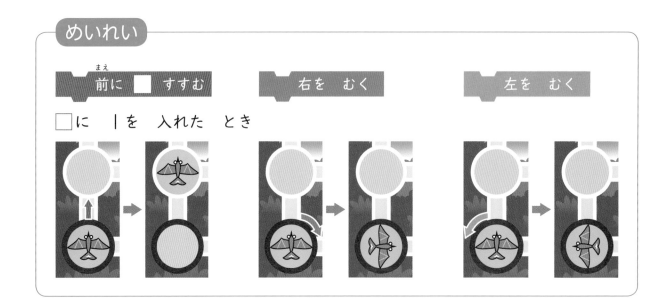

① 右の　プログラムで　行《い》く
場《ば》しょに　○を　つけましょう。

前に 3 すすむ
右を　むく
前に 3 すすむ

（　　　）　（　　　）　（　　　）

② の　ところに　行く　プログラムを
つくります。□に　あてはまる　数《かず》を
かきましょう。

ほかにも
うごかし方《かた》が
あるね。

右を　むく
前に □ すすむ
左を　むく
前に □ すすむ

できたらスゴイ!

③ の　ところに　行く
いちばん　みじかい　プログラムを
つくります。
　㋐、㋑、㋒に　あてはまる
めいれいを　下の　中から
えらんで、きごうで
かきましょう。

プログラム
㋐
㋑
㋒

Ⓐ 前に 4 すすむ　　Ⓘ 右を　むく

Ⓤ 左を　むく　　Ⓔ 前に 2 すすむ

㋐（　　　）　㋑（　　　）　㋒（　　　）

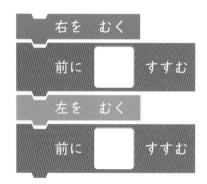

学びを　いかそう

よみとる　算数

教科書　下112〜113ページ　答え　30ページ

下の　日記《にっき》は　ひろとさんが　かいた　ものです。

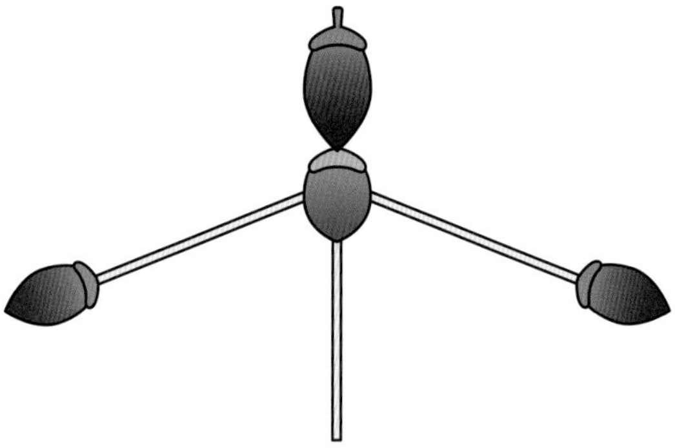

二年生　みんなで　公園《こうえん》に　行《い》きました。
公園には　午前《ごぜん》十一時《じ》に　つきました。
ぼくと　さくらさんは、二人《ふたり》で
どんぐりを　五十六こ　ひろいました。
その　あと、ぼくは　どんぐり　四こと
竹ひご　三本で、やじろべえを　つくりました。
さくらさんは　どんぐり　七こで
首《くび》かざりを　つくりました。
ぼくは　同《おな》じ　やじろべえを　ぜんぶで
六こ、さくらさんは　同じ　首かざりを
ぜんぶで　四こ　つくりました。
午後《ごご》二時に　公園を　出て、学校に
帰《かえ》りました。楽《たの》しかったです。

1 ひろとさんたちが　公園に　ついてから　公園を　出るまでの　時間《じかん》は　どれだけですか。

下の　時計《とけい》に　はりを　かいて　考《かんが》えましょう。

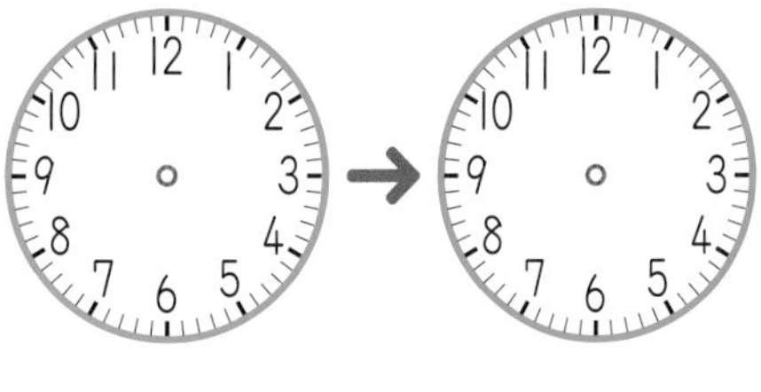

（　　　　　　　）

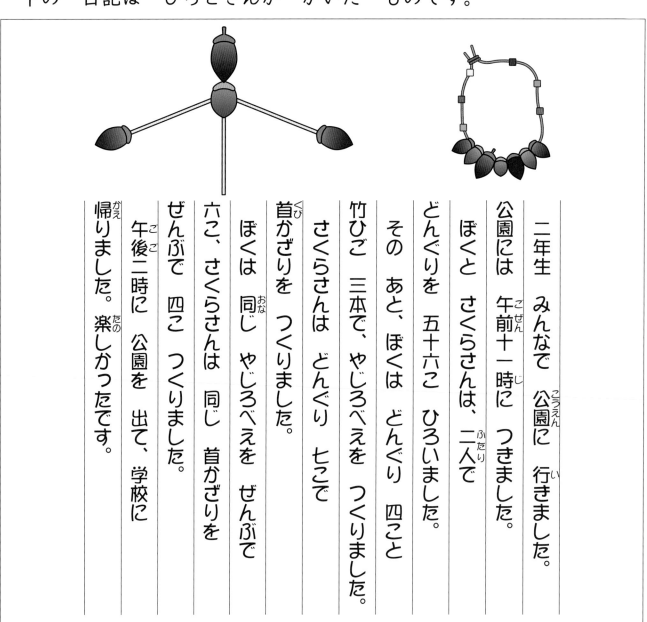

よくよんで

2 ひろとさんは　どんぐりを　ぜんぶで　何《なん》こ　つかいましたか。
□に　あてはまる　数《かず》を　かきましょう。

① ひろとさんは　やじろべえを　1こ　つくるのに、
どんぐりを　□　こ　つかいました。

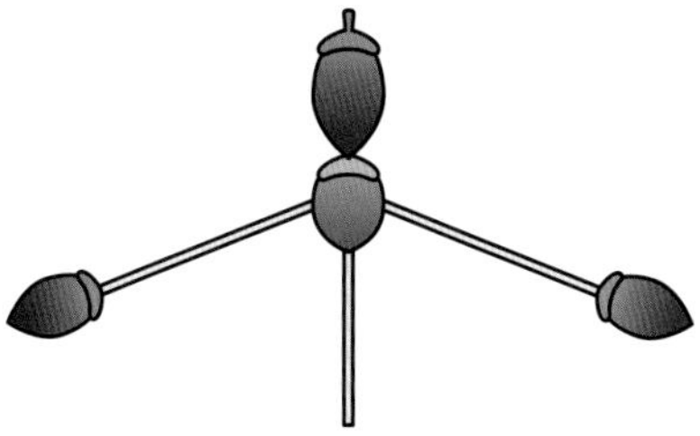

② ひろとさんは　同じ　やじろべえを
□　こ　つくりました。

③ しきに　かいて　答《こた》えを　もとめましょう。

しき　㋐□ × ㋑□ = ㋒□　　答え　㋓□　こ

3 さくらさんは　どんぐりを　ぜんぶで
何こ　つかいましたか。
□に　あてはまる　数を　かきましょう。

しき　㋐□ × ㋑□ = ㋒□　　答え　㋓□　こ

4 みきさんは、「のこりの　どんぐりで、やじろべえは　あと
1こ　つくれるけど、首かざりは　つくれないね。」と　いいました。
その　わけを、つぎのように　せつめいします。
□に　あてはまる　数を　かきましょう。

ひろとさんが　つかった　どんぐりは　㋐□　こ、
さくらさんが　つかった　どんぐりは　㋑□　こだから、
あわせて　㋒□ + ㋓□ = ㋔□　で、㋕□　こです。

のこりの　どんぐりは、㋖□ − ㋗□ = ㋘□　で、
㋙□　こです。

どんぐり　4こで　やじろべえは　あと　1こ　つくれますが、
首かざりを　1こ　つくるには、どんぐりが　㋚□　こ
いるので、のこりの　どんぐりで、首かざりは　つくれません。

この　本の　おわりに　ある「春の　チャレンジテスト」を　やって　みよう！

がくしゅうび　　月　　日

時間20分　　／100　　ごうかく80点

数と　たし算・ひき算

教科書　下114ページ　　答え　30ページ

1 ①～③に　あたる　数《かず》を　かきましょう。　1つ5点(15点)

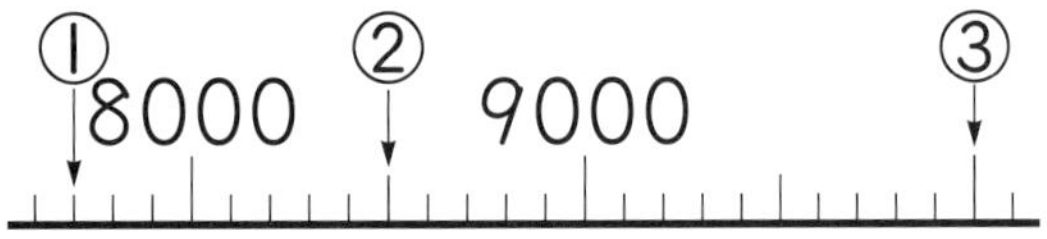

①（　　　　）
②（　　　　）
③（　　　　）

2 つぎの　計算《けいさん》を　しましょう。　1つ5点(30点)

① 61＋9

② 18＋3

③ 46＋7

④ 90－3

⑤ 34－5

⑥ 56－8

3 つぎの　計算を　しましょう。　1つ5点(35点)

①
$$\begin{array}{r} 27 \\ +\ 52 \\ \hline \end{array}$$

②
$$\begin{array}{r} 75 \\ +\ 68 \\ \hline \end{array}$$

③
$$\begin{array}{r} 418 \\ +\ \ 37 \\ \hline \end{array}$$

④
$$\begin{array}{r} 83 \\ -\ 56 \\ \hline \end{array}$$

⑤
$$\begin{array}{r} 103 \\ -\ \ 47 \\ \hline \end{array}$$

⑥
$$\begin{array}{r} 672 \\ -\ \ 37 \\ \hline \end{array}$$

⑦ 49＋38＋66

4 58円の　クッキーと　93円の　あめが　あります。　しき・答え　1つ5点(20点)

① あわせて　何《なん》円ですか。

しき

答《こた》え（　　　　）

② ちがいは　何円ですか。

しき

答え（　　　　）

まとめのテスト

もう　すぐ　3年生

かけ算、長さ、かさ、時間

がくしゅうび　月　日

時間 20 分

/100

ごうかく 80 点

教科書　下 115〜116 ページ　答え　31 ページ

1 つぎの　計算を　しましょう。

1つ6点(30点)

① 3×8

② 6×7

③ 5×4

④ 9×1

⑤ 8×8

2 九九の　ひょうで　答えが　16に　なる　かけ算《ざん》を　みんな　かきましょう。

1つ7点(21点)

(　　　)(　　　)

(　　　)

3 1まい　9円の　色紙《いろがみ》を　7まいと、60円の　えんぴつを　1本　買《か》いました。
みんなで　何円ですか。

しき・答え　1つ6点(12点)

しき

答え（　　　）

4 □に　あてはまる　数を　かきましょう。

ぜんぶできて　1もん6点(24点)

① 7cm5mm＝□mm

② 128cm＝□m□cm

③ 5L＝□mL

④ 24dL＝□L□dL

5 テープの　長《なが》さは　どれだけですか。

(6点)

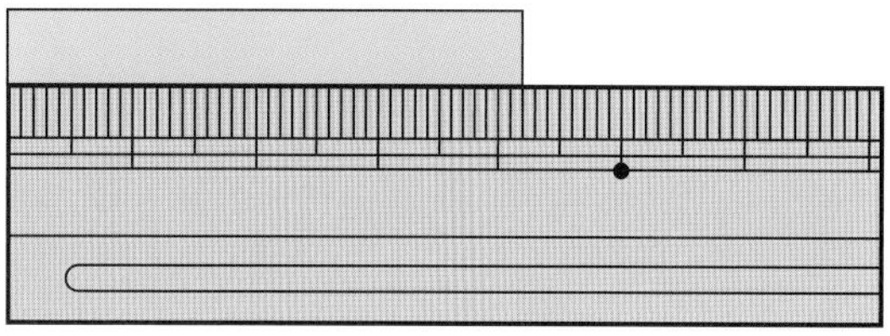

（　　　）

6 本を　よんだ　時間《じかん》は　どれだけですか。

(7点)

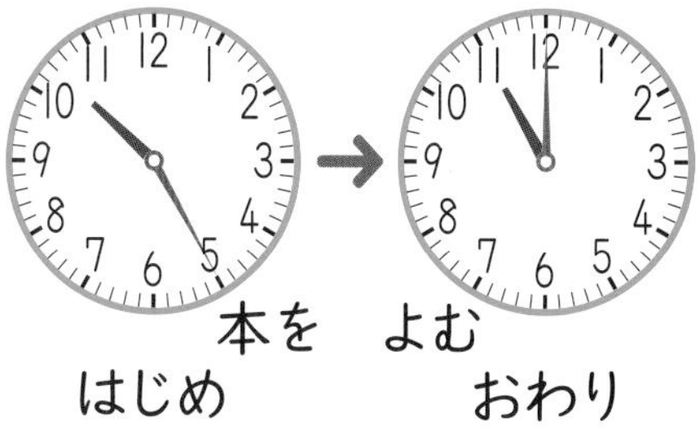

（　　　）

がくしゅうび　　月　　日

時間20分

／100

ごうかく80点

もう　すぐ　3年生

形、考え方

教科書　下117〜118ページ　答え　31ページ

1 正方形《せいほうけい》、長方形《ちょうほうけい》、直角三角形《ちょっかくさんかくけい》を　みつけましょう。

1つ10点(30点)

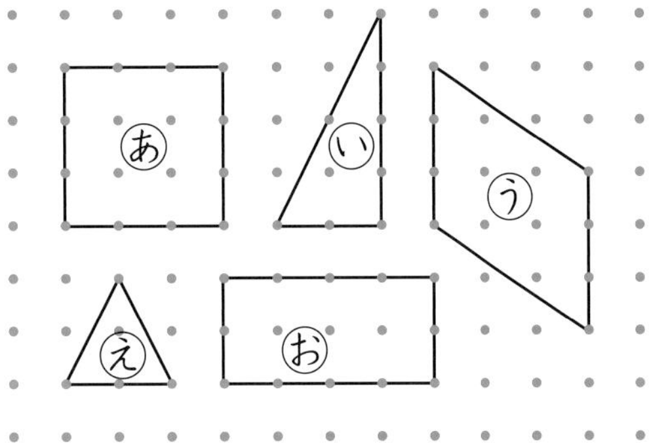

正方形（　　　　　）

長方形（　　　　　）

直角三角形（　　　　　）

2 下のような　はこの　形《かたち》で、あと　いの　面《めん》の　形を　下の　方《ほう》がん紙《し》に　かきましょう。

1つ5点(10点)

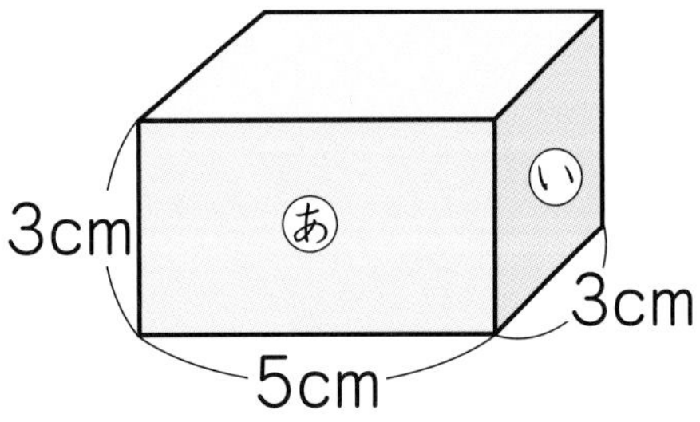

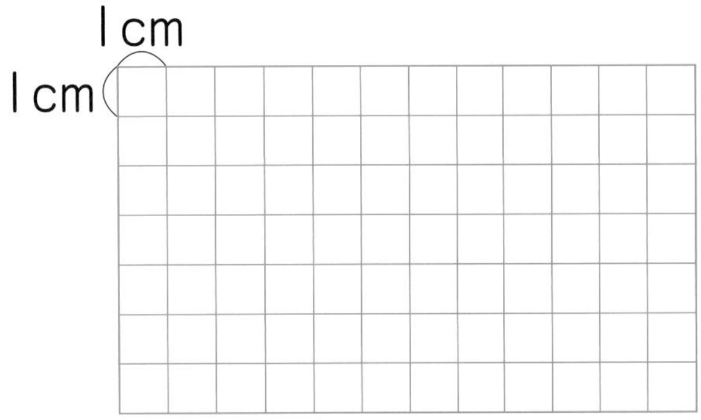

3 あめを　18こ　もらったので、43こに　なりました。

はじめは　何《なん》こ　ありましたか。

しき・答え　1つ10点(20点)

しき

答《こた》え（　　　　　）

4 子どもが　13人　あそんでいました。そこへ　8人　来《き》ました。その　あと　5人　帰《かえ》りました。子どもは　何人に　なりましたか。

しき・答え　1つ10点(20点)

しき

答え（　　　　　）

5 ゆいさんの　せの　高《たか》さは　1m32cmです。ゆいさんは　妹《いもうと》より　18cm　高いそうです。

妹の　せの　高さは　どれだけですか。

しき・答え　1つ10点(20点)

しき

答え（　　　　　）

夏のチャレンジテスト

教科書　上10〜101ページ　◎用意《ようい》する　もの…ものさし

名前　　月　　日

時間　40分　　ごうかく80点　／100

答え32ページ

知識・技能　／70点

1 つぎの　数《かず》を　数字《すうじ》で　かきましょう。

1つ4点(16点)

① 六百十七

(　　　　)

② 100を　3こ、1を　6こ
あわせた　数

(　　　　)

③ 10を　65こ　あつめた　数

3 つぎの　時《じ》こくを
もとめましょう。

1つ3点(6点)

いまの　時こく

① 30分前《まえ》

(　　　　)

② 30分あと

(　　　　)

4 下の　直線《ちょくせん》の　長《なが》さは
何《なん》cm何mmですか。

1つ3点(6点)

①

④ 1000より　10　小さい　数

（　　　　　）

（　　　　　）

2 □に　あてはまる　数を　かきましょう。

ぜんぶできて　1もん3点(9点)

① 60分《ぷん》＝□時間《じかん》

② 7cm3mm＝□mm

③ 24dL＝□L□dL

（　　　　　）

② 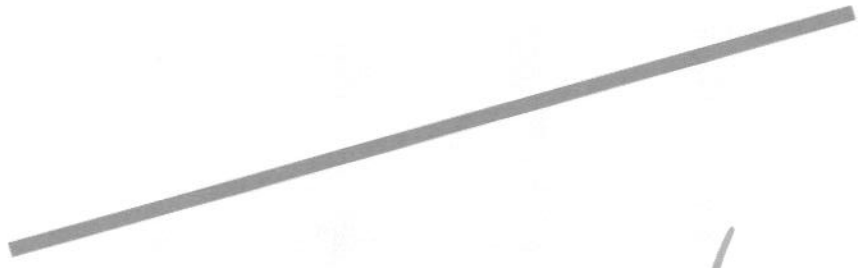

（　　　　　）

5 つぎの　計算《けいさん》を　しましょう。

1つ3点(12点)

① 36＋4

② 58＋7

③ 70－8

④ 53－9

うらにも　もんだいが　あります。

(切り取り線)

（切り取り線）

冬のチャレンジテスト

教科書　上102～下65ページ　◎用意《ようい》する　もの…ものさし

月　　日

名前

時間　40分

ごうかく80点　／100

答え34ページ

知識・技能　／80点

1 つぎの　計算《けいさん》の　まちがいを　みつけ、正しい　答《こた》えを　かきましょう。

1つ4点(8点)

①
```
  37
+76
 103
```

②
```
 102
- 57
  55
```

2 下の　形《かたち》の　中から、つぎの　形を　みつけて、きごうで　答えましょう。

1つ4点(16点)

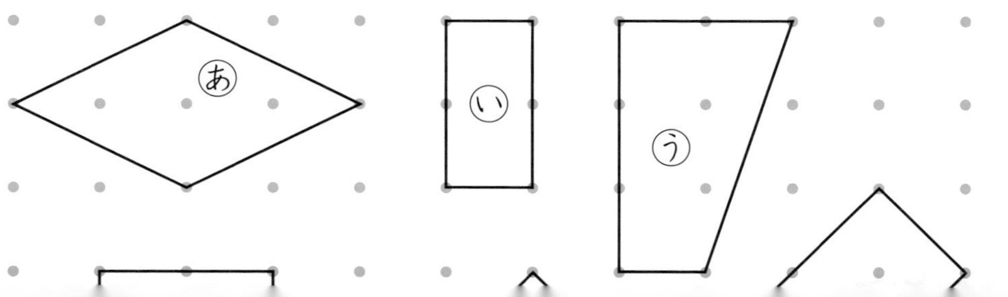

4 つぎの　計算を　しましょう。

1つ3点(12点)

①
```
 128
- 73
```

②
```
 161
- 67
```

③
```
 103
- 29
```

④
```
 562
- 38
```

5 つぎの　計算を　しましょう。

1つ3点(24点)

①　2×5

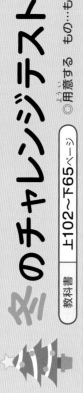

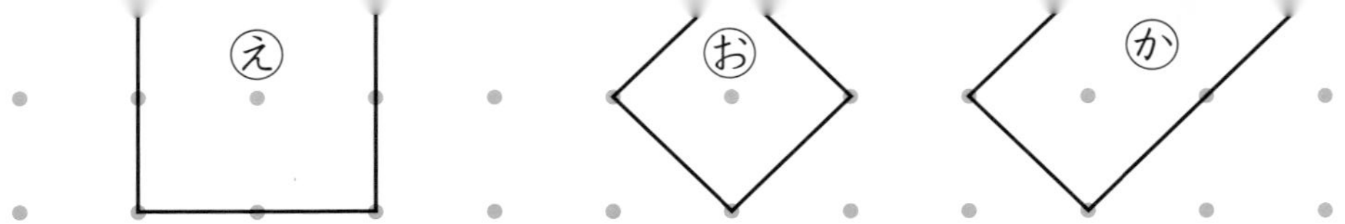

① 長方形《ちょうほうけい》 (　　) と (　　)

② 正方形《せいほうけい》 (　　) と (　　)

3 つぎの　計算を　しましょう。

1つ3点(12点)

① $\begin{array}{r} 85 \\ +63 \\ \hline \end{array}$

② $\begin{array}{r} 73 \\ +49 \\ \hline \end{array}$

③ $\begin{array}{r} 64 \\ 17 \\ +85 \\ \hline \end{array}$

④ $\begin{array}{r} 425 \\ +\ \ 38 \\ \hline \end{array}$

② 4×8

③ 7×6

④ 9×7

⑤ 3×9

⑥ 5×5

⑦ 8×6

⑧ 9×9

うらにも　もんだいが　あります。

(切り取り線)

春のチャレンジテスト

教科書　下67〜113ページ　◎用意《ようい》する　もの…ものさし

名前　　月　　日

時間　40分

ごうかく80点　／100

答え36ページ

知識・技能　／80点

1 □に　あてはまる　数《かず》を　かきましょう。　1つ3点(6点)

① 9×9は、9×8より　□　大きい。

② 7×4＝□×7

2 □に　あてはまる　数を　かきましょう。　ぜんぶできて　1もん3点(6点)

① 1m 75cm＝□cm

4 ひごと　ねんど玉を　つかって、右のような　はこの　形《かたち》を　つくります。　ぜんぶできて　1もん4点(8点)

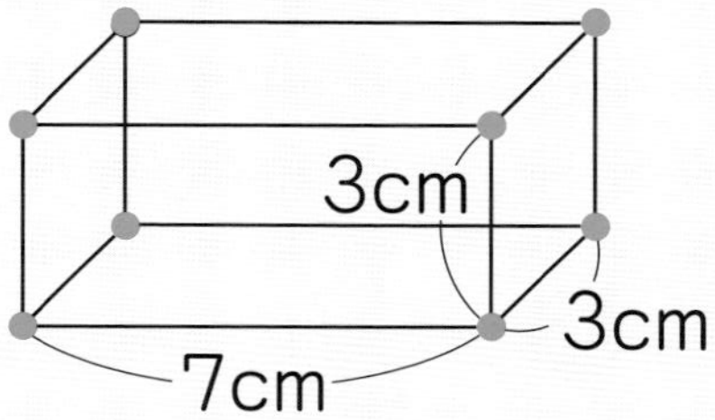

① つぎの　長《なが》さの　ひごが、何本《なん》　いりますか。

3cm（　　　）　7cm（　　　）

② ねんど玉は　何こ　いりますか。

（　　　）

5 色《いろ》を　ぬった　ところは、もとの　大きさの

もとの　大きさ

② 140 cm＝□m□cm

3 □に　あてはまる　数を　かきましょう。　1つ3点(9点)

① 5204の　千のくらいの　数字《すうじ》は　□です。

② 1000を　4こ、10を　7こ　あわせた　数は　□です。

③ 1000を　10こ　あつめた　数は　□です。

どれだけですか。
分数《ぶんすう》で　かきましょう。　1つ3点(6点)

① 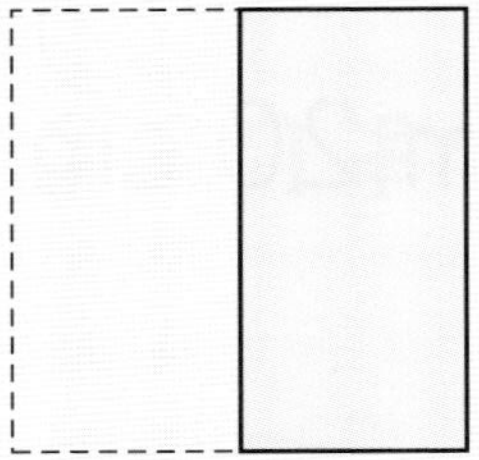
(　　　)

② 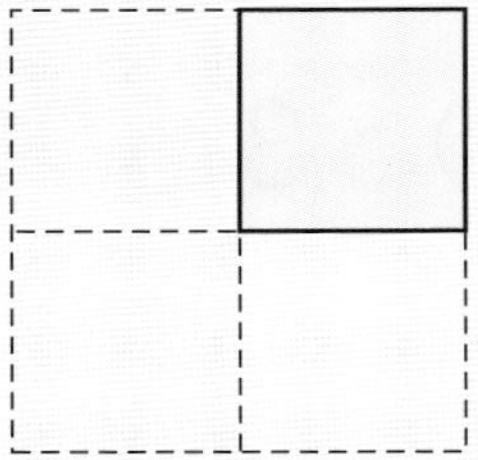
(　　　)

6 九九の　ひょうで、答《こた》えが　つぎの　数に　なる　かけ算《ざん》を　みんな　かきましょう。　1つ4点(24点)

① 35　(　　　)(　　　)

② 18　(　　　)(　　　)
(　　　)(　　　)

うらにも　もんだいが　あります。

(切り取り線)

（切り取り線）

2年 算数のまとめ　学力しんだんテスト

名前　　　月　　日

時間 40分　　ごうかく80点　／100

答え 38ページ

1 つぎの　数《かず》を　書《か》きましょう。　1つ3点(6点)

① 100を　3こ、1を　6こ　あわせた数

（　　　　）

② 1000を　10こ　あつめた　数

（　　　　）

2 色《いろ》を　ぬった　ところは　もとの　大きさの　何分《なんぶん》の一ですか。　1つ3点(6点)

①
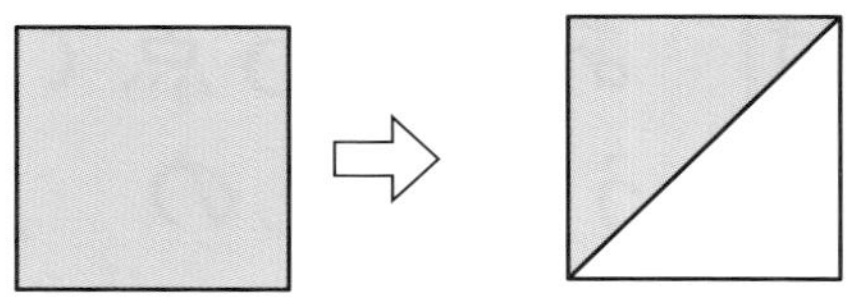
（　　　）

②
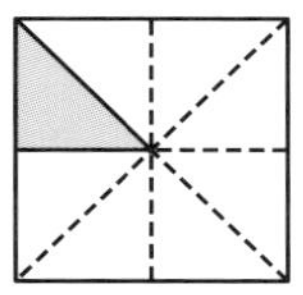
（　　　）

5 すずめが　14わ　いました。そこへ　9わ　とんで　きました。また　11わ　とんで　きました。すずめは　何わに　なりましたか。とんで　きた　すずめを　まとめて　たす　考《かんが》え方《かた》で　1つの　しきに　書いて　もとめましょう。　しき・答え　1つ3点(6点)

しき

答え（　　　　）

6 □に　＞か、＜か、＝を　書きましょう。　(2点)

25 dL □ 2L

3 計算《けいさん》を　しましょう。　1つ3点(12点)

① $\begin{array}{r} 214 \\ +\ \ 57 \\ \hline \end{array}$　② $\begin{array}{r} 546 \\ -\ \ 27 \\ \hline \end{array}$

③ 4×8　④ 7×6

4 あめを　3こずつ　6つの　ふくろに　入れると、2こ　のこりました。
あめは　ぜんぶで　何こ　ありましたか。　しき・答え　1つ3点(6点)

しき

答《こた》え（　　　　）

7 □に　あてはまる　長《なが》さの　たんいを　書きましょう。　1つ3点(9点)

① ノートの　あつさ…5□

② プールの　たての　長さ…25□

③ テレビの　よこの　長さ…95□

8 右の　時計《とけい》を　みて　つぎの　時《じ》こくを　書きましょう。　1つ3点(6点)

① 1時間《じかん》あと（　　　　）

② 30分前《ぷんまえ》（　　　　）

うらにも　もんだいが　あります。

(切り取り線)

教科書ぴったりトレーニング

丸つけラクラクかいとう

この「丸つけラクラクかいとう」は
とりはずしてお使いください。

啓林館版
算数２年

「丸つけラクラクかいとう」では
もんだいと　同《おな》じ　ところに　赤字で　答《こた》えを　書《か》いて　います。
①もんだいが　とけたら、まずは　答え合《あ》わせを　しましょう。
②まちがえた　もんだいは、てびきを　読《よ》んで、もういちど　見直《なお》し　しましょう。

見やすい答え

おうちのかたへ

くわしいてびき

おうちのかたへ　では、次のようなものを示しています。
- 学習のねらいやポイント
- 他の学年や他の単元の学習内容とのつながり
- まちがいやすいことやつまずきやすいところ

お子様への説明や、学習内容の把握などにご活用ください。

---

❷ たし算と　ひき算

ぴったり１　6ページ

つぎの　□に　あてはまる　数を　かきましょう。

ねらい　(2けた)＋(1けた)の計算《けいさん》ができるようにしよう。　れんしゅう ①②③④

42＋8の　計算の　しかた
42から　8　ふえるから　50
42＋8＝50

18＋5の　計算の　しかた
5を　2と　3に　分《わ》けます。
18に　2を　たして　20
20と　3で　23
18＋5＝23

1 (1)　16＋4、(2)　23＋7の　計算を　しましょう。
とき方　(1)　16から　4　ふえるから、
16＋4＝ 20
(2)　23から　7ふえるから、
23＋7＝ 30

2 37＋9の　計算を　しましょう。
とき方　9を　①3　と　6に　分けます。
37に　3を　たして　②40
40と　③6　で　46　　37＋9＝④46

ぴったり２　7ページ

❶ つぎの　計算を　しましょう。　教科書 19ページ1・2
①　12＋8　20　②　19＋1　20　③　35＋5　40
④　84＋6　90　⑤　43＋7　50　⑥　58＋2　60

❷ めだかが　46ぴき　います。
4ひきの　めだかを　もらいました。
めだかは　ぜんぶで　何《なん》びきですか。　教科書 19ページ2
しき　46＋4＝50
答《こた》え（50ぴき）

6と　4で
10だから……

❸ つぎの　計算を　しましょう。　教科書 20ページ6、21ページ7
①　19＋8　27　②　17＋7　24　③　57＋4　61
④　64＋9　73　⑤　76＋5　81　⑥　48＋7　55

❹ きのう　つるを　37わ　おりました。
きょう　また　8わ　おりました。
つるは　あわせて　何わに　なりましたか。　教科書 21ページ7
しき　37＋8＝45
答え（45わ）

ぴったり１　8ページ

つぎの　□に　あてはまる　数を　かきましょう。

ねらい　(何十)－(1けた)、(2けた)－(1けた)の計算ができるようにしよう。　れんしゅう ①②③④

40－8の　計算の　しかた
40から　8　へるから　32
40－8＝32

32－7の　計算の　しかた
32を　30と　2に　分《わ》けます。
30から　7を　ひいて　23
23と　2で　25
32－7＝25

1 (1)　20－2、(2)　30－4の　計算を　しましょう。
とき方　(1)　20から　2　へるから、
20－2＝ 18
(2)　30から　4　へるから、
30－4＝ 26

2 23－8の　計算を　しましょう。
とき方　23を　①20　と　3に　分けます。
20から　8を　ひいて　②12
12と　3で　③15　　23－8＝④15

ぴったり２　9ページ

❶ つぎの　計算を　しましょう。　教科書 23ページ1・2
①　20－3　17　②　20－9　11　③　40－7　33
④　50－8　42　⑤　70－2　68　⑥　80－4　76

❷ 色紙《いろがみ》が　30まい　あります。
8まい　つかうと　何まい
のこりますか。　教科書 23ページ2
しき　30－8＝22
30まい　8まい
答《こた》え（22まい）

❸ つぎの　計算を　しましょう。　教科書 24ページ6、25ページ7
①　21－4　17　②　24－6　18　③　43－8　35
④　92－3　89　⑤　36－7　29　⑥　84－9　75

よくよんで
❹ いちごの　あめが　34こ、めろんの　あめが　7こ　あります。
いちごの　あめは　めろんの　あめより　何こ　多《おお》いですか。　教科書 25ページ7
しき　34－7＝27
答え（27こ）

34は　30と　4
30から　7を　ひいて……

ぴったり１

おうちのかたへ
1と9、2と8、…のように、あわせて10になる数をすぐに言えるように練習しましょう。

ぴったり２

❶ ①12から　8　ふえるから、
12＋8＝20
④84から　6　ふえるから、
84＋6＝90

❷ 4ひき　もらったから、たし算になります。46から　4　ふえるから、46＋4＝50です。

❸ ①8を　1と　7に　分《わ》けます。
19に　1を　たして　20
20と　7で　27
④9を　6と　3に　分けます。
64に　6を　たして　70
70と　3で　73

❹ あわせた　数を　もとめるから、たし算です。しきは、37＋8＝45です。

ぴったり２

❶ ①20から　3　へるから、
20－3＝17
③40から　7　へるから、
40－7＝33
⑤70から　2　へるから、
70－2＝68

❷ 8まい　へるから、ひき算になります。しきは、30－8＝22です。

❸ ①21を　20と　1に　分けます。
20から　4を　ひいて　16
16と　1で　17

③43を　40と　3に　分けます。
40から　8を　ひいて　32
32と　3で　35
⑤36を　30と　6に　分けます。
30から　7を　ひいて　23
23と　6で　29

❹ ちがいを　もとめるので、ひき算になります。しきは、34－7＝27です。

※紙面はイメージです。

❶ひょうと　グラフ

ぴったり1　2ページ

つぎの □に あてはまる 数を かきましょう。

ねらい　ひょうやグラフのよみ方やかき方がわかるようにしよう。　れんしゅう ❶❷

◎ひょうや　グラフに　あらわすと、しらべた　ものの　数が　よく　わかります。

◎グラフに　かく　ときは、●を　つかいます。

1 すきな　あそびの　絵《え》を　えらんで　はりました。同《おな》じ　あそびが　すきな　人の　数を　ひょうと　グラフに　かきましょう。

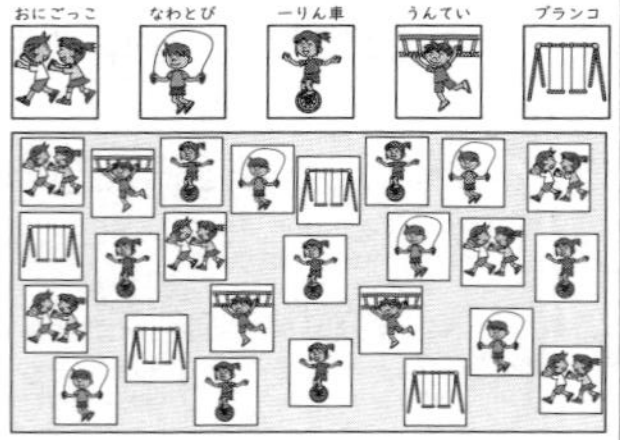

とき方　あそびの　絵の　数を　正しく　数《かぞ》えます。

なわとびは ① 5 人、ブランコは ② 4 人です。

グラフに　かく　ときは、｜つの　●が　｜人を　あらわします。●の　数は　おにごっこが ③ 6 こ、うんていが ④ 3 こです。

すきな　あそびしらべ

すきな あそび	おにごっこ	なわとび	一りん車	うんてい	ブランコ
人数(人)	6	①	7	3	②

すきな　あそびしらべ

ぴったり2　3ページ

❶ 下の　絵の　数を　しらべて、ひょうや　グラフに　かきましょう。　教科書 13ページ❶

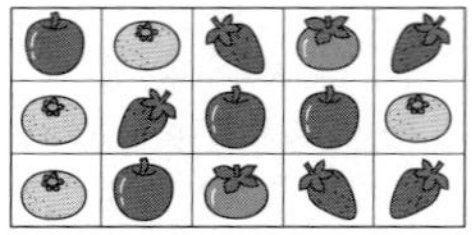

くだものの　絵

くだもの	りんご	いちご	みかん	かき
まい数(まい)	4	5	4	2

くだものの　絵

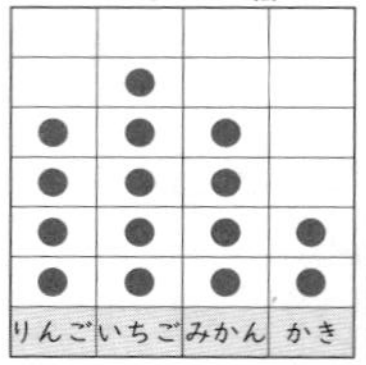

❷ すきな　きゅう食《しょく》しらべの　人数を　下のような　グラフに　あらわしました。　教科書 13ページ❶

① すきな　人が　いちばん　多《おお》い　きゅう食は　何《なん》ですか。　（からあげ）

② グラタンが　すきな　人は　何人ですか。　（3人）

③ すきな　人が　いちばん　多い　きゅう食と、いちばん　少《すく》ない　きゅう食の　数の　ちがいは　何人ですか。　（7人）

すきな　きゅう食しらべ

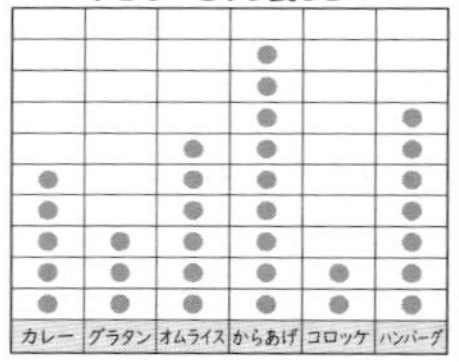

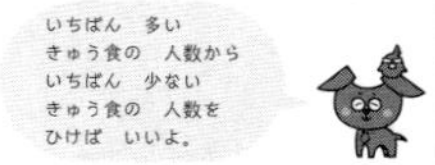

ぴったり3　4〜5ページ

知識・技能　／100点

❶ よくでる　15人の　子どもが、「コアラ」「さる」「ぞう」「パンダ」「きりん」の　中で、すきな　どうぶつの　絵《え》を　かきました。

①ぜんぶできて　10点、②〜⑥1つ8点(50点)

① 絵の　数《かず》を　しらべて　グラフに　かきましょう。

すきな　どうぶつしらべ

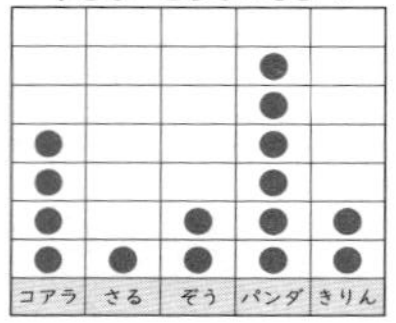

② コアラの　絵は　何《なん》まい　ありますか。　（4まい）

③ いちばん　多《おお》い　どうぶつは　何ですか。　（パンダ）

④ いちばん　少《すく》ない　どうぶつは　何ですか。　（さる）

⑤ コアラの　絵と　ぞうの　絵では、どちらが　多いですか。　（コアラ）の　絵

⑥ コアラの　絵は　きりんの　絵より、何まい　多いですか。　（2まい）多い

❷ かなさんは　もって　いる　本の　しゅるいや　大きさを　しらべて、ひょうと　グラフに　あらわしました。　1つ10点(50点)

あ　本の　しゅるいしらべ

本の しゅるい	図かん	絵本	お話	まんが
さっ数(さつ)	2	6	5	3

う　本の　大きさしらべ

本の 大きさ	大	中	小
さっ数(さつ)	6	7	3

い　本の　しゅるいしらべ

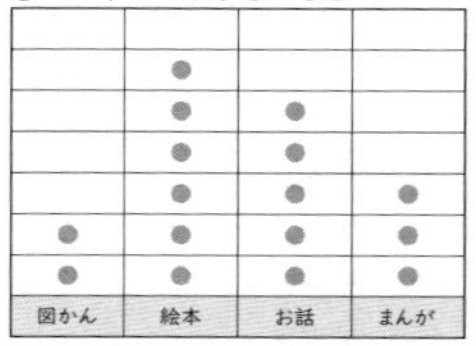

え　本の　大きさしらべ

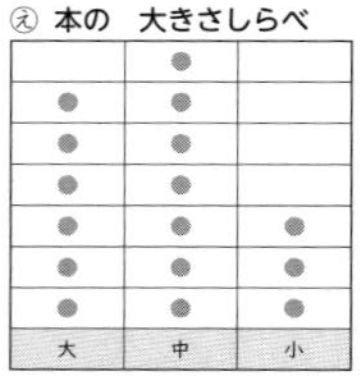

① どんな　大きさの　本が　何さつ　あるかを　しらべる　ひょうは、あと　うの　どちらですか。　（う）の　ひょう

② どの　しゅるいの　本が　いちばん　多いかを　しらべる　グラフは、いと　えの　どちらですか。　（い）の　グラフ

③ 図かんと　お話の　さっ数の　ちがいは　何さつですか。　（3さつ）

④ しゅるいが　いちばん　多い　本と、しゅるいが　いちばん　少ない　本の　さっ数の　ちがいは　何さつですか。　（4さつ）

⑤ 大きさが　中の　本は　何さつ　ありますか。　（7さつ）

ぴったり2

おうちのかたへ

左の表やグラフを使って、「いちばん多いくだものの絵は何かな」など、問いかけてみるとよいですね。

❶ 数《かぞ》えた　絵《え》に　しるしを　つけて　いくと、まちがいが　少《すく》なく　なります。

❷ ①グラフが　いちばん　高《たか》い　きゅう食《しょく》が　答《こた》えに　なります。

②｜つの　●が　｜人を　あらわして　います。●の　数《かず》を　数えて　答えます。

③いちばん　多《おお》い　きゅう食は　からあげで　9人、いちばん　少ない　きゅう食は　コロッケで　2人です。ちがいは　ひき算《ざん》で　もとめる　ことが　できるから、9−2=7で、7人です。

ぴったり3

❶ ②〜⑤グラフに　かいた　●の　数から　考《かんが》えます。

⑥コアラの　絵は　4まい、きりんの　絵は　2まいです。4−2=2で、コアラの　絵の　ほうが　2まい　多い　ことが　わかります。

❷ ③図《ず》かんは　2さつ、お話《はなし》は　5さつです。5−2=3で、ちがいは　3さつです。

④しゅるいが　いちばん　多い　本は、絵本で　6さつです。しゅるいが　いちばん　少ない　本は、図かんで　2さつです。6−2=4で、ちがいは　4さつです。

ぴったり1　6ページ

つぎの □に あてはまる 数を かきましょう。

ねらい　(2けた)＋(1けた)の計算ができるようにしよう。　れんしゅう ❶❷❸❹

42＋8の 計算の しかた
42から 8 ふえるから 50

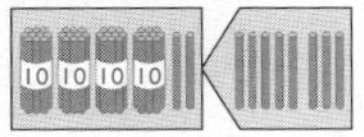

42＋8＝50

18＋5の 計算の しかた
5を 2と 3に 分《わ》けます。
18に 2を たして 20
20と 3で 23

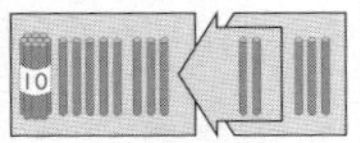

18＋5＝23

1 (1) 16＋4、(2) 23＋7の 計算を しましょう。

とき方　(1) 16から 4 ふえるから、
16＋4＝20
(2) 23から 7ふえるから、
23＋7＝30

2 37＋9の 計算を しましょう。

とき方　9を ① 3 と 6に 分けます。
37に 3を たして ② 40
40と ③ 6 で 46　　37＋9＝④ 46

ぴったり2　7ページ

❶ つぎの 計算を しましょう。　教科書 19ページ❶・❷

① 12＋8　20　② 19＋1　20　③ 35＋5　40

④ 84＋6　90　⑤ 43＋7　50　⑥ 58＋2　60

❷ めだかが 46ぴき います。
4ひきの めだかを もらいました。
めだかは ぜんぶで 何《なん》びきですか。　教科書 19ページ❷

しき　46＋4＝50

答《こた》え（50 ぴき）

❸ つぎの 計算を しましょう。　教科書 20ページ❻、21ページ❼

① 19＋8　27　② 17＋7　24　③ 57＋4　61

④ 64＋9　73　⑤ 76＋5　81　⑥ 48＋7　55

❹ きのう つるを 37わ おりました。
きょう また 8わ おりました。
つるは あわせて 何わに なりましたか。　教科書 21ページ❼

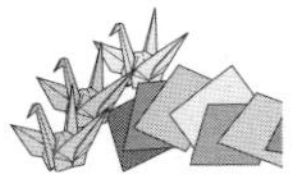

しき　37＋8＝45

答え（ 45 わ ）

ぴったり1　8ページ

つぎの □に あてはまる 数を かきましょう。

ねらい　(何十)－(1けた)、(2けた)－(1けた)の計算ができるようにしよう。　れんしゅう ❶❷❸❹

40－8の 計算の しかた
40から 8 へるから 32

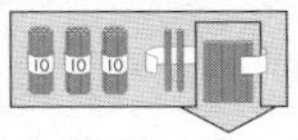

40－8＝32

32－7の 計算の しかた
32を 30と 2に 分《わ》けます。
30から 7を ひいて 23
23と 2で 25

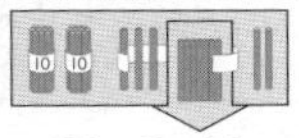

32－7＝25

1 (1) 20－2、(2) 30－4の 計算を しましょう。

とき方　(1) 20から 2 へるから、
20－2＝18
(2) 30から 4 へるから、
30－4＝26

2 23－8の 計算を しましょう。

とき方　23を ① 20 と 3に 分けます。
20から 8を ひいて ② 12
12と 3で ③ 15　　23－8＝④ 15

ぴったり2　9ページ

❶ つぎの 計算を しましょう。　教科書 23ページ❶・❷

① 20－3　17　② 20－9　11　③ 40－7　33

④ 50－8　42　⑤ 70－2　68　⑥ 80－4　76

❷ 色紙《いろがみ》が 30まい あります。
8まい つかうと 何まい
のこりますか。　教科書 23ページ❷

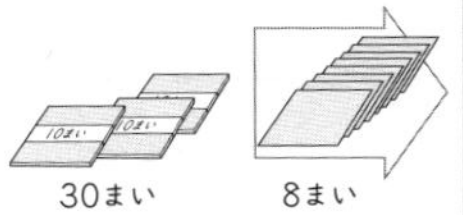

しき　30－8＝22

答《こた》え（22 まい）

❸ つぎの 計算を しましょう。　教科書 24ページ❻、25ページ❼

① 21－4　17　② 24－6　18　③ 43－8　35

④ 92－3　89　⑤ 36－7　29　⑥ 84－9　75

よくよんで

❹ いちごの あめが 34こ、めろんの あめが 7こ あります。
いちごの あめは めろんの あめより 何こ 多《おお》いですか。　教科書 25ページ❼

しき　34－7＝27

答え（ 27 こ ）

ぴったり1

おうちのかたへ

1と9、2と8、…のように、あわせて10になる数をすぐに言えるように練習しましょう。

ぴったり2

❶ ①12から 8 ふえるから、
12＋8＝20
④84から 6 ふえるから、
84＋6＝90

❷ 4ひき もらったから、たし算になります。46から 4 ふえるから、46＋4＝50です。

❸ ①8を 1と 7に 分《わ》けます。
19に 1を たして 20
20と 7で 27
④9を 6と 3に 分けます。
64に 6を たして 70
70と 3で 73

❹ あわせた 数を もとめるから、たし算です。しきは、37＋8＝45です。

ぴったり2

❶ ①20から 3 へるから、
20－3＝17
③40から 7 へるから、
40－7＝33
⑤70から 2 へるから、
70－2＝68

❷ 8まい へるから、ひき算になります。しきは、30－8＝22です。

❸ ①21を 20と 1に 分けます。
20から 4を ひいて 16
16と 1で 17
③43を 40と 3に 分けます。
40から 8を ひいて 32
32と 3で 35
⑤36を 30と 6に 分けます。
30から 7を ひいて 23
23と 6で 29

❹ ちがいを もとめるので、ひき算になります。しきは、34－7＝27です。

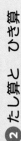

ぴったり3　10~11ページ

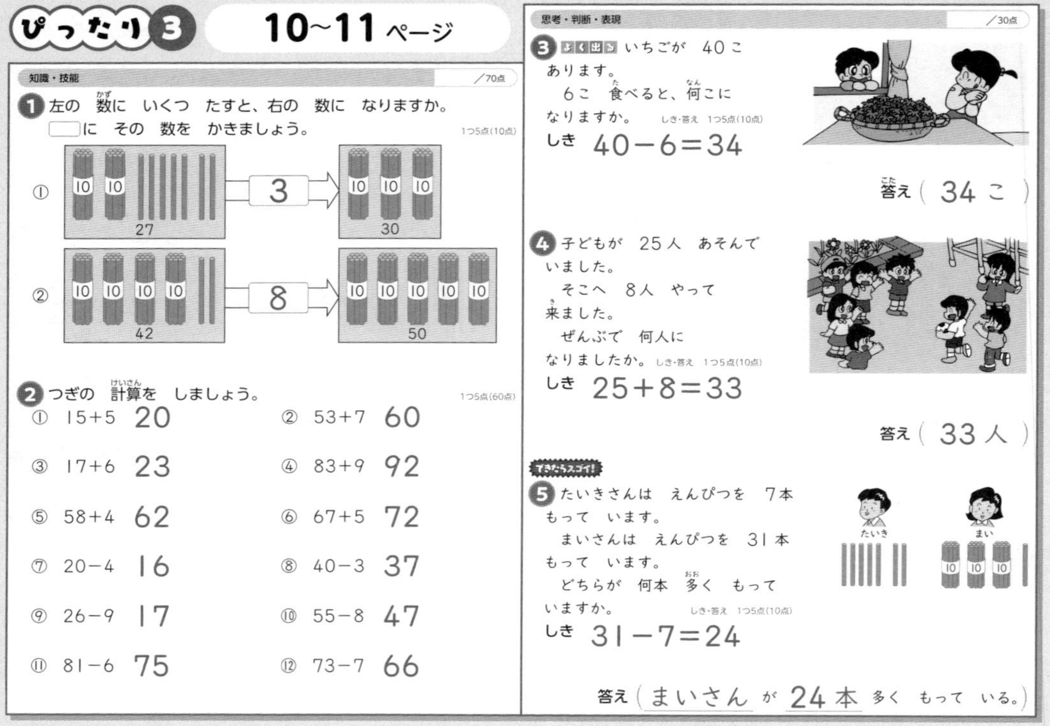
知識・技能　／70点

1 左の 数《かず》に いくつ たすと、右の 数に なりますか。
□に その 数を かきましょう。 1つ5点(10点)

① 27 → 3 → 30

② 42 → 8 → 50

2 つぎの 計算《けいさん》を しましょう。 1つ5点(60点)

① 15+5　20	② 53+7　60
③ 17+6　23	④ 83+9　92
⑤ 58+4　62	⑥ 67+5　72
⑦ 20−4　16	⑧ 40−3　37
⑨ 26−9　17	⑩ 55−8　47
⑪ 81−6　75	⑫ 73−7　66

思考・判断・表現　／30点

3 よく出る いちごが 40こ あります。
6こ 食《た》べると、何《なん》こに なりますか。 しき・答え 1つ5点(10点)
しき 40−6=34
答《こた》え（34こ）

4 子どもが 25人 あそんで いました。
そこへ 8人 やって 来《き》ました。
ぜんぶで 何人に なりましたか。 しき・答え 1つ5点(10点)
しき 25+8=33
答え（33人）

できたらスゴイ!
5 たいきさんは えんぴつを 7本 もって います。
まいさんは えんぴつを 31本 もって います。
どちらが 何本 多《おお》く もって いますか。 しき・答え 1つ5点(10点)
しき 31−7=24
答え（まいさん が 24本 多く もって いる。）

3 時こくと 時間

ぴったり1　12ページ　ぴったり2　13ページ

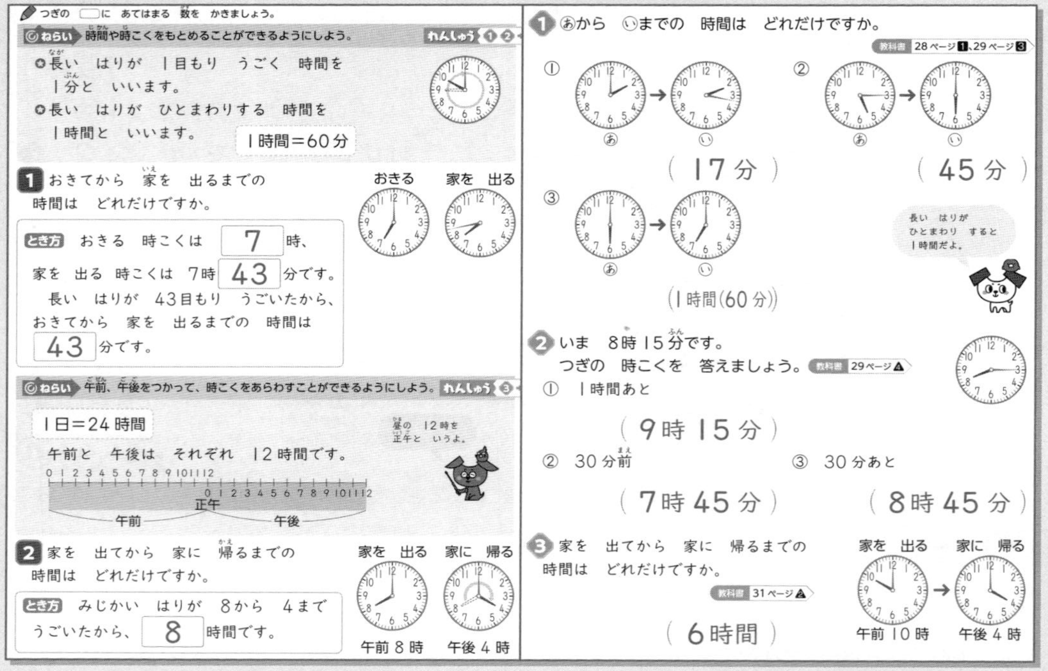
つぎの □に あてはまる 数を かきましょう。

ねらい 時間《じかん》や時こくをもとめることができるようにしよう。 れんしゅう 1 2

○長《なが》い はりが 1目もり うごく 時間を 1分《ぷん》と いいます。
○長い はりが ひとまわりする 時間を 1時間と いいます。
1時間=60分

1 おきてから 家《いえ》を 出るまでの 時間は どれだけですか。 おきる　家を 出る

とき方 おきる 時こくは 7 時、
家を 出る 時こくは 7時 43 分です。
長い はりが 43目もり うごいたから、
おきてから 家を 出るまでの 時間は 43 分です。

ねらい 午前《ごぜん》、午後《ごご》をつかって、時こくをあらわすことができるようにしよう。 れんしゅう 3

1日=24時間
午前と 午後は それぞれ 12時間です。
昼の 12時を 正午と いうよ。
0 1 2 3 4 5 6 7 8 9 10 11 12 / 0 1 2 3 4 5 6 7 8 9 10 11 12
午前　正午　午後

2 家を 出てから 家に 帰《かえ》るまでの 時間は どれだけですか。 家を 出る　家に 帰る

とき方 みじかい はりが 8から 4まで うごいたから、8 時間です。
午前8時　午後4時

1 あから いまでの 時間は どれだけですか。 教科書 28ページ1、29ページ3

①（17分）　②（45分）

③（1時間(60分)）

長い はりが ひとまわり すると 1時間だよ。

2 いま 8時15分《ふん》です。
つぎの 時こくを 答えましょう。 教科書 29ページ△

① 1時間あと（9時15分）

② 30分前《まえ》（7時45分）　③ 30分あと（8時45分）

3 家を 出てから 家に 帰るまでの 時間は どれだけですか。 教科書 31ページ△
（6時間）
家を 出る　家に 帰る
午前10時　午後4時

ぴったり3

1 ①27を 20と 7に 分《わ》けて、7と いくつで 10に なるかを 考《かんが》えます。
②42を 40と 2に 分けて、2と いくつで 10に なるかを 考えます。

2 ③6を 3と 3に 分けます。
17に 3を たして 20
20と 3で 23
⑦30から 4 へるから、
30−4=26
⑨26を 20と 6に 分けます。
20から 9を ひいて 11
11と 6で 17

3 食《た》べると へるので、ひき算《ざん》に なります。

4 来《く》ると ふえるので、たし算に なります。

5 ちがいを もとめるので、ひき算です。多《おお》く もって いる まいさんの 31本から、たいきさんの 7本を ひきます。

ぴったり1

おうちのかたへ
長い針は、1分で1目もり動くことを確認しましょう。

ぴったり2

1 ①長《なが》い はりが 17目もり うごいたから、17分《ふん》です。
②長い はりが 45目もり うごいて います。
③長い はりが ひとまわりして います。
長い はりが ひとまわりする 時間《じかん》は 1時間です。

2 ①長い はりが ひとまわり すすんだ 時《じ》こくです。
②長い はりが 半分《はんぶん》 もどった 時こくです。
③長い はりが 半分 すすんだ 時こくです。

3 午前《ごぜん》10時から 正午《しょうご》まで 2時間、正午から 午後《ごご》4時まで 4時間なので、あわせて 6時間です。

ぴったり3　14~15ページ

知識・技能　／70点

❶ よくでる　つぎの □ に　あてはまる　数《かず》や　ことばを　かきましょう。　1つ7点(35点)

① 1時間《じかん》＝ 60 分《ぷん》　② 1日＝ 24 時間

③ 午前《ごぜん》は 12 時間、午後《ごご》は 12 時間

④ 正午《しょうご》の　2時間前《まえ》は 午前 10時です。

❷ だいきさんは　ゆう園地《えんち》に　行《い》きました。　1つ7点(21点)

家《いえ》を　出る　バスに　のる　バスを　おりる　ゆう園地に　つく

午前9時　午前9時10分　午前9時45分《ふん》　午前10時

① だいきさんが　バスに　のって　いた　時間は　何《なん》分ですか。

(35分)

② だいきさんが　バスを　おりてから　ゆう園地に　つくまでの　時間は　何分ですか。

(15分)

③ だいきさんが　家を　出てから　ゆう園地に　つくまでの　時間は　何分ですか。

(60分)

❸ 午前、午後を　つかって、時こくを　かきましょう。　1つ7点(14点)

① 朝《あさ》ごはんの　時こく　② タごはんの　時こく

(午前7時10分)　(午後6時35分)

思考・判断・表現　／30点

❹ つぎの　時こくを　答《こた》えましょう。　1つ6点(24点)

いまの　時こく

① 30分前　(8時50分)

② 30分あと　(9時50分)

③ 3時間前　(6時20分)

④ 2時間あと　(11時20分)

できたらスゴイ!

❺ あすかさんの　家から　えきまで　15分　かかります。8時35分ちょうどに　えきに　つくには、家を　何時何分に　出ると　よいですか。　(6点)

(8時20分)

❹ 長さ

ぴったり1　16ページ

つぎの □ に　あてはまる　数を　かきましょう。

ねらい　cmをつかって、長《なが》さをあらわせるようにしよう。　れんしゅう ❶

長さの　はかりかた

長さは　1cm(1センチメートル)が　いくつ分《ぶん》　あるかで　あらわします。

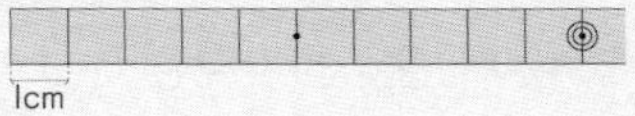

まっすぐな　線を　直線と　いうよ。

❶ 下の　直線の　長さは　何《なん》cmでしょう。

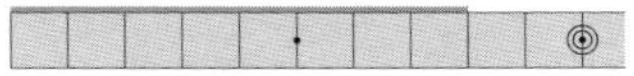

とき方　直線の　長さは　1cmの 8 つ分で 8 cmです。

ねらい　cm、mmをつかって、長さをあらわせるようにしよう。　れんしゅう ❷❸❹

長さの　たんい

長さの　たんいには　cmの　ほかに、mm(ミリメートル)が　あります。

1cm＝10mm

❷ 右の　直線の　長さは　何cm何mmですか。また、何mmですか。

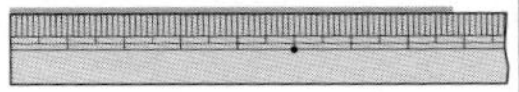

とき方　直線の　長さは　1cmの ① 7 つ分と　1mmの ② 8 つ分だから、③ 7 cm ④ 8 mmです。

また、1cmは ⑤ 10 mmだから、この　直線の　長さは ⑥ 78 mmです。

ぴったり2　17ページ

❶ 下の　直線の　長さは　何cmですか。　教科書 35ページ❶

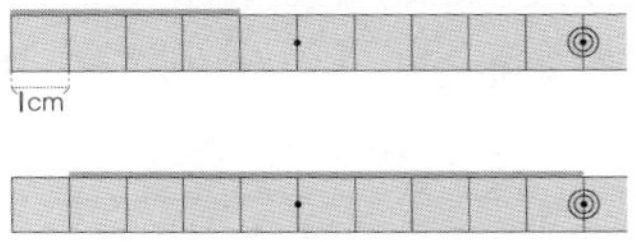

① (4cm)

② (9cm)

よくみて

❷ 下の　直線の　長さは　何cm何mmですか。また、何mmと　いえますか。　教科書 40ページ❹

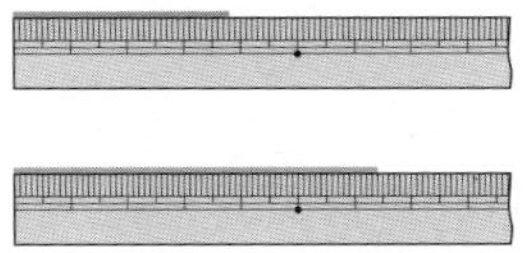

① (3cm8mm) (38mm)

② (6cm4mm) (64mm)

❸ □ に　あてはまる　数を　かきましょう。　教科書 40ページ❹・△

① 4cm＝ 40 mm　② 3cm6mm＝ 36 mm

③ 73mm＝ 7 cm 3 mm

❹ 20cmの　長さに　いちばん　近《ちか》いのは　あ、い、うの　どれですか。　教科書 41ページ❷

あ　はがきの　たての　長さ

い　この　本の　よこの　長さ

う　この　本の　あつさ

(い)

ぴったり3

❶ ②③1日は　24時間で、午前が　12時間、午後が　12時間　あります。

❷ ①午前9時10分《ぷん》から　午前9時45分までの　時間は　35分です。

②午前9時45分から　午前10時までの　時間は　15分です。

③午前9時から　午前10時までの　時間は　1時間です。

1時間は　60分です。

❸ 朝《あさ》ごはんだから、午前、タごはんだから、午後を　つかって　あらわします。

❹ いまの　時こくは　9時20分です。

①9時から　9時20分までの　時間は　20分です。

30分－20分＝10分だから、30分前《まえ》の　時こくは、9時の　10分前の　8時50分に　なります。

❺ 15分　かかるので、8時35分の　15分前に　家《いえ》を　出ると　よいです。

ぴったり1

おうちのかたへ

わかりにくい場合は、1cmのいくつ分、1mmのいくつ分と分けて考えるようにアドバイスしましょう。

ぴったり2

❶ 1cmが　いくつ分　あるかを　数《かぞ》えます。

❷ ①1cm＝10mmだから、3cmは　30mm、30mmと　8mmで、38mmです。

❸ ②3cmは　30mmだから、30mmと　6mmで、36mmです。

③73mmは　70mmと　3mmだから、7cm3mmです。

❹ それぞれの　ものを　思《おも》いうかべて、長さを　考えます。

10cmの　長さが　わかると、長さや　あつさを　よそうできます。

ぴったり1　18ページ

つぎの □に あてはまる 数を かきましょう。

ねらい 直線《ちょくせん》のかき方《かた》がわかるようにしよう。　れんしゅう 1

直線の かき方

2つの 点《てん》を うって、直線で むすびます。

1 3cmの 直線を かきましょう。

とき方 点を 1つ うってから、ものさしを あわせます。[3]cmの ところに 点を うって、2つの 点を 直線で むすびます。

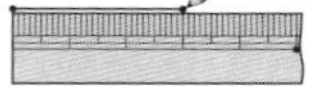

ねらい 長さのかんたんなたし算《ざん》やひき算ができるようにしよう。　れんしゅう 2 3

- 長さも たし算や ひき算を する ことが できます。
- 長さの たし算や ひき算では 同《おな》じ たんいの 数どうしを 計算《けいさん》します。

2cm5mm＋6cm4mm＝8cm9mm
8cm9mm－6cm4mm＝2cm5mm

2 あと いの 道《みち》の 長さを くらべて みましょう。
(1) あの 道の 長さは どれだけですか。
(2) あと いの 道の 長さの ちがいは どれだけですか。

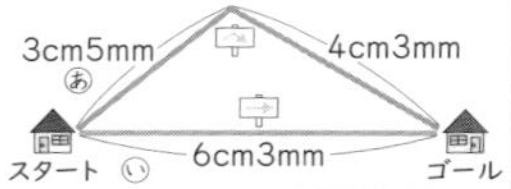

たんいに 気を つけよう。

とき方 同じ たんいの 数どうしを 計算します。
(1) 3cm5mm＋4cm3mm＝[7]cm[8]mm
(2) 7cm8mm－6cm3mm＝[1]cm[5]mm

ぴったり2　19ページ

1 つぎの 長さの 直線を かきましょう。　教科書 42ページ 1
① 11cm
② 8cm3mm

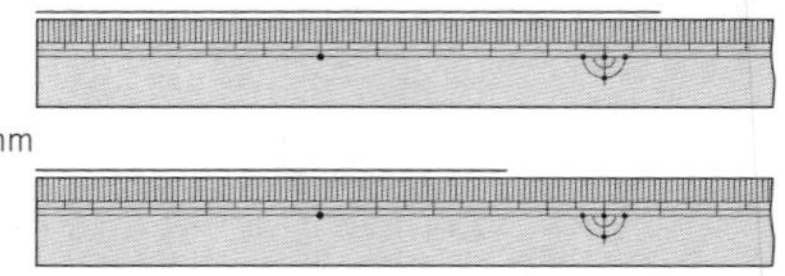

2 つぎの 長さの 計算を しましょう。　教科書 44ページ 1・△
① 2cm＋6cm　8cm
② 5cm2mm＋2cm7mm　7cm9mm
③ 3cm3mm＋6cm　9cm3mm
④ 4cm2mm＋8mm　5cm
⑤ 6mm－2mm　4mm
⑥ 9cm8mm－7cm5mm　2cm3mm
⑦ 8cm4mm－3cm　5cm4mm
⑧ 7cm4mm－4mm　7cm

かならず 同じ たんいの 数どうしを 計算しよう。

3 青の テープの 長さは 5cm6mm、赤の テープの 長さは 5cmです。　教科書 44ページ 1・△

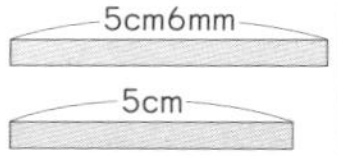

① 青の テープと 赤の テープを あわせた 長さは どれだけですか。　（10cm6mm）
② 青の テープと 赤の テープの 長さの ちがいは どれだけですか。　（6mm）

ぴったり3　20～21ページ

知識・技能　／75点

1 下の 直線《ちょくせん》の 長《なが》さは どれだけですか。　1つ5点(10点)

① （9cm）
② （10cm6mm）

2 つぎの 長さの 分《ぶん》だけ テープに 色《いろ》を ぬりましょう。　1つ5点(10点)
① 7cm
② 5cm5mm

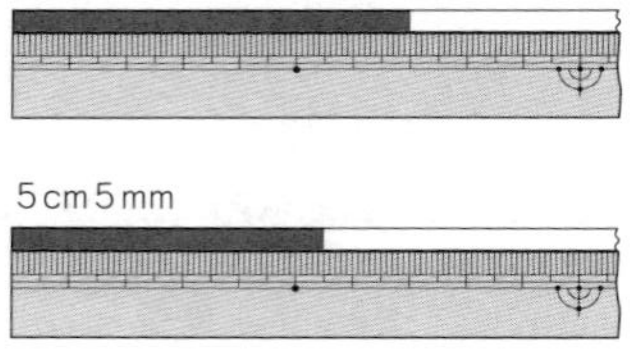

3 よく出る □に あてはまる 長さの たんいを かきましょう。　1つ5点(15点)
① ノートの よこの 長さ　18[cm]
② クレヨンの 長さ　6[cm]
③ 算数《さんすう》の 教科書《きょうかしょ》の あつさ　5[mm]

4 よく出る □に あてはまる 数《かず》を かきましょう。　ぜんぶできて 1もん5点(20点)
① 3cm＝[30]mm
② 80mm＝[8]cm
③ 5cm4mm＝[54]mm
④ 49mm＝[4]cm[9]mm

5 つぎの 長さの 計算《けいさん》を しましょう。　1つ5点(20点)
① 4cm3mm＋2cm6mm　6cm9mm
② 3cm7mm＋3mm　4cm
③ 6cm8mm－5cm2mm　1cm6mm
④ 9cm7mm－7mm　9cm

思考・判断・表現　／25点

6 下の 図《ず》を 見て 答《こた》えましょう。　しき・答え 1つ5点(20点)

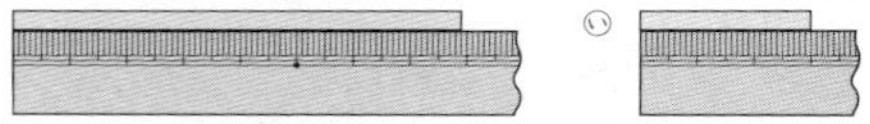

① あと いの テープを あわせた 長さは どれだけですか。
しき 7cm9mm＋3cm＝10cm9mm
答え（10cm9mm）

② あと いの テープの 長さの ちがいは どれだけですか。
しき 7cm9mm－3cm＝4cm9mm
答え（4cm9mm）

できたらスゴイ!

7 長さ 5cmの テープ 2まいを 右のように 1cm かさねて はります。□に あてはまる 数は 何《なん》ですか。(5点)

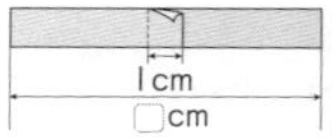

（9）

ぴったり2

1 ものさしを つかって、2つの 点《てん》を うってから、直線《ちょくせん》で むすびます。

2 同《おな》じ たんいの 数《かず》どうしを 計算《けいさん》します。

②5cm2mm＋2cm7mm
　＝7cm9mm

④4cm2mm＋8mm
　＝4cm10mm
　10mm＝1cmだから、
　4cm 10mm＝5cm

⑥9cm8mm－7cm5mm
　＝2cm3mm

⑧7cm4mm－4mm＝7cm

3 ①あわせた 長《なが》さを もとめるから、たし算《ざん》に なります。
しきは、
5cm6mm＋5cm＝10cm6mm

②ちがいを もとめるから、ひき算に なります。
しきは、
5cm6mm－5cm＝6mm

ぴったり3

1 ものさしを まっすぐ あてて はかりましょう。

3 ②クレヨンは、6mmでは みじかすぎるので、6cmと 考《かんが》えます。

4 ③1cm＝10mmだから、
5cmは 50mm
50mmと 4mmで
54mmです。

④49mmは 40mmと 9mm
10mm＝1cmだから、
4cm9mmです。

5 ②3cm7mm＋3mm
　＝3cm10mm＝4cm

③6cm8mm－5cm2mm
　＝1cm6mm

④9cm7mm－7mm＝9cm

6 あの テープの 長さは 7cm9mm、いの テープの 長さは 3cmです。

7 5cmの テープを 2まい あわせた 長さは 10cm、かさなった 1cmを ひいて、
10cm－1cm＝9cm

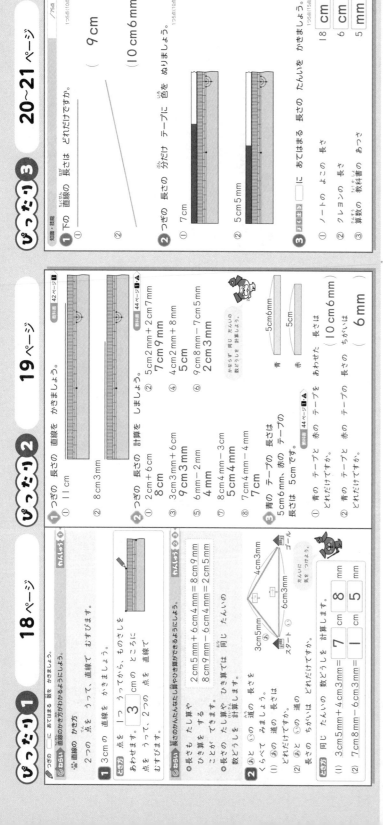

5 たし算と　ひき算の　ひっ算(1)

ぴったり1　22ページ

つぎの □ に　あてはまる　数《かず》を　かきましょう。

◎ねらい　(2けた)+(2けた)のひっ算《さん》ができるようにしよう。　れんしゅう ❶❷❸

47+25の　ひっ算の　しかた
　くらいを　たてに　そろえて　かいた　あと、一のくらい、十のくらいの　じゅんに　たします。
　くり上《あ》がりが　ある　ときは　わすれずに　たすように　します。
　たてに　ならべて　くらいごとに　計算《けいさん》する　しかたを　ひっ算と　いいます。

$$\begin{array}{r} {}^{1}\\ 47\\ +25\\ \hline 72 \end{array}$$
1+4+2

1 29+53を　ひっ算で　しましょう。

とき方　❶　一のくらいを　たします。
9+3=①12
十のくらいに　②1　くり上げます。
❷　十のくらいを　たします。
くり上げた　1とで　1+2+5=③8

$$\begin{array}{r} 29\\ +53\\ \hline 82 \end{array}$$
④82

◎ねらい　たし算《ざん》のきまりをつかって、答《こた》えのたしかめができるようにしよう。　れんしゅう ❹

たし算の　答えの　たしかめ
　たし算では　たされる数と　たす数を　入れかえても、答えは　同《おな》じです。

$$\begin{array}{r} 27\\ +46\\ \hline 73 \end{array}\quad \begin{array}{r} 46\\ +27\\ \hline 73 \end{array}$$

2 49+38=87の　答えを　ひっ算で　たしかめましょう。

とき方　たされる数と　たす数を　入れかえても、答えが　同じに　なるか　たしかめます。答えは　正しいです。

たされる数…　49　→　38
たす数………+38　→　+49
答え…………　87　　　87

答えが　同じに　なるか　たしかめます。

ぴったり2　23ページ

1 つぎの　計算を　しましょう。　教科書 48ページ1、49ページ▲

① $\begin{array}{r} 45\\ +12\\ \hline 57 \end{array}$　② $\begin{array}{r} 72\\ +21\\ \hline 93 \end{array}$　③ $\begin{array}{r} 62\\ +15\\ \hline 77 \end{array}$　④ $\begin{array}{r} 46\\ +23\\ \hline 69 \end{array}$

2 つぎの　計算を　ひっ算で　しましょう。　教科書 50ページ4

① 69+27 $\begin{array}{r} 69\\ +27\\ \hline 96 \end{array}$　② 35+16 $\begin{array}{r} 35\\ +16\\ \hline 51 \end{array}$　③ 73+18 $\begin{array}{r} 73\\ +18\\ \hline 91 \end{array}$　④ 29+53 $\begin{array}{r} 29\\ +53\\ \hline 82 \end{array}$

3 つぎの　計算を　ひっ算で　しましょう。　教科書 51ページ6・8

① 16+70 $\begin{array}{r} 16\\ +70\\ \hline 86 \end{array}$　② 42+18 $\begin{array}{r} 42\\ +18\\ \hline 60 \end{array}$　③ 56+9 $\begin{array}{r} 56\\ +9\\ \hline 65 \end{array}$　④ 8+63 $\begin{array}{r} 8\\ +63\\ \hline 71 \end{array}$

4 つぎの　計算の　答えが　あって　いるか　どうかを　ひっ算で　たしかめ、まちがいが　あれば　正しい　答えを　かきましょう。　教科書 52ページ1、53ページ▲

① 76+13=89 $\begin{array}{r} 13\\ +76\\ \hline 89 \end{array}$　正しい答え（　　　）

② 36+57=83 $\begin{array}{r} 57\\ +36\\ \hline 93 \end{array}$　正しい答え（ 93 ）

ぴったり1　24ページ

つぎの □ に　あてはまる　数《かず》を　かきましょう。

◎ねらい　(2けた)−(2けた)のひっ算《さん》ができるようにしよう。　れんしゅう ❶❷❸

62−38の　ひっ算の　しかた
　くらいを　たてに　そろえて　かいた　あと、一のくらい、十のくらいの　じゅんに　ひきます。
　一のくらいが　ひけない　ときは、十のくらいから　1　くり下《さ》げて　ひきます。

$$\begin{array}{r} {}^{5}\\ 62\\ -38\\ \hline 24 \end{array}$$
5−3

1 73−28を　ひっ算で　しましょう。

とき方　❶　一のくらいを　ひきます。
十のくらいから　1　くり下げて
13−8=①5
❷　十のくらいを　ひきます。
1　くり下げたから　6
②6−2=③4

$$\begin{array}{r} 73\\ -28\\ \hline 45 \end{array}$$
④4

◎ねらい　ひき算《ざん》の答《こた》えのたしかめができるようにしよう。　れんしゅう ❹

ひき算の　答えの　たしかめ
　ひき算では　答えに　ひく数を　たすと、ひかれる数に　なります。

$$\begin{array}{r} 95\\ -56\\ \hline 39 \end{array}\quad \begin{array}{r} 39\\ +56\\ \hline 95 \end{array}$$

2 64−27=37の　答えを　ひっ算で　たしかめましょう。

とき方　答えに　ひく数を　たすと、ひかれる数に　なるか　たしかめます。
　答えは　正しいです。

ひかれる数…　64　→　37
ひく数………−27　→　+27
答え…………　37　　　64

ひかれる数と　同《おな》じに　なるか　たしかめます。

ぴったり2　25ページ

1 つぎの　計算《けいさん》を　しましょう。　教科書 55ページ1・▲、56ページ4

① $\begin{array}{r} 88\\ -17\\ \hline 71 \end{array}$　② $\begin{array}{r} 66\\ -26\\ \hline 40 \end{array}$　③ $\begin{array}{r} 85\\ -29\\ \hline 56 \end{array}$　④ $\begin{array}{r} 90\\ -58\\ \hline 32 \end{array}$

2 つぎの　計算を　ひっ算で　しましょう。　教科書 57ページ6・8

① 49−41 $\begin{array}{r} 49\\ -41\\ \hline 8 \end{array}$　② 75−66 $\begin{array}{r} 75\\ -66\\ \hline 9 \end{array}$　③ 57−7 $\begin{array}{r} 57\\ -7\\ \hline 50 \end{array}$　④ 30−7 $\begin{array}{r} 30\\ -7\\ \hline 23 \end{array}$

3 とく点《てん》の　ちがいは　何《なん》点ですか。　教科書 56ページ4

	とく点
赤組《くみ》	55点
白組	36点

しき　55−36=19

答え（ 19点 ）

4 つぎの　計算の　答えを　たしかめましょう。　教科書 58ページ1

① $\begin{array}{r} 73\\ -21\\ \hline 52 \end{array}$ → $\begin{array}{r} 52\\ +21\\ \hline (73) \end{array}$　② $\begin{array}{r} 50\\ -17\\ \hline 33 \end{array}$ → $\begin{array}{r} 33\\ +17\\ \hline (50) \end{array}$　③ $\begin{array}{r} 93\\ -8\\ \hline 85 \end{array}$ → $\begin{array}{r} (85)\\ +8\\ \hline 93 \end{array}$

ぴったり2（23ページ）

❶ ①一のくらいは　5+2=7
　十のくらいは　4+1=5

$$\begin{array}{r} 45\\ +12\\ \hline 57 \end{array}$$

❷ ひっ算では、くらいを　たてに　そろえて　かきます。
　①一のくらいは
　9+7=16
　十のくらいに　1　くり上《あ》げます。
　十のくらいは、くり上げた　1とで
　1+6+2=9

$$\begin{array}{r} {}^{1}\\ 69\\ +27\\ \hline 96 \end{array}$$

❸ ②一のくらいは　0に　なります。

❹ たし算の　答《こた》えは、たされる数と　たす数を　入れかえて　答えが　同じに　なるかどうかで　たしかめます。
　②くり上げた　1を　たすのを　わすれて　います。
　十のくらいは　1+3+5=9に　なります。

$$\begin{array}{r} {}^{1}\\ 36\\ +57\\ \hline 93 \end{array}$$

ぴったり2（25ページ）

❶ ③一のくらいは、十のくらいから　1　くり下《さ》げて、
　15−9=6
　十のくらいは、1　くり下げたから、
　7−2=5

$$\begin{array}{r} {}^{7}\\ 85\\ -29\\ \hline 56 \end{array}$$

　④一のくらいは、十のくらいから　1　くり下げて、
　10−8=2
　十のくらいは、1　くり下げたから、
　8−5=3

$$\begin{array}{r} {}^{8}\\ 90\\ -58\\ \hline 32 \end{array}$$

❷ ひっ算では、たし算と　同じように、くらいを　たてに　そろえて　かきます。

❸ ちがいを　もとめるので、ひき算に　なります。
　しきは、55−36=19　です。
　計算は、ひっ算で　します。
　くり下がりに　気を　つけましょう。

$$\begin{array}{r} {}^{4}\\ 55\\ -36\\ \hline 19 \end{array}$$

❹ ひき算の　答えは、答えに　ひく数を　たして、ひかれる数に　なるかどうかで　たしかめます。

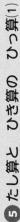

ぴったり3　26~27ページ

知識・技能　／60点

1 よく出る　つぎの　計算《けいさん》を　しましょう。　1つ4点(24点)

① 37 +51 = 88　② 28 +63 = 91　③ 56 +20 = 76

④ 45 +35 = 80　⑤ 62 + 4 = 66　⑥ 9 +88 = 97

2 よく出る　つぎの　計算を　しましょう。　1つ4点(24点)

① 96 −71 = 25　② 75 −18 = 57　③ 67 −62 = 5

④ 51 −46 = 5　⑤ 23 − 3 = 20　⑥ 90 − 4 = 86

3 つぎの　計算の　答《こた》えが　あって　いるか　どうかを　ひっ算《さん》で　たしかめ、まちがいが　あれば　正しい　答えを　かきましょう。　1つ6点(12点)

① 27+36=53　　36 +27 = 63　　正しい答え（　63　）

② 71−45=24　　24 +45 = 69　　71 −45 = 26　　26 +45 = 71　　正しい答え（　26　）

思考・判断・表現　／40点

4 赤い　色紙《いろがみ》が　14まい、青い　色紙が　16まい　あります。あわせて　何《なん》まい　ありますか。　しき・答え　1つ5点(10点)

しき　14+16=30

答え（30まい）

5 あめを　23こ　もって　います。弟《おとうと》に　15こ　あげると、何こ　のこりますか。　しき・答え　1つ5点(10点)

しき　23−15=8

答え（　8こ　）

6 よく出る　ゲーム用《よう》の　カードを、けんたさんは　37まい、りょうへいさんは　52まい　もって　います。どちらが　何まい　多《おお》く　もって　いますか。　しき・答え　1つ5点(10点)

しき　52−37=15

答え（りょうへいさんが　15まい　多く　もって　いる。）

7 てきたらスゴイ!　つぎの　計算で、□に　あてはまる　数字《すうじ》を　かきましょう。　ぜんぶできて　1もん5点(10点)

① 2[5] + 48 = [7]3　　② [8]4 − 29 = 5[5]

ぴったり3

おうちのかたへ

p.23 や p.25 の筆算を、**7**のような問題に変えて練習するとよいですね。

1 ①一のくらいは　7+1=8　　37 +51 = 88
十のくらいは　3+5=8

②一のくらいは　8+3=11　　(1) 28 +63 = 91
十のくらいは、くり上《あ》げた　1とで、1+2+6=9

③一のくらいは　6+0=6　　56 +20 = 76
十のくらいは　5+2=7

2 ①一のくらいは　6−1=5　　96 −71 = 25
十のくらいは　9−7=2

②一のくらいは、十のくらいから　1　くり下《さ》げて、15−8=7　　(6) 75 −18 = 57
十のくらいは、1　くり下げたから、6−1=5

③一のくらいは　7−2=5　　67 −62 = 5
十のくらいは　6−6=0
十のくらいの　0は　かきません。

3 ①たし算《ざん》の　答《こた》えの　たしかめは、たされる数《かず》と　たす数を　入れかえて、答えが　同《おな》じに　なるか　どうかで　たしかめます。
②ひき算の　答えの　たしかめは、答えに　ひく数を　たして、ひかれる数に　なるか　どうかで　たしかめます。

4 あわせた　数を　もとめるので、たし算に　なります。

5 のこりの　数を　もとめるので、ひき算に　なります。

6 ひき算は、多《おお》い　ほうから　少《すく》ない　ほうを　ひくことに　気を　つけます。しきは、52−37=15に　なります。計算《けいさん》は、ひっ算《さん》で　しましょう。　(4) 52 −37 = 15

7 ①一のくらいから　考《かんが》えます。
□+8が　3には　ならないので、□+8は　13と　考えると、□に　あてはまる　数は　5に　なります。
十のくらいの　□に　あてはまる　数は、くり上げた　1とで、1+2+4=7で、7に　なります。
②一のくらいは、4−9は　ひけないので、14−9と　考えます。□に　あてはまる　数は　5に　なります。
十のくらいは、1　くり下げたから、□−1−2が　5に　なります。□に　あてはまる　数は　8に　なります。

見方・考え方を　ふかめよう(1)

28~29ページ

〈ふえたのは　いくつ〉

1 はじめに　子どもが　16人　あそんで　いました。そこへ　友《とも》だちが　来《き》ました。みんなで　28人に　なりました。友だちは　何人《なん》　来ましたか。

① 図の　□に　あてはまる　数《かず》を　かきましょう。

はじめの　数 ㋐16人　来た　数□人　ぜんぶの　数 ㋑28人

② 何人　来ましたか。　（12人）

2 はじめに　カードを　7まい　もって　いました。カードを　もらったので、ぜんぶで　26まいに　なりました。何まい　もらいましたか。

もらった　数□まい

わからない　数を　□と　して、図に　かいて　みよう。

（19まい）

〈へったのは　いくつ〉

3 はじめに　アイスクリームが　30こ　ありました。子どもたちに　くばりました。のこりは　9こに　なりました。何こ　くばりましたか。

① 図の　□に　あてはまる　数を　かきましょう。

はじめの　数 ㋐30こ　のこりの　数 ㋑9こ　くばった　数□こ

② 何こ　くばりましたか。　（21こ）

〈はじめは　いくつ〉

4 子どもが　あそんで　いました。その　うちの　24人が　帰《かえ》ったので、16人に　なりました。はじめは　何人　いましたか。

① 図の　□に　あてはまる　数を　かきましょう。

はじめの　数□人　のこりの　数 ㋐16人　帰った　数 ㋑24人

図を　見て、たし算に　なるか　ひき算に　なるかを　考えよう。

② はじめは　何人　いましたか。　（40人）

〈文と　図と　しき〉

5 つぎの　文を　つかって、もんだい文と　図と　しきを　つくりました。もんだい文と　あう　図や　しきを　線《せん》で　むすびましょう。

たまごが　30こ　あります。13こ　つかうと、のこりは　17こに　なります。

㋐ たまごが　あります。13こ　つかったら、17こ　のこりました。たまごは　何こ　ありましたか。

㋑ たまごが　30こ　あります。何こか　つかったら、17こ　のこりました。何こ　つかいましたか。

㋕ はじめの　数　30こ　のこりの　数17こ　つかった　数□こ

㋖ はじめの　数□こ　のこりの　数17こ　つかった　数13こ

㋚ 17+13=30　30こ

㋛ 30−17=13　13こ

6 100を　こえる　数

ぴったり1　30ページ

つぎの　□に　あてはまる　数や　きごうを　かきましょう。

ねらい　100から1000までの数のあらわし方《かた》や、しくみをりかいしよう。　れんしゅう 1 2 3

100を　こえる　数

380は、100を　3こ、10を　8こ　あわせた　数で、10を　38こ　あつめた　数です。

（380 ← 三百八十と　よみます。）

1000は　100を　10こ　あつめた　数です。

（1000 ← 千と　いいます。）

3	8	0
百のくらい	十のくらい	一のくらい

1 ぼうの　数を　数字《すうじ》で　かきましょう。

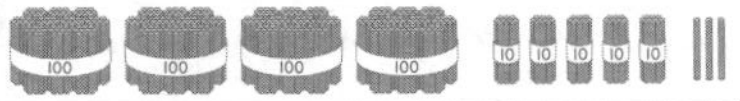

とき方　100を　①4こ、10を　②5こ、1を　③3こ　あわせた　数で、④453に　なります。

ねらい　100をこえる数の大小をくらべることができるようにしよう。　れんしゅう 4

数の　大小

＞か　＜を　つかって、数の　大小を　あらわす　ことが　できます。

534＞462

534＜551

2 359と　371の　大きさを　くらべて、＞か　＜を　つかって　かきましょう。

とき方　百のくらいの　数字は　どちらも　①3で　同《おな》じです。十のくらいの　数字は　5と　②7だから、359 ③＜ 371

3	5	9
3	7	1

ぴったり2　31ページ

1 数字で　かきましょう。　教科書 75ページ1、76ページ5

① 五百二十九　（529）

② 四百七十　（470）

③ 九百三　（903）

2 つぎの　数を　数字で　かきましょう。　教科書 75ページ1・A、76ページ5

① 100を　2こ、10を　9こ、1を　6こ　あわせた　数　（296）

② 100を　7こ、10を　3こ　あわせた　数　（730）

③ 100を　6こ、1を　5こ　あわせた　数　（605）

3 □に　あてはまる　数を　かきましょう。　教科書 77ページ1・2、78ページ1・2

① 10を　45こ　あつめた　数は　450です。

② 810は　10を　81こ　あつめた　数です。

③ 1000は　10を　100こ　あつめた　数です。

④ 1000より　1　小さい　数は　999です。

まちがいちゅうい

⑤ 990は　あと　10で　1000に　なります。

4 2つの　数を　くらべて、□に　＞か　＜を　かきましょう。　教科書 80ページ1・A

① 701 ＞ 699

② 528 ＜ 533

③ 342 ＞ 324

---

1 ②来《き》た　数は　ひき算で　もとめられます。

しきは、28−16=12

2 もらった　数を　□と　して　図《ず》に　かくと、もらった　数は　ひき算で　もとめられます。

しきは、26−7=19

3 ②くばった　数は　ひき算で　もとめられます。

しきは、30−9=21

4 ②はじめの　数は　たし算で　もとめられます。

しきは、16+24=40

5 ㋐の　もんだいは、つかった　数と　のこりの　数が　わかって　いるので、図は、㋖に　なります。また、はじめの　数は、たし算で　もとめられるので、しきは　㋚に　なります。㋑の　もんだいは、はじめの　数と　のこりの　数が　わかって　いるので、図は、㋕に　なります。また、つかった　数は、ひき算で　もとめられるので、しきは、㋛に　なります。

ぴったり2

1 ①「500209」と　しないように、くらいに　気を　つけましょう。

2 ②や　③は、一のくらいや　十のくらいの　0を　わすれないように　しましょう。

3 ①10が　40こで　400と、10が　5こで　50だから、あわせて　450です。

②800は　10が　80こ、10は　10が　1こ　だから、あわせて　81こです。

⑤数の直線《ちょくせん》に　かくと、つぎのように　なります。1目もりの　大きさは　10です。

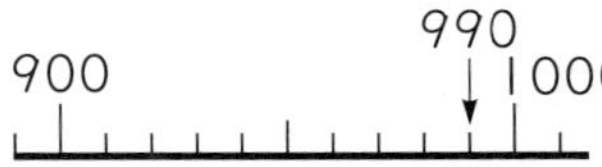

4 大きい　くらいの　数字《すうじ》から　じゅんに　くらべます。

②百のくらいの　数字は　同じなので、十のくらいの　数字で　くらべます。十のくらいの　数字は　2と　3で、3の　ほうが　大きいから、533の　ほうが　大きく　なります。

ぴったり1　32ページ

つぎの □に あてはまる 数を かきましょう。

ねらい　(何十)＋(何十)、(百何十)－(何十)の計算ができるようにしよう。　れんしゅう①

90＋40、120－80 のような 計算は、10が 何こ あるかを 考《かんが》えます。

90＋40＝130（10が 9こ 10が 4こ 10が 9＋4で 13こ）　120－80＝40（10が 12こ 10が 8こ 10が 12－8で 4こ）

1 70円の ガムと 50円の クッキーを 買《か》うと、何円に なりますか。

とき方　70は 10が ① 7 こ、50は 10が ② 5 こ
だから、70＋50＝③ 120 で、④ 120 円です。

ねらい　(何百)＋(何百)、(何百)－(何百)の計算ができるようにしよう。　れんしゅう②③

300＋200、600－400 のような 計算は、100が 何こ あるかを 考えます。

300＋200＝500（100が 3こ 100が 2こ 100が 3＋2で 5こ）　600－400＝200（100が 6こ 100が 4こ 100が 6－4で 2こ）

2 500円 もって います。
300円の ケーキを 買うと、何円 のこりますか。

とき方　500は 100が ① 5 こ、300は 100が ② 3 こ
だから、500－300＝③ 200 で、④ 200 円です。

ぴったり2　33ページ

1 つぎの 計算を しましょう。　教科書 82ページ 1・2・▲

① 50＋60　110　② 80＋70　150

③ 120－30　90　④ 150－60　90

2 つぎの 計算を しましょう。　教科書 83ページ 4・5・▲・▲

① 600＋300　900　② 200＋800　1000

③ 900－500　400　④ 1000－400　600

3 400円の ふでばこと 300円の はさみを 買うと、何円に なりますか。　教科書 83ページ 4

しき　400＋300＝700

答え（700円）

4 □に あてはまる ＞、＜、＝を かきましょう。　教科書 84ページ 1・▲

① 30＋80 ＞ 100

② 100 ＝ 160－60

③ 40＋50 ＜ 100

ぴったり3　34～35ページ

知識・技能　／75点

1 よく出る　つぎの 数《かず》を かきましょう。　1つ5点(20点)

① 100を 8こ、1を 6こ あわせた 数　（806）

② 10を 70こ あつめた 数　（700）

③ 100を 10こ あつめた 数　（1000）

④ 1000より 10 小さい 数　（990）

2 下の 数の直線《ちょくせん》で、①～③の 数は どこですか。
(れい)と 同《おな》じように かき入れましょう。　1つ5点(15点)
(れい)620　① 750　② 680　③ 810

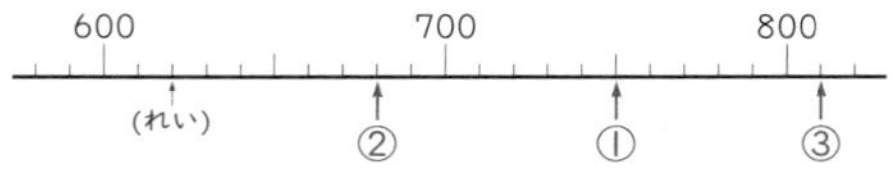

3 つぎの 計算《けいさん》を しましょう。　1つ5点(20点)

① 90＋60　150　② 130－40　90

③ 200＋700　900　④ 1000－600　400

4 よく出る　□に あてはまる 数を かきましょう。　1つ5点(20点)

① 995 － 996 － 997 － 998 － 999 － 1000

② 550 － 600 － 650 － 700 － 750 － 800

思考・判断・表現　／25点

5 かなめさんの、ちょ金ばこには、10円玉が 14こ はいって います。
そこから 80円を つかうと、何円《なんえん》 のこりますか。　しき・答え 1つ5点(10点)

しき　140－80＝60

答《こた》え（60円）

できたらスゴイ！

6 あいとさんと かすみさんが、おはじき入れを しました。
あいとさんと かすみさんで、とく点《てん》が 多《おお》いのは どちらですか。　(5点)

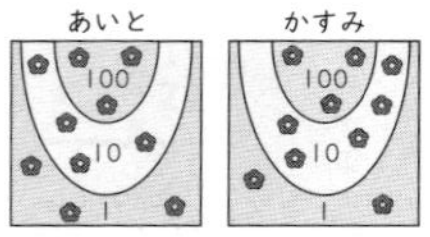

（かすみ さん）

7 3けたの 数を かいた カードが あります。
□に ㋐か ㋑を かいて、どちらが 大きいかを せつめい しましょう。　1つ5点(10点)

㋐ 5🍂8　　㋑ 505

百のくらいは 5で 同じです。
十のくらいは 🍂と 0で くらべられませんが、
一のくらいは 8と 5で ㋐ の ほうが 大きいので、
🍂が どんな 数字《すうじ》でも ㋐ の ほうが 大きく なります。

ぴったり2

1 ⑩が 何《なん》こ あるかを 考《かんが》えます。
①⑩が 5＋6で、11こだから、110です。
③⑩が 12－3で、9こだから、90です。
④⑩が 10－4で、6こだから、600です。

2 ⑩⑩が 何こ あるかを 考えます。
①⑩⑩が 6＋3で、9こだから、900です。
②⑩⑩が 2＋8で、10こだから、1000です。
③⑩⑩が 9－5で、4こだから、400です。

3 あわせた 数《かず》を もとめるので、たし算《さん》です。しきは、400＋300＝700です。

ぴったり3

1 ①百のくらいが 8、十のくらいが 0、一のくらいが 6に なります。
②10が 10こで 100なので、70こでは 700に なります。

2 10この 目もりで 100だから、1目もりの 大きさは、10です。
①750は、700から 5目もり分《ぶん》 右に すすんだ ところです。

3 ②⑩が 13－4で、9こだから、90です。
④⑩⑩が 10－6で、4こだから、400です。

4 ①1ずつ ふえて います。
②50ずつ ふえて います。

5 10円玉は、10こで 100円に なるので、14こで 140円です。

6 あいとさんの とく点《てん》は、100が 3こ、10が 4こ、1が 3こで 343点です。
かすみさんの とく点は、100が 3こ、10が 5こ、1が 2こで 352点です。

ぴったり1　36ページ

つぎの □に あてはまる 数を かきましょう。

ねらい L、dL、mL をつかって、かさをあらわせるようにしよう。　れんしゅう ❶❷

水などの かさを あらわす たんいには、
L(リットル)　dL(デシリットル)　mL(ミリリットル)
が あります。

1L＝10dL　1dL＝100mL　1L＝1000mL

1 2つの ペットボトルに 水が はいって います。

㋐　㋑

(1) ㋐と ㋑の 水の かさを、いろいろに あらわしましょう。
(2) ㋐と ㋑の 水の かさは あわせて どれだけですか。
また、水の かさの ちがいは どれだけですか。

とき方　1L、1dL、1mL の いくつ分《ぶん》か 考《かん》えます。
(1) ㋐ 1Lと 1dLの 5つ分で、1L ①5 dLです。
また、1L＝②10 dLだから、10dLと 5dLで ③15 dLです。
㋑ 1dLの 3つ分で ④3 dLです。
また、1dL＝⑤100 mLだから、100mLの 3つ分で ⑥300 mLです。
(2) あわせると、1L5dL＋①3 dL＝1L②8 dL
ちがいは、1L5dL－3dL＝③1 L④2 dL

ぴったり2　37ページ

1 つぎの かさは どれだけですか。　教科書 88ページ❶、90ページ❹、91ページ❶

① (3L)
② (6dL)
③ (1L3dL)
④ (70mL)

2 □に あてはまる 数を かきましょう。　教科書 93ページ❶・▲

① 10dL＝1 L
② 5L＝50 dL
③ 32dL＝3 L 2 dL
④ 1L＝1000 mL
⑤ 4dL＝400 mL
⑥ 800mL＝8 dL
⑦ 3L4dL＋5dL＝3 L 9 dL
⑧ 4L7dL－2L＝2 L 7 dL

同《おな》じ たんいの 数どうしを 計算《けいさん》しよう。

ぴったり3　38～39ページ

知識・技能　／65点

1 よく出る つぎの かさは どれだけですか。
□に あてはまる 数《かず》を かきましょう。　ぜんぶできて 1もん5点(15点)

① 1 L 4 dL＝14 dL
② 5 dL＝500 mL
③ てきたらスゴイ！ 3 dL 50 mL＝350 mL

2 よく出る □に あてはまる 数を かきましょう。　ぜんぶできて 1もん5点(30点)

① 40dL＝4 L
② 6L8dL＝68 dL
③ 29dL＝2 L 9 dL
④ 1000mL＝1 L
⑤ 7dL＝700 mL
⑥ 900mL＝9 dL

3 つぎの 計算《けいさん》を しましょう。　1つ5点(20点)

① 1L5dL＋8L3dL　9L8dL
② 1L4dL＋6dL　2L
③ 7L9dL－6L7dL　1L2dL
④ 5L2dL－2dL　5L

思考・判断・表現　／35点

4 よく出る 1L2dLの 牛《ぎゅう》にゅうに、3dLの コーヒーを 入れて、コーヒー牛にゅうを つくります。　しき・答え 1つ5点(20点)

① できた コーヒー牛にゅうは、どれだけですか。
しき　1L2dL＋3dL＝1L5dL
答《こた》え (1L5dL)

② できた コーヒー牛にゅうを 4dL のみました。のこりは どれだけですか。
しき　1L5dL－4dL＝1L1dL
答え (1L1dL)

5 2L8dLの ジュースの うち、800mLを のみました。　しき・答え 1つ5点(15点)

① 800mLは 何《なん》dLですか。
(8dL)

② のこりは どれだけですか。
しき　2L8dL－8dL＝2L
答え (2L)

ぴったり1

おうちのかたへ
家にあるコップやなべなどに水を入れて、何L何dL、何mLの量感を養っておきましょう。

ぴったり2

❶ ①1Lの 3つ分で 3Lです。
②1dLの 6つ分で 6dLです。
③1Lと 1dLの 3つ分で 1L3dLです。
④1dLは 100mLだから、1目もりの 大きさは 10mLです。10mLの 7つ分なので 70mLです。

❷ ①～⑥は、1L＝10dL、1dL＝100mL、1L＝1000mL である ことから 考えます。
⑦⑧長《なが》さと 同《おな》じように、同じ たんいの 数どうしを 計算《けいさん》します。
⑦3L4dL＋5dL＝3L9dL
⑧4L7dL－2L＝2L7dL

ぴったり3

❶ ①②1L＝10dL、1dL＝100mL である ことから 考えます。
③1dLは 100mLだから、1目もりは 10mLです。10mLの 5つ分で 50mLだから、3dL50mLです。
また、3dL＝300mLだから、300mLと 50mLで、350mLです。

❷ ③29dLは、20dLと 9dLだから、2L9dLです。

❸ 同じ たんいの 数どうしを 計算します。
②1L4dL＋6dL＝1L10dL
10dL＝1Lだから、1Lと 1Lで 2Lです。

❹ ①牛《ぎゅう》にゅうと コーヒーを あわせるので たし算です。
②のこりを もとめるので、ひき算です。

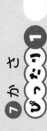

活用 買えますか？　買えませんか？

40~41ページ

❶ ななみさんは　300円　もって　います。
□に　あてはまる　ことばを　かきましょう。

① 300円で 95円の ジャムパンを 3つ 買《か》う ことが できますか。

95円の　ジャムパンは、
100円で　買え ます 。
だから、95円の　ジャムパン
3つは　300円で　買え ます 。

…100で　買える。
…100で　買える。
…100で　買える。

② 300円で 108円の メロンパンを 3つ 買う ことが できますか。

108円の　メロンパンは、
100円で　買え ません 。
だから、108円の　メロンパン
3つは　300円で　買え ません 。

…100で　買えない。
…100で　買えない。
…100で　買えない。

よくよんで

❷ ゆうきさんは　400円　もって　います。
□に　あてはまる　ことばや　数《かず》を　かきましょう。

① けしゴム、ペン、のり、シールは　どれも
96円です。
400円で　けしゴム、ペン、のり、シールを
1つずつ　買う　ことが　できますか。

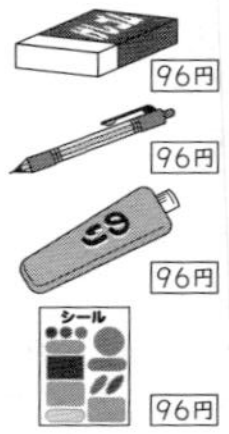

どれも　100円で　買え ㋐ます 。
だから、400円で　けしゴム、ペン、のり、
シールを　1つずつ　買え ㋑ます 。

② 105円の　ノートを　4さつ　買う　ことが
できますか。

105円の　ノートは ㋐100 円で
買えません。
だから、400円で　4さつは　買え ㋑ません 。

❸ さくらさんは　500円　もって　います。
① 94円の　ガムを　5つ　買う　ことが　できますか。

（買えます。）
（できます。）

② クッキー、チョコレート、ラムネ、
あめ、ジュースは　どれも　103円です。
クッキー、チョコレート、ラムネ、
あめ、ジュースを　1つずつ　買う
ことが　できますか。

（できません。）
（買えません。）

8 たし算と　ひき算の　ひっ算(2)

ぴったり1　42ページ

つぎの □に　あてはまる　数を　かきましょう。

ねらい 答《こた》えが 100をこえる、たし算《さん》のひっ算《さん》ができるようにしよう。　れんしゅう ❶❷

十のくらいに　くり上がりが　ある　ひっ算も、
一のくらいに　くり上がりが　ある　ときと　同《おな》じように
考《かんが》えて、百のくらいに　くり上げて　計算《けいさん》します。

$$\begin{array}{r} 62 \\ +56 \\ \hline 118 \end{array}$$
（└6+5）

1 78+45を　ひっ算で　しましょう。

とき方 ❶ 一のくらいは
8+5= ①13
十のくらいに ②1 くり上げます。
❷ 十のくらいは
くり上げた　1とで　1+7+4= ③12
百のくらいに　1　くり上げます。

$$\begin{array}{r} 78 \\ +45 \\ \hline 123 \end{array}$$
（④123）

ねらい 2けたの数を3つたすひっ算ができるようにしよう。　れんしゅう ❸❹

3つの　数の　たし算
くらいを　たてに　そろえて　3だんに
3つの　数を　かき、一のくらいから　じゅんに
くり上がりに　気を　つけて　計算します。

$$\begin{array}{r} 38 \\ 57 \\ +40 \\ \hline 135 \end{array}$$
（└1+3+5+4）

2 36+47+68を　ひっ算で　しましょう。

とき方 ❶ 一のくらいは　6+7+8= ①21
十のくらいに ②2 くり上げます。
❷ 十のくらいは
くり上げた　2とで　2+3+4+6= ③15

$$\begin{array}{r} 36 \\ 47 \\ +68 \\ \hline 151 \end{array}$$
（④151）

ぴったり2　43ページ

❶ つぎの　計算を　しましょう。　教科書 103ページ❶・❷、104ページ❺・❻

①	②	③	④
81 +54 = 135	36 +70 = 106	34 +86 = 120	95 + 7 = 102

❷ 色紙《いろがみ》は　ぜんぶで　何《なん》まいですか。　教科書 104ページ❺

色紙の　数

赤	68まい
青	59まい

しき　68+59=127

答え（127まい）

❸ つぎの　計算を　しましょう。　教科書 105ページ❶

まちがいちゅうい

①	②	③
32 81 +56 = 169	46 30 +69 = 145	58 35 +17 = 110

❹ あめと　チョコレートと　せんべいを　買《か》うと、何円に
なりますか。　教科書 105ページ❶

しき　39+57+28=124

答え（124円）

---

❷ 1つが　100円で
買《か》えるか　どうかを　もとに
考《かんが》えます。
①どれも　100円で　買えるので、
400円で　けしゴム、ペン、のり、
シールを　1つずつ　買えます。
②105円の　ノートは　100円で
買えないので、400円で
105円の　ノート　4さつは
買えません。

❸ ①94円の　ガムは、100円で
買えるので、94円の　ガム
5つは　500円で　買えます。
「買う　ことが　できます。」と
かいても　正かいです。
②どれも　100円で　買えないので、
500円で　クッキー、
チョコレート、ラムネ、あめ、
ジュースを　1つずつ
買えません。
「買う　ことが　できません。」と
かいても　正かいです。

ぴったり1

おうちのかたへ
3つの数のたし算では、十の位に
2くり上げることもあります。

ぴったり2

❶ ③一のくらいは　4+6=10
十のくらいは、
くり上げた　1とで、
1+3+8=12

$$\begin{array}{r} 34 \\ +86 \\ \hline 120 \end{array}$$

④一のくらいは　5+7=12
十のくらいは、
くり上げた　1とで、
1+9=10

$$\begin{array}{r} 95 \\ +\ 7 \\ \hline 102 \end{array}$$

❷ ぜんぶの　色紙《いろがみ》の　数《かず》は、
赤と　青を　あわせた
数なので、たし算《さん》に
なります。
しきは、68+59=127です。

$$\begin{array}{r} 68 \\ +59 \\ \hline 127 \end{array}$$

❸ ③一のくらいは
8+5+7=20
十のくらいは、
くり上げた　2とで、
2+5+3+1=11

$$\begin{array}{r} 58 \\ 35 \\ +17 \\ \hline 110 \end{array}$$

❹ しきは、39+57+28=124です。

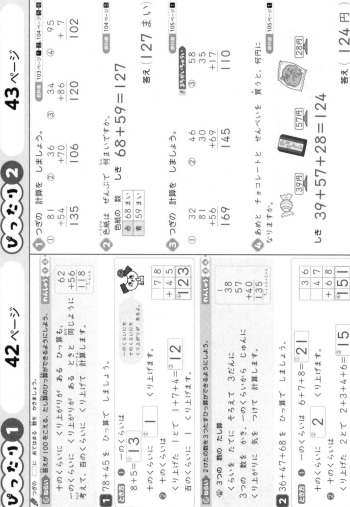

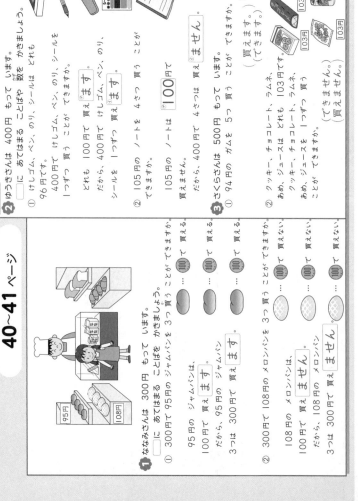

ぴったり1　44ページ

つぎの □に あてはまる 数を かきましょう。

ねらい　(3けた)−(2けた)のひっ算ができるようにしよう。　れんしゅう ❶❷❸

十のくらいが　ひけない　ひっ算も、一のくらいが　ひけない　ときと　同《おな》じように　考《かんが》えて、百のくらいから　1　くり下げて　計算《けいさん》します。

135
− 62
73

1 147−63 を　ひっ算で　しましょう。

とき方　❶ 一のくらいは　7−3=①4
❷ 十のくらいは
百のくらいから　1　くり下げて　14（十のくらいからは　ひけないので　百のくらいから　くり下げます。）
14−6=②8

147
− 63
③84

2 116−39 を　ひっ算で　しましょう。

とき方　❶ 一のくらいは
十のくらいから　1　くり下げて　16
16−9=①7
❷ 十のくらいは
百のくらいから　1　くり下げて　10　10−3=②7

116
− 39
③77

3 100−84 を　ひっ算で　しましょう。

とき方　❶ 一のくらいは　百のくらいから
1　くり下げて、十のくらいを
10に　します。十のくらいから
1　くり下げて　10　10−4=①6
❷ 十のくらいは　9に　なったから、9−8=②1

100
− 84
③16

ぴったり2　45ページ

❶ つぎの　計算を　しましょう。　教科書 107ページ1、108ページ3・4、109ページ7・8

①	②	③	④
168 − 73 = 95	106 − 25 = 81	134 − 57 = 77	192 − 95 = 97

⑤	⑥	⑦	⑧
101 − 72 = 29	108 − 9 = 99	100 − 97 = 3	100 − 6 = 94

❷ つぎの　計算の　まちがいを　みつけ、正しい　答《こた》えを　かきましょう。　教科書 108ページ3、109ページ8

① 125 − 68　（67 → 57）
② 100 − 42　（68 → 58）

❸ けいたさんの　学校の　1年生と　2年生の　人数《にんずう》は　あわせて　194人です。その　うち　2年生は　98人です。1年生は　何《なん》人ですか。　教科書 108ページ4

1年生と　2年生の　人数の　合計《ごうけい》から　2年生の　人数を　ひけば、1年生の　人数が　もとめられるよ。

しき　194−98=96

答え（96人）

ぴったり1　46ページ

つぎの □に あてはまる 数を かきましょう。

ねらい　大きい数のたし算やひき算のひっ算ができるようになろう。　れんしゅう ❶❷❸❹

3けたの　数の　たし算や　ひき算も、2けたの　ときと　同《おな》じように　ひっ算で　計算《けいさん》できます。

256 + 25 = 281　　243 − 15 = 228

1 (1) 325+47、(2) 726+8 を　ひっ算で　しましょう。

とき方　(1) 一のくらいは　5+7=①12
十のくらいに　1　くり上げます。
十のくらいは　1+2+4=②7
(2) くらいを　そろえて　かきます。
一のくらいは　6+8=①14
十のくらいに　1　くり上げます。
十のくらいは　1+2=②3

325
+ 47
③372

726
+ 8
③734

2 (1) 241−24、(2) 524−9 を　ひっ算で　しましょう。

とき方　(1) 一のくらいは、十のくらいから
1　くり下げて、11−4=①7
十のくらいは　3−2=②1
(2) 一のくらいは、十のくらいから
1　くり下げて、14−9=①5
十のくらいは　2−1=②1

241
− 24
③217

524
− 9
③515

ぴったり2　47ページ

❶ つぎの　計算を　しましょう。　教科書 111ページ1

①	②	③	④
248 + 15 = 263	327 + 63 = 390	516 + 40 = 556	447 + 8 = 455

❷ つぎの　計算を　しましょう。　教科書 111ページ1

①	②	③	④
542 − 13 = 529	453 − 48 = 405	365 − 65 = 300	812 − 7 = 805

❸ まゆさんは、218円の　ものさしと　46円の　えんぴつを　買《か》います。あわせて　何《なん》円に　なりますか。　教科書 111ページ1

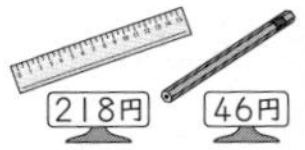

しき　218+46=264

答《こた》え（264円）

❹ しょうたさんの　学校には、子どもが　373人　います。その　うち　めがねを　かけて　いる　人は　54人です。めがねを　かけて　いない　人は　何人　いますか。　教科書 111ページ1

しき　373−54=319

答え（319人）

ぴったり2

❶ ③一のくらいは、十のくらいから　1　くり下げて、14−7=7　十のくらいは、百のくらいから　1　くり下げて、12−5=7

134（3→2）
− 57
77

⑤一のくらいは、百のくらいから　1　くり下げて、十のくらいを　10に　します。十のくらいから　1　くり下げて、11−2=9　十のくらいは　9−7=2

101（10→9）
− 72
29

❷ ①十のくらいから　一のくらいへ　1　くり下げたので、十のくらいを　計算《けいさん》する　ときは、くり下げた　1を　ひくのを　わすれないように　しましょう。

❸ しきは、194−98=96です。

ぴったり2

❶ ①一のくらいは　8+5=13　十のくらいは、くり上げた　1とで、1+4+1=6　百のくらいは　そのまま　おろします。

248
+ 15
263

④一のくらいは　7+8=15　十のくらいは、くり上げた　1とで、1+4=5

447
+ 8
455

❷ ②一のくらいは、十のくらいから　1　くり下げて、13−8=5　十のくらいは　4−4=0

453（5→4）
− 48
405

③一のくらいは　5−5=0　十のくらいは　6−6=0

365
− 65
300

❸ あわせた　数を　もとめるので、たし算に　なります。

❹ ぜんぶの　人数《にんずう》と　めがねを　かけて　いる　人数が　わかって　いて、かけて　いない　人数を　もとめるので、ひき算に　なります。

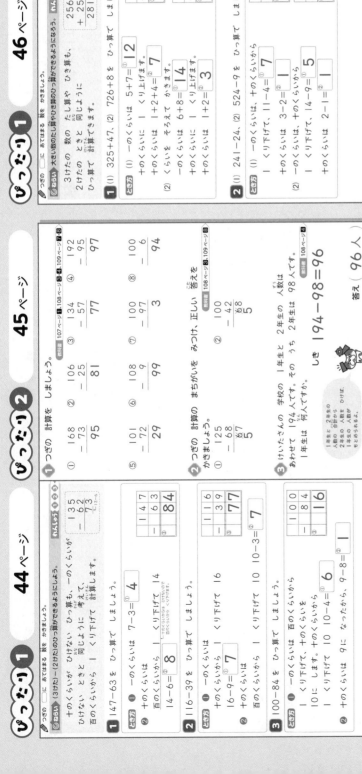

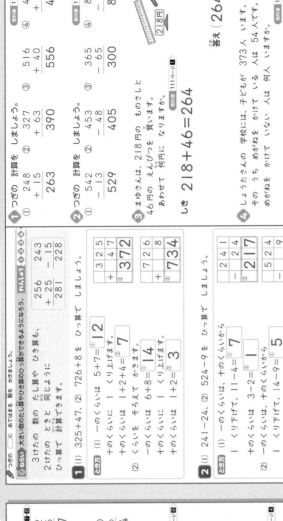

ぴったり3　48~49ページ

知識・技能　／60点

1 つぎの　計算《けいさん》を　しましょう。　1つ5点(20点)

①	②	③	④
87 +63 150	29 +76 105	28 96 +58 182	328 + 39 367

2 つぎの　計算を　しましょう。　1つ5点(20点)

①	②	③	④
107 − 83 24	164 − 68 96	102 − 95 7	471 − 32 439

3 よく出る　つぎの　計算で、答《こた》えが　正しい　ときは　○を、まちがって　いる　ときは　正しい　答えを　(　)に　かきましょう。　1つ5点(20点)

①	②	③	④
85 +69 154	74 53 +29 146	152 − 86 66	103 − 17 96
(○)	(156)	(○)	(86)

思考・判断・表現　／40点

4 よく出る　あめと　ガムと　クッキーを　買《か》うと、何《なん》円に　なりますか。　しき・答え　1つ5点(10点)

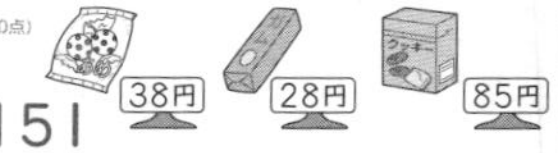

しき　38+28+85=151

答え（ 151 円 ）

5 まきさんは　ビーズを　136こ　もって　います。妹《いもうと》に　47こ　あげました。　しき・答え　1つ5点(20点)

① のこりは　何こに　なりましたか。

しき　136−47=89

答え（ 89 こ ）

よくよんで

② まきさんは、この　あと　お姉《ねえ》さんから　ビーズを　25こ　もらいました。
ビーズは　何こに　なりましたか。

しき　89+25=114

答え（ 114 こ ）

できたらスゴイ！

6 つぎの　ひっ算で、●で　かくれて　いる　数字《すうじ》を　(　)に　かきましょう。　1つ5点(10点)

①	②
82 +●5 117	102 − 3● 65
(3)	(7)

見方・考え方を　ふかめよう(2)　50~51ページ

〈いろいろに　考《かんが》えて〉

1 ちゅう車場《じょう》に　車が　12台《だい》　とまって　いました。
そこへ　3台　はいって　来《き》ました。
また　6台　はいって　来ました。
車は　何《なん》台に　なりましたか。

① 来た　じゅんに　考えて　もとめましょう。

12+ 3 = 15
（まず　3台　ふえました。）

15 +6= 21
（また　6台　ふえました。）

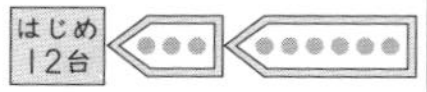

（ 21 台 ）

② 何台　ふえたかを　まとめて　考えて　もとめましょう。

3+ 6 = 9
（これだけ　ふえた　ことに　なります。）

12+ 9 = 21

（ 21 台 ）

〈まとめて　考えて〉

2 あめを　15こ　もって　いました。
きのう　3こ　食《た》べました。
きょう　7こ　食べました。
あめは　いま　何こ　ありますか。
食べた　数《かず》を　まとめて　考えて　もとめましょう。

しき　3+7=10
15−10=5

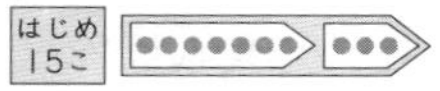

答《こた》え（ 5こ ）

よくよんで

3 バスに　おきゃくさんが　18人　のって　いました。
つぎの　バスていで　6人　のって、4人　おりました。
おきゃくさんは　何人に　なりましたか。
何人　ふえたのかを　まとめて　考えて　もとめましょう。

6− 4 = 2
（これだけ　ふえた　ことに　なります。）

18+ 2 = 20

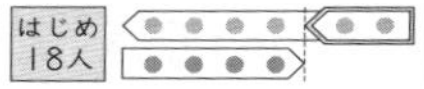

（ 20 人 ）

6人　のって、4人
おりると、はじめより
何人　ふえたのかな。

4 広場《ひろば》で　子どもが　23人　あそんで　いました。
そこへ　10人　来ました。
その　あと　5人　帰《かえ》りました。
子どもは　何人に　なりましたか。
何人　ふえたのかを　まとめて　考えて　もとめましょう。

しき　10−5=5
23+5=28

答え（ 28 人 ）

ぴったり3

1 くり上がりに　気を　つけましょう。

2 くり下がりに　気を　つけましょう。

3 正しい　計算《けいさん》は　つぎのように　なります。

②	④
1 74 53 +29 1~~4~~6 5	9 ~~1~~~~0~~3 − 17 ~~9~~6 8

5 ②①で　もとめた　のこりの　数《かず》に　25を　たします。

6 ①一のくらいは　くり上がりが　ないので、8+●が　11です。
この　ことから、●は　3に　なります。
②十のくらいは、10−3の　答《こた》えが　6に　なって　いるので、十のくらいから　一のくらいに　1　くり下げた　ことが　わかります。一のくらいは、12−●が　5に　なって　いるので、●は　7に　なります。

1 ①のように、はいって　来《き》た　じゅんに　たしても、②の　ように　何台《なんだい》　ふえたかを　まとめて　たしても、もとめる　答えは　同《おな》じに　なります。
ここでは、まとめて　考《かんが》える　しかたで　もとめる　れんしゅうを　します。

2 食《た》べた　数は、まとめて　考えると、3+7=10で、はじめの　数より、10こ　へった　ことに　なります。
しきは、3+7=10　15−10=5　です。

3 まとめて　考えると、6人　ふえて、4人　へったので、6−4=2で、はじめの　数より　2人　ふえた　ことに　なります。

4 10人　ふえて、5人　へったので、10−5=5で、はじめの　数より、5人　ふえた　ことに　なります。
しきは、10−5=5　23+5=28　です。

⑨ しきと　計算

ぴったり1 2　52ページ

つぎの □に あてはまる 数を かきましょう。

ねらい　(　)をつかって、まとめてたすことができるようにしよう。　れんしゅう ①

(　)を　つかった　しき

- じゅんに　たしても、まとめて　たしても、答《こた》えは　同《おな》じです。
- まとめて　たす　ときは　(　)を　つかって　あらわします。
- (　)の　中は　さきに　計算《けいさん》します。

1 (1)　18+6+4、(2)　18+(6+4)を　計算しましょう。

とき方　(1)　18+6=24、24+4=28　→ 18+6+4=28

(2)　6+4=10、18+10=28　→ 18+(6+4)=28

じゅんに　たしても、まとめて　たしても、答えは　同じだね。

1 つぎの　計算を　しましょう。　教科書 118ページ1、119ページ△

①　19+(2+8)　29　　②　45+(2+3)　50

③　75+(4+1)　80　　④　28+(15+5)　48

⑤　37+(14+6)　57　　⑥　62+(29+1)　92

ぴったり3　53ページ

知識・技能　／60点

1 よく出る　つぎの　計算を　しましょう。　1つ10点(60点)

①　14+(9+1)　24　　②　36+(7+3)　46

③　25+(3+2)　30　　④　55+(1+4)　60

⑤　67+(18+2)　87　　⑥　48+(25+5)　78

思考・判断・表現　／40点

2 アイスキャンデー 50円 と ガム 40円 と チョコレート 10円 を

買《か》いました。

みんなで　何円《なんえん》ですか。

それぞれ　つぎの　しかたで、1つの　しきに　かいて　もとめましょう。　しき・答え　1つ10点(40点)

①　じゅんに　たしましょう。

しき　50+40+10=100

答え（100円）

②　チョコレートと　ガムの　ねだんを　まとめて　たしましょう。

しき　50+(40+10)=100

答え（100円）

⑩ かけ算(1)

ぴったり1　54ページ

つぎの □に あてはまる 数を かきましょう。

ねらい　かけ算のいみを知り、答えをたし算でもとめられるようにしよう。　れんしゅう ① ②

かけ算の　いみと　しき

2の　3つ分《ぶん》 → 2×3（かけられる数、かける数）

よみ方《かた》は、「2かける3」

答えは、2+2+2で　もとめられます。

かけ算の　しきに　かくと、2×3=6　6こ

1 4この　2さら分は　何《なん》こですか。

とき方　❶ いちごの　数は　①4　この　②2　つ分です。

❷ しきは、③4 × ④2

答えは、4+4=⑤8　　答え　⑥8　こ

かけ算の　答えは　たし算で　もとめられるよ。

ねらい　ばいのいみを知り、かけ算のしきにあらわせるようにしよう。　れんしゅう ③

何ばい

3cmの　2つ分の　ことを、「3cmの　2ばい」とも　いいます。

3cm　3cm

2 5cmの　3ばいの　長《なが》さは　何cmですか。

とき方　①5　cmの　3つ分だから、

しきは、②5 × ③3

答えは、5+5+5=④15　　答え　⑤15　cm

ぴったり2　55ページ

1 かけ算の　しきに　かきましょう。　教科書 6ページ1、8ページ3

①　4ひき　の　5ふくろ分　しき（4×5）

②　6本　の　3はこ分　しき（6×3）

③　2こ　の　7さら分　しき（2×7）

④　5まい　の　6こ分　しき（5×6）

2 つぎの　かけ算の　答えを　たし算で　もとめましょう。　教科書 6ページ1、8ページ3

①　7×2　14　　②　5×4　20

③　8×3　24　　④　2×6　12

①の　7×2の　答えを　たし算で　もとめると、7+7=……

よくよんで

3 下の　直線《ちょくせん》の　長さは　3cmの　4ばいです。

直線の　長さは　何cmですか。

かけ算の　しきに　かいて　もとめましょう。　教科書 10ページ1

3cm

しき　3×4=12

答え（12cm）

ぴったり1

おうちのかたへ

10や20などのまとまりをつくると、計算が簡単になります。

ぴったり2

❶ (　)の　中を　さきに　計算します。

①19+(2+8)=19+10=29
　　　　10

②45+(2+3)=45+5=50
　　　　5

④28+(15+5)=28+20=48
　　　　20

⑥62+(29+1)=62+30=92
　　　　30

ぴったり3

❶ 計算の　じゅんじょに　気を　つけましょう。

(　)の　中から　計算します。

❷ ②まとめて　たす　ときは、(　)を　つかって　1つの　しきに　かきます。

ぴったり2

❶ ①4の　5つ分《ぶん》なので、4×5です。

②6の　3つ分なので、6×3です。

③2の　7つ分なので、2×7です。

④5の　6つ分なので、5×6です。

❷ たし算《さん》で　もとめると　つぎのように　なります。

①7+7=14

②5+5+5+5=20

③8+8+8=24

④2+2+2+2+2+2=12

❸ 3cmの　4ばいは、3cmの　4つ分の　ことなので、しきは、3×4に　なります。

たし算で　もとめると、3+3+3+3=12で、答えは、12cmです。

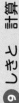

ぴったり1　56ページ

つぎの □に あてはまる 数を かきましょう。

ねらい　5のだん、2のだんの九九《くく》をおぼえよう。　れんしゅう ❶❷❸

5×1、5×2、5×3、……の 答《こた》えを 「五一《ごいち》が 5」、「五二《ごに》 10」、「五三《ごさん》 15」、……と いって おぼえます。
このような いい方《かた》を 九九と いいます。

5のだんの 九九

5×1= 5	五一《ごいち》が	5
5×2=10	五二《ごに》	10
5×3=15	五三《ごさん》	15
5×4=20	五四《ごし》	20
5×5=25	五五《ごご》	25
5×6=30	五六《ごろく》	30
5×7=35	五七《ごしち》	35
5×8=40	五八《ごは》	40
5×9=45	五九《ごっく》	45

5 ふえます。　5 ふえます。

2のだんの 九九

2×1= 2	二一《にいち》が	2
2×2= 4	二二《ににん》が	4
2×3= 6	二三《にさん》が	6
2×4= 8	二四《にし》が	8
2×5=10	二五《にご》	10
2×6=12	二六《にろく》	12
2×7=14	二七《にしち》	14
2×8=16	二八《にはち》	16
2×9=18	二九《にく》	18

2 ふえます。　2 ふえます。

1 えんぴつを 5本ずつ 7人に くばります。
えんぴつは 何本《なんぼん》 いりますか。

とき方　5本の 7つ分《ぶん》だから、5のだんの 九九を つかいます。
しき ①5 × ②7 = ③35
答え ④35 本

2 1つの はこに プリンが 2こずつ はいって います。
8はこでは 何こに なりますか。

とき方　2この 8つ分だから、2のだんの 九九を つかいます。
しき ①2 × ②8 = ③16
答え ④16 こ

ぴったり2　57ページ

❶ つぎの 計算《けいさん》を しましょう。　教科書 14ページ❷、16ページ❷

① 5×2 10　② 5×6 30　③ 5×1 5
④ 5×9 45　⑤ 5×4 20　⑥ 5×5 25
⑦ 2×3 6　⑧ 2×9 18　⑨ 2×7 14
⑩ 2×4 8　⑪ 2×5 10　⑫ 2×1 2

❷ 長《なが》さ 5cmの テープを 8本 つくります。
テープは ぜんぶで 何cm いりますか。　教科書 14ページ❸

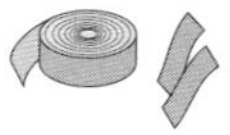

しき 5×8=40
答え（40 cm）

❸ 子どもが 2人ずつ 組《くみ》に なって おどって います。
ぜんぶで 6組 あります。
みんなで 何人 いますか。　教科書 16ページ▲

しき 2×6=12
答え（12人）

ぴったり1　58ページ

つぎの □に あてはまる 数を かきましょう。

ねらい　3のだん、4のだんの九九をおぼえよう。　れんしゅう ❶❷❸

3のだんの 九九

3×1= 3	三一《さんいち》が	3
3×2= 6	三二《さんに》が	6
3×3= 9	三三《さざん》が	9
3×4=12	三四《さんし》	12
3×5=15	三五《さんご》	15
3×6=18	三六《さぶろく》	18
3×7=21	三七《さんしち》	21
3×8=24	三八《さんぱ》	24
3×9=27	三九《さんく》	27

3 ふえます。　3 ふえます。

4のだんの 九九

4×1= 4	四一《しいち》が	4
4×2= 8	四二《しに》が	8
4×3=12	四三《しさん》	12
4×4=16	四四《しし》	16
4×5=20	四五《しご》	20
4×6=24	四六《しろく》	24
4×7=28	四七《ししち》	28
4×8=32	四八《しは》	32
4×9=36	四九《しく》	36

4 ふえます。　4 ふえます。

1 1さらに いちごが 3こずつ のって います。
9さらでは 何《なん》こに なりますか。

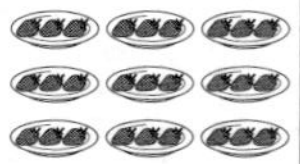

とき方　3この 9つ分《ぶん》だから、3のだんの 九九を つかいます。
しき ①3 × ②9 = ③27
答《こた》え ④27 こ

2 色紙《いろがみ》を 4まいずつ 6人に くばります。
色紙は 何まい いりますか。

とき方　4まいの 6つ分だから、4のだんの 九九を つかいます。
しき ①4 × ②6 = ③24
答え ④24 まい

ぴったり2　59ページ

❶ つぎの 計算《けいさん》を しましょう。　教科書 18ページ❷、20ページ❷

① 3×7 21　② 3×3 9　③ 3×5 15
④ 3×4 12　⑤ 3×8 24　⑥ 3×2 6
⑦ 4×5 20　⑧ 4×2 8　⑨ 4×3 12
⑩ 4×7 28　⑪ 4×1 4　⑫ 4×4 16

❷ 玉ねぎは ぜんぶで 何こ ありますか。　教科書 18ページ❸

しき 3×6=18
答え（18こ）

❸ 1つの ベンチに 4人 すわる ことが できます。
8つでは 何人 すわれますか。　教科書 20ページ❸

しき 4×8=32
答え（32人）

ぴったり1

おうちのかたへ

文章題では、「何のいくつ分？」と問いかけて、かけられる数とかける数を区別できるようにするとよいですね。

ぴったり2

❶ 5のだん、2のだんの 九九《くく》を つかって もとめます。
「五一《ごいち》が 5、五二《ごに》 10、……」と じゅんに いって しっかり おぼえましょう。

❷ 5cmの 8本分《ぶん》なので、5の 8つ分で、5×8の しきで もとめます。
5のだんの 九九を つかって、「五八《ごは》 40」なので、5×8=40です。

❸ 2人の 6組《くみ》分なので、2の 6つ分で、2×6の しきで もとめます。
2のだんの 九九を つかって、「二六《にろく》 12」なので、2×6=12です。

ぴったり2

❶ 3のだん、4のだんの 九九を つかって もとめます。
「三一《さんいち》が 3、三二《さんに》が 6、……」と じゅんに いって しっかり おぼえましょう。

❷ 3この 6つ分なので、3の 6つ分と 考《かんが》えます。
しきは、3×6で、3のだんの 九九を つかって もとめます。
3×6=18で、18こです。

❸ 4人の 8つ分なので、4の 8つ分と 考えます。
しきは、4×8で、4のだんの 九九を つかって もとめます。
4×8=32で、32人 すわれます。

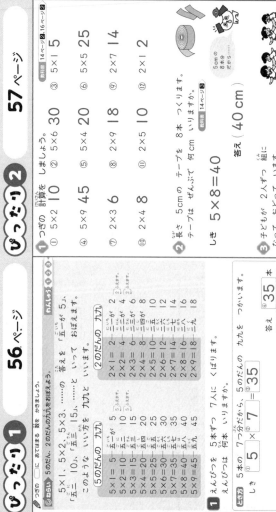

ぴったり1　60ページ

つぎの □に あてはまる 数を かきましょう。

ねらい　かけ算のしきを正しくつくることができるようにしよう。　れんしゅう ①②③④

かけられる数と　かける数が　わかりにくい　もんだいでは、
１つ分《ぶん》の　数の　いくつ分かを　考《かんが》えて、しきを　つくります。

1 ケーキの　はこが　5はこ　あります。
１つの　はこには、ケーキが
４こずつ　はいって　います。
ケーキは　ぜんぶで　何《なん》こ　ありますか。

とき方　１つ分の　数は　4で、その　5つ分だから、
4の　だんの　九九を　つかいます。
しき ① 4 × ② 5 = ③ 20
答《こた》え ④ 20 こ

１つ分の 数 × いくつ分 ＝ ぜんぶの 数 だね。

2 テープを　3本　つなぎます。
テープ　１本の　長《なが》さは　2cmです。
ぜんぶで　何cmに　なりますか。

2cm

とき方　１つ分の　数は　2で、
その ① 3 つ分だから、
2の　だんの　九九を　つかいます。
しき ② 2 × ③ 3 = ④ 6
答え ⑤ 6 cm

しきは、3×2かな？ 2×3かな？

ぴったり2　61ページ

1 さらが　4まい　あります。
１さらに　みかんが　3こずつ
のって　います。
みかんは　ぜんぶで　何こ
ありますか。　教科書 21ページ 1

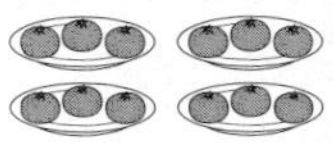

しき　3×4＝12　　答え（ 12 こ ）

2 画用紙《がようし》を　6まい　買《か》います。
１まい　5円の　画用紙を
買うと、何円に　なりますか。　教科書 21ページ 1

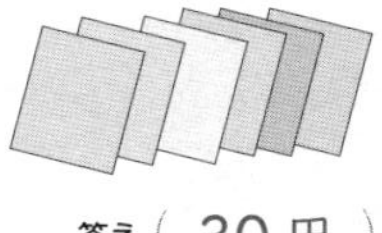

しき　5×6＝30　　答え（ 30 円 ）

3 プリンが　はいった　はこが
3はこ　あります。
１つの　はこには、プリンが
4こずつ　はいって　います。
プリンは　ぜんぶで　何こ
ありますか。　教科書 21ページ 1

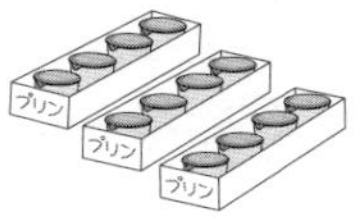

しき　4×3＝12　　答え（ 12 こ ）

4 ベンチが　5つ　あります。
１つの　ベンチに　2人ずつ　すわります。
みんなで　何人　すわれますか。　教科書 21ページ 1

しき　2×5＝10　　答え（ 10 人 ）

ぴったり3　62~63ページ

知識・技能　／65点

1 □に　あてはまる　数《かず》や　しきを　かきましょう。　□1つ4点(20点)

① （4cm のテープ図）
4cmの　5つ分《ぶん》を　4cmの　5 ばいと　いいます。
これを　しきに　かくと　4×5(＝20) と　なり、
答《こた》えは　20 cmです。

② 5のだんの　九九は、答えが　5 ずつ　ふえます。

③ 3のだんの　九九は、答えが　3 ずつ　ふえます。

2 よく出る　つぎの　計算《けいさん》を　しましょう。　1つ3点(45点)

① 2×2　4　　② 4×8　32　　③ 3×4　12
④ 5×5　25　　⑤ 2×7　14　　⑥ 4×9　36
⑦ 3×9　27　　⑧ 5×4　20　　⑨ 2×8　16
⑩ 4×4　16　　⑪ 3×8　24　　⑫ 5×6　30
⑬ 2×6　12　　⑭ 5×8　40　　⑮ 4×6　24

思考・判断・表現　／35点

3 １こ　5円の　あめを　9こ
買《か》います。
何円《なん》に　なりますか。　しき・答え 1つ5点(10点)

しき　5×9＝45　　答え（ 45 円 ）

4 よく出る　りささんは、もんだいしゅうを　6日間《かん》　毎日《まいにち》　します。
１日に　3ページずつ　すると、何ページ　できますか。　しき・答え 1つ5点(10点)

しき　3×6＝18　　答え（ 18 ページ ）

できたらスゴイ！

5 コップに　ジュースを
4dLずつ　入れます。　しき・答え 1つ5点(15点)

① 7こでは、ジュースは
何dL　いりますか。
しき　4×7＝28　　答え（ 28 dL ）

② コップが　１こ　ふえると、ジュースは　何dL　ふえますか。
（ 4dL ）

ぴったり2

1 かけられる数《かず》と　かける数が　何《なに》に　なるか　もんだい文から　みつけましょう。
3この　みかん　4さら分の　数を　もとめるので、3の　4つ分と　考えます。
しきは、3×4＝12に　なります。

2 5円の　画用紙《がようし》　6まい分の　ねだんを　もとめるので、5の　6つ分と　考えます。
しきは、5×6＝30に　なります。

3 4この　プリン　3はこ分の　数を　もとめるので、4の　3つ分と　考えます。
しきは、4×3＝12に　なります。

4 2の　5つ分です。
しきは、2×5＝10に　なります。

ぴったり3

1 ②5のだんの　九九は、5、10、15、……と、5ずつ　ふえて　いきます。

2 2のだん、3のだん、4のだん、5のだんの　九九を　つかって　もとめます。

3 ぜんぶの　ねだんは、5円の　9つ分と　考えて　もとめます。
しきは、5×9＝45で、45円です。

4 3ページずつ　6日間《かん》　した　ことに　なるので、3の　6つ分と　考えます。しきは、3×6＝18で、18ページです。
6×3と　いう　しきには　ならないので、ちゅういしましょう。

5 ①4dLずつ　7この　コップに　入れるので、4の　7つ分と　考えます。しきは、4×7＝28で、28dLです。
②１この　コップに　4dL　入れるので、コップが　１こ　ふえると、ジュースは　4dL　ふえます。

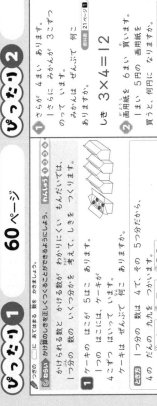

⑪ かけ算(2)

ぴったり1　64ページ

つぎの □に あてはまる 数を かきましょう。

ねらい　6のだん、7のだんの九九をおぼえよう。　れんしゅう ①②③

6のだんの 九九			7のだんの 九九		
6×1＝6	六一が	6	7×1＝7	七一が	7
6×2＝12	六二	12	7×2＝14	七二	14
6×3＝18	六三	18	7×3＝21	七三	21
6×4＝24	六四	24	7×4＝28	七四	28
6×5＝30	六五	30	7×5＝35	七五	35
6×6＝36	六六	36	7×6＝42	七六	42
6×7＝42	六七	42	7×7＝49	七七	49
6×8＝48	六八	48	7×8＝56	七八	56
6×9＝54	六九	54	7×9＝63	七九	63

（6 ふえます。）（7 ふえます。）

1 えんぴつを くばります。子ども 4人に 6本ずつ くばると、何本《なんぼん》 いりますか。

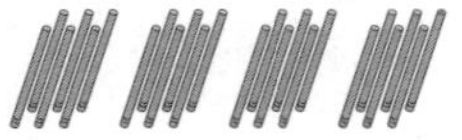

とき方　6本の 4つ分だから、6のだんの 九九を つかいます。
しき ①6 ×②4 ＝③24　答え ④24 本

2 りんごが 1ふくろに 7こずつ はいって います。5ふくろでは 何こに なりますか。

とき方　7この 5つ分だから、7のだんの 九九を つかいます。
しき ①7 ×②5 ＝③35　答え ④35 こ

ぴったり2　65ページ

1 つぎの 計算《けいさん》を しましょう。　教科書 26ページ2、28ページ2

① 6×5 30　② 6×2 12　③ 6×7 42
④ 6×8 48　⑤ 6×1 6　⑥ 6×6 36
⑦ 7×3 21　⑧ 7×4 28　⑨ 7×1 7
⑩ 7×7 49　⑪ 7×9 63　⑫ 7×6 42

2 長《なが》さ 6cmの テープを 9本 つくります。テープは ぜんぶで 何cm いりますか。　教科書 26ページ3

しき　6×9＝54
答え（ 54 cm ）

3 7こ入りの あめの ふくろが 8ふくろ あります。あめは ぜんぶで 何こ ありますか。　教科書 28ページ3

しき　7×8＝56
答え（ 56 こ ）

ぴったり1　66ページ

つぎの □に あてはまる 数を かきましょう。

ねらい　8のだん、9のだんの九九をおぼえよう。　れんしゅう ①②

8のだんの 九九			9のだんの 九九		
8×1＝8	八一が	8	9×1＝9	九一が	9
8×2＝16	八二	16	9×2＝18	九二	18
8×3＝24	八三	24	9×3＝27	九三	27
8×4＝32	八四	32	9×4＝36	九四	36
8×5＝40	八五	40	9×5＝45	九五	45
8×6＝48	八六	48	9×6＝54	九六	54
8×7＝56	八七	56	9×7＝63	九七	63
8×8＝64	八八	64	9×8＝72	九八	72
8×9＝72	八九	72	9×9＝81	九九	81

（8 ふえます。）（9 ふえます。）

1 1こ 8円の あめを 6こ 買うと、何円に なりますか。また、1こ 9円の あめ 6こでは、何円に なりますか。

とき方　8のだんと 9のだんの 九九を つかって 考えます。
8円の あめ……しき ①8 ×6＝②48　答え ③48 円
9円の あめ……しき 9×④6 ＝⑤54　答え ⑥54 円

ねらい　1のかけ算のいみをりかいして、つかえるようにしよう。　れんしゅう ①②

1の かけ算

つみ木を ならべた 長さは、1cmの 4つ分だから、1の だんの 九九を つかいます。
しき 1×4＝4　答え 4cm

1のだんの 九九		
1×1＝1	一一が	1
1×2＝2	一二が	2
1×3＝3	一三が	3
1×4＝4	一四が	4
1×5＝5	一五が	5
1×6＝6	一六が	6
1×7＝7	一七が	7
1×8＝8	一八が	8
1×9＝9	一九が	9

（1 ふえます。）

2 バナナを 1人に 1本ずつ くばると、5人では 5本 いります。かけ算の しきに かきましょう。

とき方　1本の 5 つ分だから、しきは 1 ×5＝ 5

ぴったり2　67ページ

1 つぎの 計算《けいさん》を しましょう。　教科書 30ページ2、31ページ6、32ページ2

① 8×3 24　② 8×9 72　③ 8×4 32
④ 8×2 16　⑤ 9×7 63　⑥ 9×9 81
⑦ 9×1 9　⑧ 9×4 36　⑨ 1×7 7
⑩ 1×3 3　⑪ 1×1 1　⑫ 1×8 8

2 1はこに ケーキが 8こずつ はいって います。5はこでは 何こに なりますか。　教科書 30ページ3

しき　8×5＝40
答え（ 40 こ ）

3 1cmの 9ばいの 長さは、何cmですか。かけ算の しきに あらわして、答えを もとめましょう。　教科書 32ページ1・2

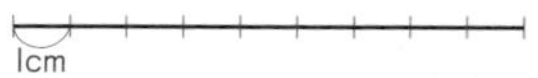

しき　1×9＝9
答え（ 9cm ）

ぴったり1

おうちのかたへ
6の段や7の段の九九は間違えやすいので、一緒に何度も声を出して覚えるのもよいでしょう。

ぴったり2

❶ 6のだん、7のだんの 九九を つかって もとめます。「六一《ろくいち》が 6、六二《ろくに》 12、……」と じゅんに いって しっかり おぼえましょう。

❷ 6cmが 9本なので、6の 9つ分《ぶん》と 考《かんが》えます。しきは、6×9で、6のだんの 九九を つかって もとめます。6×9＝54で、54cmです。

❸ 7こ入りが 8つなので、7の 8つ分と 考えます。しきは、7×8で、7のだんの 九九を つかって もとめます。7×8＝56で、56こです。

ぴったり2

❶ 8のだん、9のだん、1のだんの 九九を つかって もとめます。「八一《はちいち》が 8、八二《はちに》 16、……」と じゅんに いって しっかり おぼえましょう。

❷ 8こずつが 5はこなので、8の 5つ分と 考えます。しきは、8×5で、8のだんの 九九を つかって もとめます。8×5＝40で、40こです。

❸ 1cmの 9ばいなので、1の 9つ分と 考えます。しきは、1×9で、1のだんの 九九を つかって もとめます。1×9＝9で、9cmです。

ぴったり1　68ページ

つぎの □に あてはまる 数を かきましょう。

ねらい　いろいろな計算《けいさん》をつかって、もんだいがとけるようにしよう。　れんしゅう ①②③④

まとあての とく点《てん》を もとめましょう。

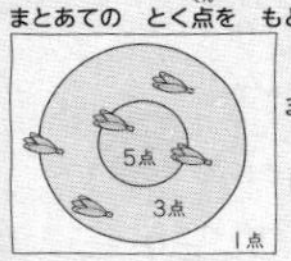

まとあて
コーナー
1人 5回《かい》

3点が 4つ あるので、
かけ算《ざん》で もとめます。
3×4=12
ぜんぶの とく点は
たし算で もとめます。
12+5=17　　17点

1 1こ 8円の あめを 4こと、30円の ガムを 1つ 買《か》いました。みんなで 何《なん》円ですか。

とき方　はじめに、あめ 4この ねだんを もとめます。
8円の あめが 4こ あるので、
8×[① 4]=[② 32]
あめと ガムの ねだんを あわせると、
[③ 32]+30=[④ 62]　　答《こた》え [⑤ 62] 円

2 クッキーが 3こずつ 6れつ はいって います。
2こ 食べると、何こ のこりますか。

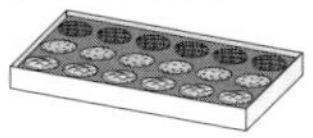

とき方　クッキーの ぜんぶの 数を
もとめます。
3こずつ 6れつ あるので、
3×[① 6]=[② 18]
2こ 食べたので、
[③ 18]−2=[④ 16]　　答え [⑤ 16] こ

ぴったり2　69ページ

まちがいちゅうい

1 1まい 5円の 色紙《いろがみ》を 9まいと、40円の えんぴつを 1本 買いました。
みんなで 何円ですか。　教科書 35ページ 1

しき　5×9=45
45+40=85　　答え（ 85円 ）

2 1ふくろ 9こ入りの グミが 4ふくろ あります。
6こ 食べると、何こ のこりますか。　教科書 35ページ △3

しき　9×4=36
36−6=30　　答え（ 30こ ）

3 はこの 中に りんごは 何こ ありますか。
□に あてはまる 数を かいて、
2つの 考《かん》え方《かた》で もとめましょう。　教科書 36ページ 1

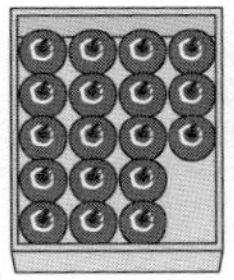

① 5×[3]=15
15+[3]=[18]　　答え [18] こ

② 5×[4]=20
20−[2]=[18]　　答え [18] こ

4 ビー玉は ぜんぶで 何こ ありますか。　教科書 36ページ 1

しき　（れい）
6×3=18
4×2=8
18+8=26　　答え（ 26こ ）

ぴったり3　70~71ページ

知識・技能　／60点

1 つぎの 計算《けいさん》を しましょう。　1つ4点(60点)

① 1×4　4　② 9×3　27　③ 6×6　36
④ 8×6　48　⑤ 6×5　30　⑥ 7×2　14
⑦ 8×2　16　⑧ 7×8　56　⑨ 1×9　9
⑩ 9×8　72　⑪ 7×4　28　⑫ 8×5　40
⑬ 6×2　12　⑭ 1×6　6　⑮ 9×7　63

思考・判断・表現　／40点

2 よく出る　テープを 7本 つくります。
1本の 長《なが》さを 6cmに すると、テープは 何《なん》cm いりますか。　しき・答え 1つ2点(4点)

しき　6×7=42　　答《こた》え（ 42cm ）

3 クッキーは みんなで 何こ ありますか。　しき・答え 1つ2点(4点)

しき　8×4=32
（4×8=32）　　答え（ 32こ ）

4 高《たか》さ 4cmの つみ木を 7こ つみました。
その 上に、高さ 5cmの つみ木を 1こ つみました。
高さは 何cmに なりましたか。　しき・答え 1つ4点(8点)

しき　4×7=28
28+5=33　　答え（ 33cm ）

できたらスゴイ！

5 チョコレートが 100こ あります。
9人に 6こずつ あげると、何こ のこりますか。　しき・答え 1つ4点(8点)

しき　6×9=54
100−54=46　　答え（ 46こ ）

できたらスゴイ！

6 なおきさんは まとあての けっかを
下の ひょうに まとめました。
ひょうに それぞれの とく点《てん》を
もとめる かけ算《ざん》の しきと とく点を
かき、ぜんぶの とく点を
もとめましょう。　1つ2点(16点)

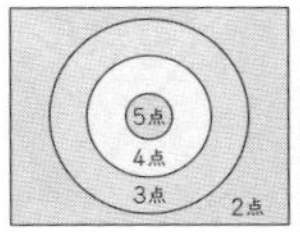

なおきさんの とく点

点	あたった 数	しき	とく点
5点	1こ	5×1	5点
4点	2こ	① 4×2	② 8点
3点	3こ	③ 3×3	④ 9点
2点	6こ	⑤ 2×6	⑥ 12点

ぜんぶの とく点
しき（⑦ 5+8+9+12=34）
答え（⑧ 34点 ）

ぴったり2

1 色紙《いろがみ》 9まいの ねだんは、5×9=45で、45円です。これと えんぴつの ねだんを あわせると、45+40=85で、85円です。
しきに かくと、
5×9=45　45+40=85で、85円です。

2 グミの 数《かず》は、9×4=36で、36こです。6こ 食《た》べたから、36−6=30で、30こです。

3 ①5こずつが 3れつと あと 3こ あるから、5×3=15
15+3=18で、18こです。
②はこぜんたいから ない ところを ひきます。5×4=20
20−2=18で、18こです。

4 6こずつが 3れつと 4こずつが 2れつで、6×3=18　4×2=8
18+8=26で、26こです。
また、ぜんたいから ない ところを ひいて、6×5=30　2×2=4
30−4=26で、26こです。

ぴったり3

1 6のだんから 9のだんまでと、1のだんの 九九の れんしゅうです。

2 テープを つくるのに つかうのは、ぜんぶで 6cmの 7本分に なります。

3 さらを のせて いる トレイに 目を つければ、「8この 4ばい」で、クッキーの 数は 8×4で もとめられます。
また、さらに 目を つければ、「4この 8ばい」で、4×8で もとめられます。

5 あげた チョコレートは、ぜんぶで、6この 9人分だから、6×9=54で、54こです。はじめの 数より 54こ へるから、のこりは、100−54=46で、46こです。

6 それぞれの とく点《てん》は、まとの とく点に、あたった 数を かけて もとめます。ぜんぶの とく点は、それぞれの とく点を たして もとめます。

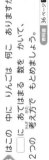

⑫三角形と　四角形

ぴったり1　72ページ

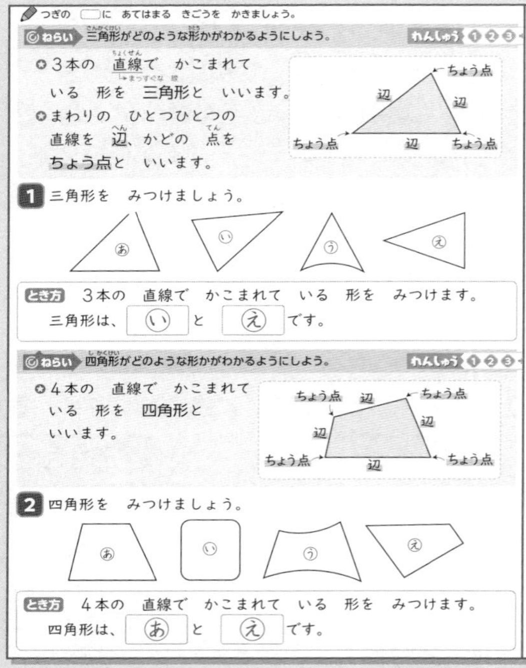
つぎの □に あてはまる きごうを かきましょう。

ねらい 三角形《さんかくけい》がどのような形かがわかるようにしよう。　れんしゅう ①②③

○3本の 直線《ちょくせん》で かこまれて いる 形を 三角形と いいます。
○まわりの ひとつひとつの 直線を 辺《へん》、かどの 点《てん》を ちょう点と いいます。

1 三角形を みつけましょう。

とき方 3本の 直線で かこまれて いる 形を みつけます。
三角形は、い と え です。

ねらい 四角形《しかくけい》がどのような形かがわかるようにしよう。　れんしゅう ①②③

○4本の 直線で かこまれて いる 形を 四角形と いいます。

2 四角形を みつけましょう。

とき方 4本の 直線で かこまれて いる 形を みつけます。
四角形は、あ と え です。

ぴったり2　73ページ

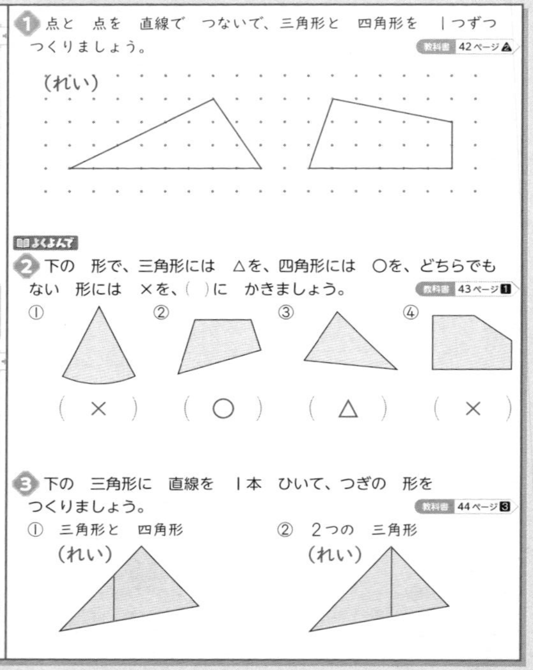
1 点と 点を 直線で つないで、三角形と 四角形を 1つずつ つくりましょう。　教科書 42ページ▲

(れい)

よくよんで

2 下の 形で、三角形には △を、四角形には ○を、どちらでも ない 形には ×を、( )に かきましょう。　教科書 43ページ1

① (×)　② (○)　③ (△)　④ (×)

3 下の 三角形に 直線を 1本 ひいて、つぎの 形を つくりましょう。　教科書 44ページ3

① 三角形と 四角形 (れい)　② 2つの 三角形 (れい)

ぴったり1　74ページ

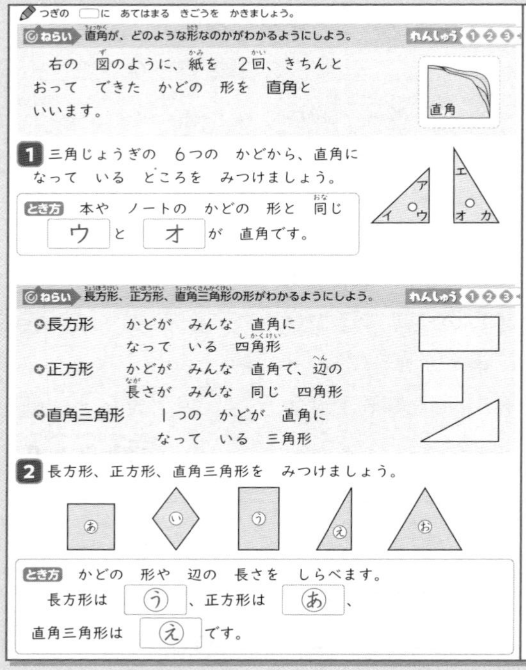
つぎの □に あてはまる きごうを かきましょう。

ねらい 直角が、どのような形なのかがわかるようにしよう。　れんしゅう ①②③

右の 図《ず》のように、紙《かみ》を 2回《かい》、きちんと おって できた かどの 形を 直角と いいます。

1 三角じょうぎの 6つの かどから、直角に なって いる ところを みつけましょう。

とき方 本や ノートの かどの 形と 同《おな》じ ウ と オ が 直角です。

ねらい 長方形、正方形、直角三角形の形がわかるようにしよう。　れんしゅう ①②③

○長方形 かどが みんな 直角に なって いる 四角形《しかくけい》
○正方形 かどが みんな 直角で、辺《へん》の 長さが みんな 同じ 四角形
○直角三角形 1つの かどが 直角に なって いる 三角形

2 長方形、正方形、直角三角形を みつけましょう。

とき方 かどの 形や 辺の 長さを しらべます。
長方形は う 、正方形は あ 、
直角三角形は え です。

ぴったり2　75ページ

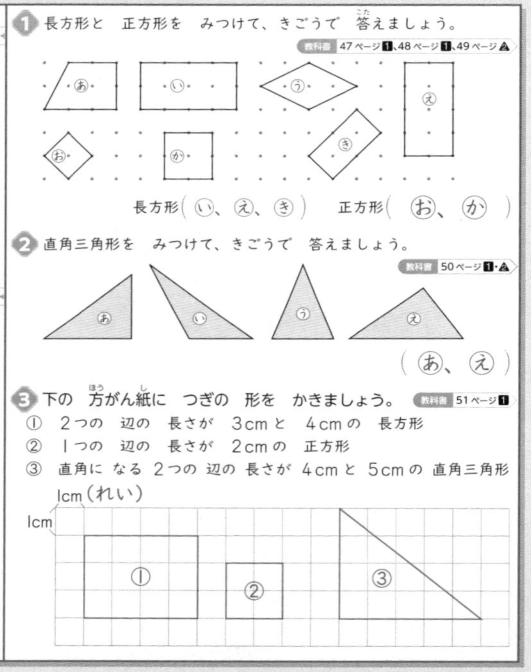
1 長方形と 正方形を みつけて、きごうで 答《こた》えましょう。　教科書 47ページ1、48ページ1、49ページ▲

長方形(い、え、き)　正方形(お、か)

2 直角三角形を みつけて、きごうで 答えましょう。　教科書 50ページ1・▲

(あ、え)

3 下の 方《ほう》がん紙《し》に つぎの 形を かきましょう。　教科書 51ページ1

① 2つの 辺の 長さが 3cmと 4cmの 長方形
② 1つの 辺の 長さが 2cmの 正方形
③ 直角に なる 2つの 辺の 長さが 4cmと 5cmの 直角三角形

1cm (れい)
1cm

ぴったり1

おうちのかたへ

三角形や四角形を見分けるときは、3本の直線や4本の直線で、きちんと囲まれているかどうかで判断します。

ぴったり2

1 三角形《さんかくけい》は 3つの 点《てん》を、四角形《しかくけい》は 4つの 点を、それぞれ 直線《ちょくせん》で つないで いれば、(れい)と 形《かたち》が ちがって いても 正かいです。

2 3本の 直線で かこまれて いる 形が 三角形、4本の 直線で かこまれて いる 形が 四角形です。
①は 直線に なって いない ところが あり、④は 直線が 5本 あるので、三角形でも 四角形でも ありません。

3 ①は、辺《へん》と 辺を 通《とお》る 直線を、②は、ちょう点と 辺を 通る 直線を ひいて いれば、(れい)と ちがって いても 正かいです。下のように 直線の ひき方《かた》は ほかにも あります。

① ②

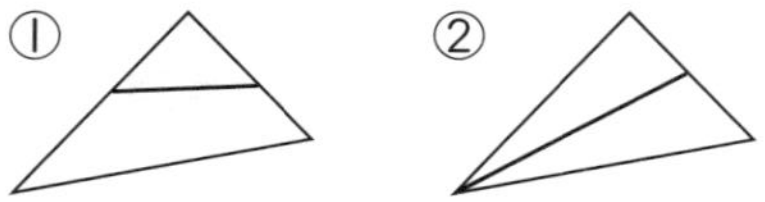

ぴったり1

1 じゅんじょが ちがって いても 正かいです。

ぴったり2

1 長方形《ちょうほうけい》も、正方形《せいほうけい》も、かどは みんな 直角《ちょっかく》に なって います。また、正方形は、辺の 長《なが》さが みんな 同《おな》じに なって います。じゅんじょが ちがって いても 正かいです。

2 あと えは、つぎの かどが 直角です。じゅんじょが ちがって いても 正かいです。

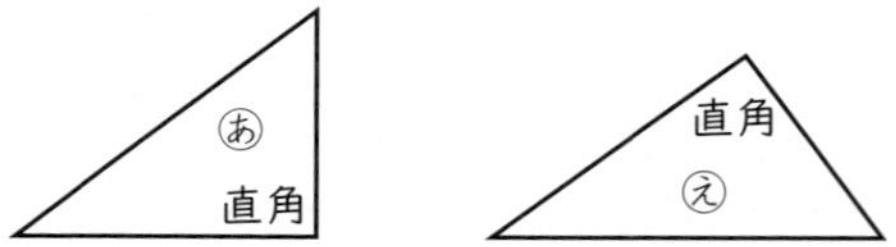

3 ①たて4cm、よこ3cmの 長方形を かいて いても 正かいです。
③まず、4cmと 5cmの 直角に なる 2つの 辺を かいてから、それぞれの はしを 直線で むすびます。
(れい)と、4cm、5cmの いちが ちがって いても 正かいです。

ぴったり3 76~77ページ

知識・技能　／100点

1 つぎの □ に　あてはまる　ことばを　かきましょう。1つ7点(28点)

① 3本の　直線《ちょくせん》で　かこまれて　いる
形《かたち》を　[三角形]　と　いいます。

② 4本の　直線で　かこまれて　いる
形を　[四角形]　と　いいます。

③ 長方形《ちょうほうけい》や　正方形《せいほうけい》の　かどは　みんな
[直角]　です。

④ 正方形の　辺《へん》の　長《なが》さは　みんな　[同じ]　です。

2 よくでる 下の　形の　中から、つぎの　形を　みつけて、きごうで　答《こた》えましょう。1つ7点(42点)

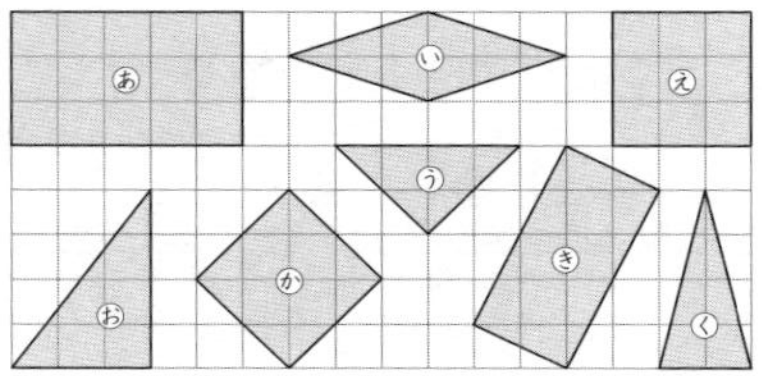

① 長方形　(あ)(き)
② 正方形　(え)(か)
③ 直角三角形《ちょっかくさんかくけい》　(う)(お)

3 下の　三角形や　四角形《しかくけい》に　直線を　1本　ひいて、つぎの　形を　つくりましょう。1つ6点(18点)

① 2つの　三角形　(れい)

② 三角形と　四角形　(れい)

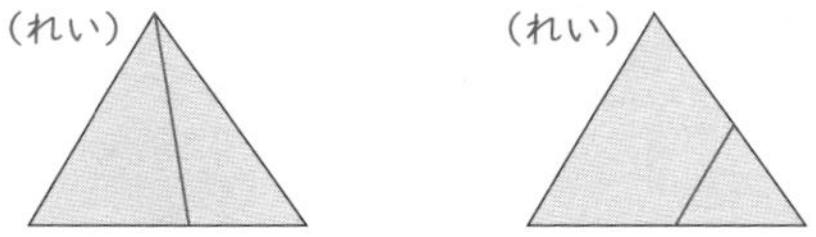

③ 三角形と　四角形　(れい)

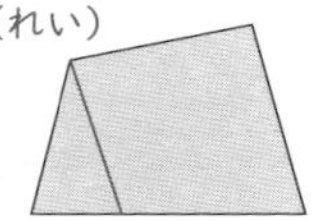

4 よくでる 下の　方《ほう》がん紙《し》に　つぎの　形を　かきましょう。1つ6点(12点)

① 2つの　辺の　長さが　5cm と　6cm の　長方形
② 直角に　なる　2つの　辺の　長さが　4cm と　7cm の　直角三角形

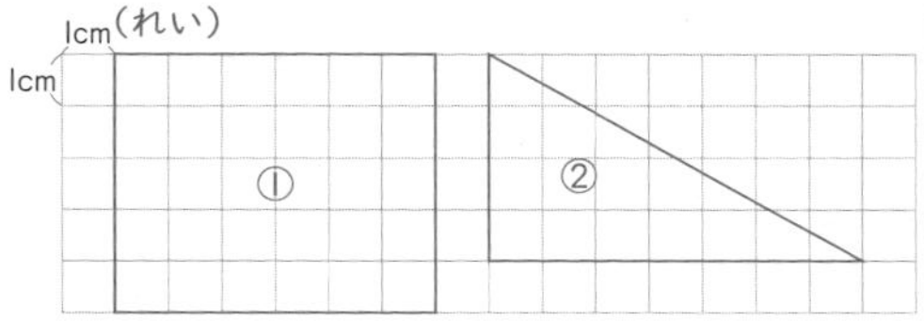

見方・考え方を　ふかめよう(3)　78~79ページ

1 1組《くみ》は　32人です。
1組は、2組より　3人　多《おお》いそうです。

① 図の □ に　あてはまる　数《かず》を　かきましょう。

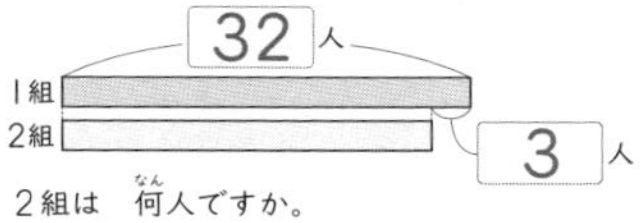

② 2組は　何人《なん》ですか。

[32]－[3]＝[29]　(29人)

よくよんで
2 赤組《くみ》と　白組で　玉入れを　して　います。
赤組は　50こ　はいって　います。
赤組は、白組より　7こ　多いそうです。
白組は　何こ　はいって　いますか。

しき　50－7＝43　答え(43こ)

3 白い　とびばこと　青い　とびばこが　あります。
白い　とびばこの　高《たか》さは　60cmです。
白い　とびばこは、青い　とびばこより
20cm　ひくいそうです。

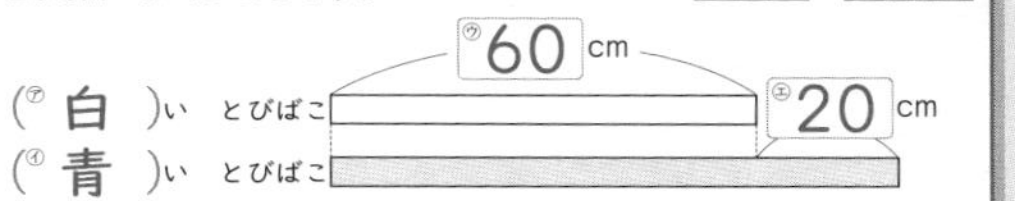

① 上の　(　)に　あてはまる　白か　青を　それぞれ　かきましょう。
② 上の □ に　あてはまる　数を　かきましょう。
③ 青い　とびばこの　高さは　何cmですか。

[60]＋[20]＝[80]　(80cm)

4 公園《こうえん》で　おとなと　子どもが　あそんで　います。
おとなは　28人です。
おとなは、子どもより　5人　少《すく》ないそうです。
子どもは　何人ですか。

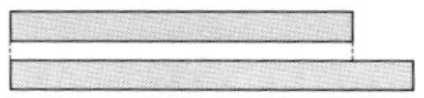

しき　28＋5＝33　答え(33人)

5 白組と　赤組で　とく点《てん》を　きそって　います。
白組は、赤組より　7点　少ないそうです。
白組は　82点です。
赤組は　何点ですか。

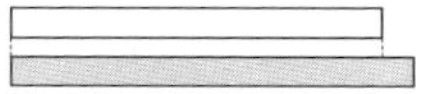

しき　82＋7＝89　答え(89点)

ぴったり3

2 かどの　形や　辺の　長さを　よく　見ましょう。
㋒は、下の　かどが　直角です。
㋕と　㋖は、かどは　みんな　直角です。
じゅんじょが　ちがって　いても　正かいです。

3 直線の　ひき方は　たくさん　あるので、つぎのような　直線が　ひけて　いれば、正かいです。
①ちょう点と　辺を　通る　直線
②辺と　辺を　通る　直線
③ちょう点と　辺を　通る　直線

4 ①たて5cm、よこ6cmの　長方形を　かきます。
②まず、4cmと　7cmの　直角に　なる　2つの　辺を　かいてから、それぞれの　はしを　直線で　むすびます。

1 ②文や　図《ず》から、2組《くみ》は　1組より　3人　少《すく》ない　ことが　わかるので、ひき算《さん》で　もとめます。

2 図に　かいて　考《かんが》えます。

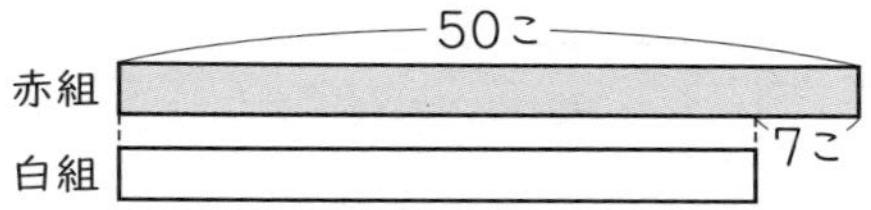

しきは、50－7＝43で、白組《ぐみ》は　43こです。

3 ③文や　図から、青い　とびばこは　白い　とびばこより　20cm　高《たか》い　ことが　わかるので、たし算で　もとめます。

4 図に　かいて　考えます。

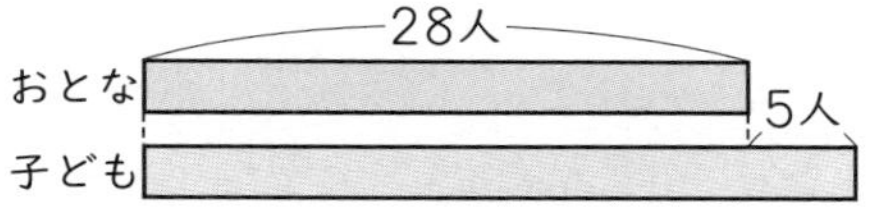

しきは、28＋5＝33で、子どもは　33人です。

5 図に　かいて　考えます。

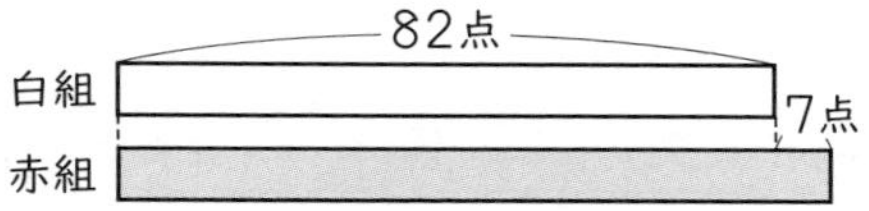

しきは、82＋7＝89で、赤組は　89点です。

何番目

80~81ページ

1 12人が 1れつに ならんで います。
まいかさんの 前《まえ》には 4人 います。
まいかさんの うしろには 何人《なんにん》 いますか。
図《ず》の □に あてはまる 数《かず》を かいて 考《かんが》えましょう。

みんなで 12 人
前 ○○○○●○○○○○○○ うしろ
前に 4 人　うしろに □人　まいかさん

（ 7人 ）

2 どうぶつが ならんで 歩《ある》いて います。
ライオンの 前には 7ひき、うしろには 6ぴき います。
どうぶつは みんなで 何びき いますか。

前 ○○○○○○○●○○○○○○ うしろ
ライオン

図に かいて 考えよう。ライオンの 前に 7こ、うしろに 6こ ○が ならぶよ。

（ 14ひき ）

3 いろいろな かばんが 11こ 1れつに ならべて あります。
ランドセルは 左から 5番《ばん》目です。
ランドセルは 右から 何番目ですか。
□に あてはまる 数を かいて 考えましょう。

みんなで 11 こ
左 ○○○○●○○○○○○ 右

ランドセルは 左から 5 番目で、
右から 7 番目です。

（ 7番目 ）

まちがいちゅうい

4 ジュースが 13本 1れつに ならべて あります。
りんごの ジュースは 左から 8番目です。
りんごの ジュースは 右から 何番目ですか。

図に かくと わかりやすいね。

左 ○○○○○○○○○○○○○ 右

（ 6番目 ）

5 子どもが 1れつに ならんで います。
ひろきさんは 前からも うしろからも 8番目です。
子どもは みんなで 何人 いますか。

ひろきさんの 前と うしろに 何人ずつ ならんで いるのかな。

（ 15人 ）

13 かけ算の きまり

ぴったり1 82ページ

つぎの □に あてはまる 数を かきましょう。

ねらい かけ数が1ふえるときの、答《こた》えのかわり方《かた》がわかるようにしよう。 れんしゅう 1

かけ算《ざん》では、かける数が 1 ふえると、答えは かけられる数だけ ふえます。

$3\times5=15$
$3\times6=18$ （1 ふえると、3 ふえます。）

1 九九の ひょうから、九九の 答えが どのように ならんで いるかを しらべましょう。

とき方 九九の ひょうで 答えの かわり方を しらべます。
4のだんでは、かける数が 1 ふえると、答えは 4 ずつ ふえます。
2のだんでは、かける数が 1 ふえると、答えは 2 ずつ ふえます。

かけられる数＼かける数	1	2	3	4	5	6
1	1	2	3	4	5	6
2	2	4	6	8	10	12
3	3	6	9	12	15	18
4	4	8	12	16	20	24
5	5	10	15	20	25	30

ねらい 答えが同《おな》じになるかけ算が、みつけられるようにしよう。 れんしゅう 2 3

かけ算では、かけられる数と かける数を 入れかえても、答えは 同じです。

$4\times6=6\times4$

2 九九の ひょうから、2×7と 同じ 答えに なる かけ算を みつけましょう。

とき方 かけられる数と かける数を 入れかえても、答えは 同じだから、$2\times7=$ 7 × 2 です。

ぴったり2 83ページ

1 □に あてはまる 数を かきましょう。 教科書 68ページ1
① 9のだんでは、かける数が 1 ふえると、答えは 9 ずつ ふえます。
② 5 のだんでは、かける数が 1 ふえると、答えは 5ずつ ふえます。
③ 8×8は、8×7より 8 大きいです。
④ $4\times$ 4 は、4×3より 4 大きいです。

2 答えが 同じに なる カードを 線《せん》で むすびましょう。 教科書 69ページ2

3×5　6×8　9×2　8×7
2×9　7×8　5×3　8×6

3 九九の ひょうで、答えが つぎの 数に なる かけ算を みんな かきましょう。 教科書 70ページ3
① 10
（ 2×5、5×2 ）
② 12
（ 2×6、3×4、4×3、6×2 ）
③ 36
（ 4×9、6×6、9×4 ）

---

1 まいかさんの 場《ば》しょから うしろに 何人《なんにん》 いるかを 図《ず》で 数《かぞ》えると、7人 いる ことが わかります。

2
14ひき
前《まえ》 ●●●●●●●○●●●●●● うしろ
前に 7ひき　ライオン　うしろに 6ぴき

ライオンの 前に 7ひき、うしろ に 6ぴき いるので、ぜんぶで、$7+1+6=14$で、14ひきです。

3 ランドセルは 左から 数えて 5番《ばん》目なので、図に しるしを つけます。右から 数えると、しるしを つけた ところは 7番目に なるので、ランドセルは 右から 7番目です。

4
13本
左 ○○○○○○○●○○○○○ 右
左から 8番目
右から 6番目

5
前に 7人　うしろに 7人
前 ○○○○○○○●○○○○○○○ うしろ
ひろきさん

ひろきさんの 前に 7人、うしろに 7人 いるので、みんなで、$7+1+7=15$で、15人です。

ぴったり2

1 かけ算《さん》では、かける数《かず》が 1 ふえると、答《こた》えは かけられる数だけ ふえます。

2 かけ算では、かけられる数と かける数を 入れかえても、答えは 同《おな》じです。

3 1つの かけ算が みつけられたら、その かけ算の かけられる数と かける数を 入れかえた かけ算も 答えに なります。
1(1×1)、25(5×5)、49(7×7)、64(8×8)、81(9×9)のように、答えが 1つしか ない かけ算も あります。じゅんじょが ちがって いても 正かいです。

ぴったり1　84ページ

つぎの □に あてはまる 数《かず》を かきましょう。

◎ねらい 九九のひょうの、だんとだんのきまりをしらべよう。　れんしゅう ①②

だんと だんを たした 答《こた》えの きまり

九九の ひょうで、●のだんと ■のだんを たてに たした ときの 答えは、●＋■のだんと 同《おな》じに なります。

だんから だんを ひいた 答えの きまり

九九の ひょうで、★のだんから ▲のだんを たてに ひいた ときの 答えは、★－▲のだんと 同じに なります。

1 九九の ひょうから、だんと だんを たしたり、だんから だんを ひいたり した ときの きまりを しらべましょう。

とき方　2のだんと 4のだんを たてに たすと、答えは 2＋[4]で、[6]のだんと 同じに なります。
6のだんから 4のだんを たてに ひくと、答えは [2]のだんと 同じに なります。

かける数

かけられる数	1	2	3	4
2	2	4	6	8
3	3	6	9	12
4	4	8	12	16
6	6	12	18	24

◎ねらい かけ算《ざん》のきまりをつかって、九九にないかけ算の答えをみつけよう。　れんしゅう ③

3×10、3×11の 答えの もとめ方《かた》

3のだんでは、かける数が 1 ふえると、答えは 3ずつ ふえます。

3×9＝27　3×10＝30　3×11＝33

かける数

かけられる数	9	10	11
3	27	30	33

2 2×11の 答えを もとめましょう。

とき方　2のだんでは、かける数が 1 ふえると、答えは [2]ずつ ふえます。

2×11＝[22]

かける数

かけられる数	9	10	11
2	18	20	22

ぴったり2　85ページ

1 □に あてはまる 数を かきましょう。　教科書 71ページ5

① 2のだんと 5のだんを たてに たすと、答えは [7]のだんと 同じに なります。

② 7のだんから 3のだんを たてに ひくと、答えは [4]のだんと 同じに なります。

2 6のだんと 同じに なる ものを みつけて、きごうで 答えましょう。　教科書 71ページ5

あ 2のだんと 7のだんを たてに たした 答え
い 1のだんと 5のだんを たてに たした 答え
う 9のだんから 6のだんを たてに ひいた 答え

（ い ）

3 はこに クッキーが 3こずつ 12れつ はいって います。　教科書 72ページ1

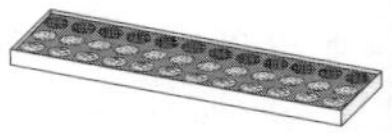

① クッキーは ぜんぶで 何《なん》こ あるかを もとめる かけ算の しきを かきましょう。

（ 3×12 ）

② クッキーは ぜんぶで 何こ ありますか。□に あてはまる 数を かきましょう。

3×9＝27
3×10＝30　（3ふえる）
3×11＝33　（3ふえる）
3×12＝[ｲ 36]　（[ｱ 3] ふえる）

答え [ｳ 36]こ

ぴったり3　86〜87ページ

知識・技能　／100点

1 九九の ひょうを 見て、あとの もんだいに 答《こた》えましょう。　1つ4点(60点)

かける数《かず》

かけられる数	1	2	3	4	5	6	7	8	9
1	ｱ 1	2	3	4	5	6	7	8	9
2	2	4	6	8	10	12	ｲ 14	16	18
3	3	6	9	ｳ 12	15	18	21	24	27
4	4	8	12	16	20	24	28	32	ｴ 36
5	5	10	15	20	ｵ 25	30	35	40	45
6	6	12	18	24	30	36	42	ｶ 48	54
7	7	14	ｷ 21	28	35	42	49	56	63
8	8	16	24	32	40	48	ｸ 56	64	72
9	9	18	27	36	ｹ 45	54	63	72	ｺ 81

① 上の 九九の ひょうの ア〜コに、あてはまる 数を かきましょう。

② 九九の ひょうで、答えが つぎの 数に なる かけ算《さん》を みんな かきましょう。

9（ 1×9 ）（ 3×3 ）（ 9×1 ）
28（ 4×7 ）（ 7×4 ）

2 よく出る □に あてはまる 数を かきましょう。　1つ5点(20点)

① [7]のだんでは、かける数が 1 ふえると、答えは 7ずつ ふえます。

② 9×7は、9×6より [9] 大きいです。

③ 6×5は、6×[4]より 6 大きいです。

④ 7×3＝[3]×7

3 □に あてはまる 数を かきましょう。　1つ4点(12点)

① 3のだんと 5のだんを たてに たすと、答えは [8]のだんと 同《おな》じに なります。

② [2]のだんと 6のだんを たてに たすと、答えは 8のだんと 同じに なります。

③ 9のだんから 2のだんを たてに ひくと、答えは [7]のだんと 同じに なります。

4 つぎの かけ算の 答えを もとめましょう。　1つ4点(8点)

① 7×11　（ 77 ）

② 14×3　（ 42 ）

ぴったり2

おうちのかたへ

九九にないかけ算の答えも、九九の表とかけ算のきまりを使って求めることができます。いろいろな考え方で求めてみましょう。

1 ①答えは 2＋5のだんと 同じに なるので、7のだんです。
②答えは 7－3のだんと 同じに なるので、4のだんです。

2 あは、2＋7＝9で、9のだんと 同じ、いは、1＋5＝6で、6のだんと 同じ、うは、9－6＝3で、3のだんと 同じに なります。

3 ①3この 12こ分《ぶん》だから、3×12で もとめられます。
②3のだんの 九九は、3ずつ ふえて いくから、3×12の 答えは、33＋3＝36です。

ぴったり3

1 ②九九の ひょうから みつけても かまいませんが、ひょうが なくても、おぼえた 九九から もとめられるように しましょう。

2 ①かける数が 1 ふえると 答えが 7だけ ふえるのは、7のだんです。

3 ②□＋6＝8の □に はいる 数は 2なので、2のだんと 6のだんを たてに たすと、答えは 8のだんと 同じに なる ことが わかります。

4 ①かける数が 1 ふえると、答えは 7ずつ ふえるから、7×11＝77

かける数

かけられる数	9	10	11
7	63	70	77

②かける数が 1 ふえると、答えは 14ずつ ふえるから、14＋14＋14＝42

かける数

かけられる数	1	2	3
14	14	28	42

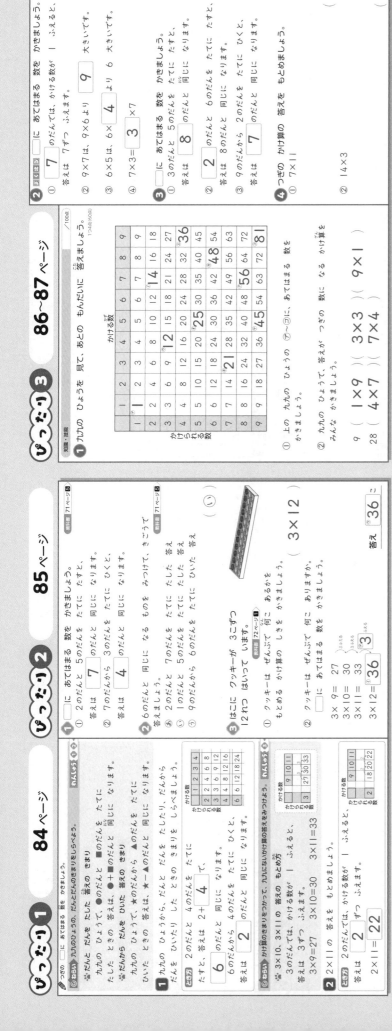

ぴったり1　88 ページ

つぎの □に あてはまる 数を かきましょう。

ねらい　100 cm をこえる長さを、m や cm であらわせるようにしよう。　れんしゅう ①②③

100 cm を　こえる　長さ
100 cm より　長い　長さを　あらわす　たんいに　m(メートル)が　あります。

1 cm＝10 mm

I m＝100 cm

1 かずきさんの　せの　高《たか》さは　126 cm です。
これは　何《なん》m 何 cm ですか。

とき方　I m＝①100 cm
126 cm は　I m が　I つ分《ぶん》と
②26 cm だから、
126 cm＝③I m ④26 cm

2 長さを　いろいろな　たんいで　あらわしましょう。
(1) 2 m＝□cm　(2) I m 5 cm＝□cm
(3) 180 cm＝□m□cm　(4) 104 cm＝□m□cm

とき方　「I m＝100 cm」を　つかって　考《かんが》えます。
(1) 2 m＝200 cm
(2) I m 5 cm＝105 cm
(3) 180 cm＝I m 80 cm
(4) 104 cm＝I m 4 cm

ぴったり2　89 ページ

1 3人の　りょう手を　広《ひろ》げた　長さは、それぞれ　何 m 何 cm ですか。　教科書 78ページ2・▲

りょう手を　広げた　長さ

名《な》前《まえ》	とおる	ひとみ	みき
長さ	130 cm	123 cm	108 cm
	① I m 30 cm	② I m 23 cm	③ I m 8 cm

2 □に　あてはまる　数を　かきましょう。　教科書 78ページ2
① 4 m＝400 cm　② 2 m 3 cm＝203 cm
③ 315 cm＝3 m 15 cm

3 長い　ほうに　○を　かきましょう。　教科書 78ページ2
① 90 cm（　）　I m（○）
② 2 m（○）　190 cm（　）
③ 102 cm（　）　I m 20 cm（○）
④ まちがいちゅうい　I m 4 cm（　）　140 cm（○）

ぴったり1　90 ページ

つぎの □に あてはまる たんいや 数を かきましょう。

ねらい　いろいろなものの長さをよそうできるようにしよう。　れんしゅう ①

I m の　だいたいの　長さを　おぼえて　おくと、長さを　よそうするのに　べんりです。

1 □に　あてはまる　長さの　たんいを　かきましょう。
(1) 教科書《きょうかしょ》の　たての　長さは　26 cm です。
(2) 教室《きょうしつ》の　天じょうの　高《たか》さは　3 m です。

とき方　(1) 教科書の　たての　長さは、りょう手を　広《ひろ》げた　長さより　ずっと　みじかいので、たんいは　cm に　なります。
(2) 教室の　天じょうは　せの　高さより　ずっと　高いので、たんいは　m に　なります。

ねらい　何 m 何 cm の長さの計算ができるようにしよう。　れんしゅう ②③

何 m 何 cm の　長さも　同《おな》じ　たんいの　数どうしを　計算します。

7 m 40 cm＋2 m 30 cm＝9 m 70 cm
4 m 30 cm－I m 20 cm＝3 m I0 cm

2 青い　テープの　長さは　3 m 20 cm、赤い　テープの　長さは　I m 60 cm です。
あわせた　長さは　何 m 何 cm ですか。

とき方　同じ　たんいの　数どうしを　計算します。
3 m 20 cm＋I m 60 cm＝4 m 80 cm

ぴったり2　91 ページ

1 つぎの　ものの　長さを　考《かんが》えて、□に　m か　cm を　かきましょう。　教科書 80ページ1
① 下じきの　よこの　長さは　20 cm です。
② こくばんの　たての　長さは　I m です。

2 つぎの　長さの　計算を　しましょう。　教科書 81ページ1・▲
① 2 m I0 cm＋I m 40 cm　3 m 50 cm
② 3 m 30 cm＋3 m 50 cm　6 m 80 cm
③ 5 m 60 cm＋I0 cm　5 m 70 cm
④ 6 m 70 cm＋20 cm　6 m 90 cm
⑤ 3 m 50 cm－I m 30 cm　2 m 20 cm
⑥ 4 m 90 cm－2 m 80 cm　2 m I0 cm
⑦ 7 m 80 cm－4 m　3 m 80 cm
⑧ 8 m 60 cm－60 cm　8 m

3 青の　テープの　長さは　4 m 40 cm です。
みどりの　テープは、青い　テープより　I m 20 cm　みじかい　長さです。　教科書 81ページ1

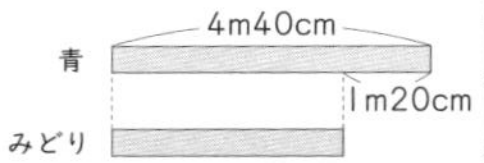

① みどりの　テープの　長さは　何 m 何 cm ですか。
（3 m 20 cm）
② 青の　テープと　みどりの　テープを　あわせた　長さは、何 m 何 cm ですか。
（7 m 60 cm）

ぴったり2

1 100 cm は　I m で　ある　ことから　もとめます。
①130 cm は　I m が　I つ分《ぶん》と　30 cm だから、I m 30 cm です。

2 I m＝100 cm を　もとに　して　考《かんが》えます。
①100 cm の　4 つ分だから、400 cm です。
②2 m は　200 cm だから、200 cm と　3 cm で、203 cm です。
③300 cm は　3 m だから、3 m と　15 cm で、3 m 15 cm です。

3 たんいを　cm で　あらわしてから　くらべます。
① I m＝100 cm
②2 m は　100 cm の　2つ分だから、200 cm です。
③ I m 20 cm＝120 cm
④ I m 4 cm＝104 cm

ぴったり1

おうちのかたへ

「テーブルの横の長さは何 cm だと思う？」「じゃあ、それは何 m 何 cm？」などと質問して、実際に長さを測ってみると、ものさしの使い方も上手になり、また、量感も養われます。

ぴったり2

1 りょう手を　広《ひろ》げた　長《なが》さなどと　くらべながら　考えます。

2 同《おな》じ　たんいの　数《かず》どうしを　計算《けいさん》します。
①2 m I0 cm＋I m 40 cm
＝3 m 50 cm
③5 m 60 cm＋I0 cm
＝5 m 70 cm
⑤3 m 50 cm－I m 30 cm
＝2 m 20 cm
⑦7 m 80 cm－4 m＝3 m 80 cm

3 ①みどりの　テープは、青の　テープより　I m 20 cm　みじかいので、ひき算《さん》で　もとめます。
②あわせた　長さなので、たし算で　もとめます。

ぴったり3　92~93ページ

知識・技能　／90点

1 よく出る □に あてはまる 長《なが》さの たんい(m、cm、mm)を かきましょう。　1つ5点(20点)

① この 本の あつさは 8 [mm] です。

② はがきの よこの 長さは 10 [cm] です。

③ すな場《ば》の たての 長さは 4 [m] です。

④ チョークの 長さは 6 [cm] です。

2 よく出る □に あてはまる 数《かず》を かきましょう。　ぜんぶできて1もん 6点(24点)

① 1m65cm=[165]cm

② 200cm=[2]m

③ 170cm=[1]m[70]cm

④ 1m6cm=[106]cm

3 長い ほうに ○を かきましょう。　1つ6点(24点)

① 101cm (○)　1m ( )

② 198cm ( )　2m (○)

③ 1m50cm (○)　105cm ( )

④ 130cm (○)　1m3cm ( )

4 つぎの 色《いろ》を ぬった ところの 長さは どれだけですか。　1つ6点(12点)

① 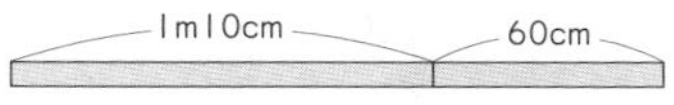

(1m70cm)

② 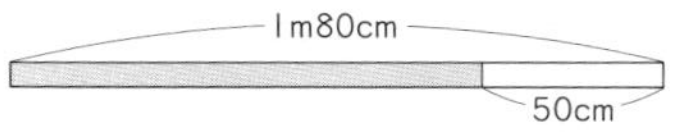

(1m30cm)

5 つぎの 計算《けいさん》を しましょう。　1つ5点(10点)

① 70cm+1m20cm　1m90cm

② 4m60cm−2m40cm　2m20cm

思考・判断・表現　／10点

できたらスゴイ!

6 へやの 本だなの 長さを はかると、高《たか》さが 150cm、よこが 1mでした。
高さと よこの 長さの ちがいは 何《なん》cmですか。　しき・答え 1つ5点(10点)

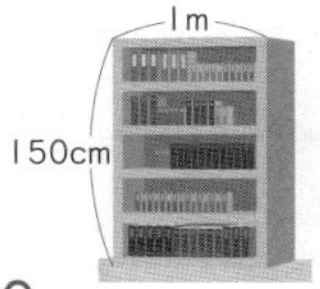

しき　1m=100cm
150cm−100cm=50cm

答《こた》え (50cm)

15 1000を こえる 数

ぴったり1　94ページ

つぎの □に あてはまる 数を かきましょう。

ねらい　1000をこえる数のあらわし方《かた》やしくみがわかるようにしよう。　れんしゅう 1 2

1000を こえる 数

3258は、1000を 3こ、100を 2こ、10を 5こ、1を 8こ あわせた 数です。

2700は 100を 27こ あつめた 数です。

3	2	5	8
千のくらい	百のくらい	十のくらい	一のくらい

1 紙《かみ》の 数を 数字《すうじ》で かきましょう。

とき方　1000を ①[2]こ、100を ②[5]こ、1を ③[7]こ あわせた 数で、④[2507]に なります。

2 100を 68こ あつめた 数は いくつですか。

とき方　100が 60こで [6000]、100が 8こで [800]、あわせて [6800]に なります。

ねらい　10000という数がわかるようにしよう。　れんしゅう 1

10000

10000は 1000を 10こ あつめた 数です。

3 9999に あと いくつで 10000に なりますか。

とき方　9999の つぎの 数が 10000だから、あと [1]で 10000に なります。

ぴったり2　95ページ

1 つぎの 数を 数字で かきましょう。　教科書 88ページ1・2・△、89ページ1、90ページ2

① 三千八百十五　(3815)

② 千六十三　(1063)

③ 1000を 5こ、10を 7こ あわせた 数　(5070)

④ 100を 65こ あつめた 数　(6500)

⑤ 100を 100こ あつめた 数　(10000)

2 □に あてはまる 数を かきましょう。　教科書 91ページ3

①[6400]　②[7300]　③[8000]

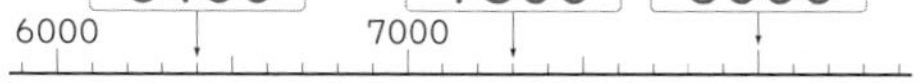

3 □に あてはまる >か <を かきましょう。　教科書 91ページ△

① 2904 [<] 3010

まちがいちゅうい

② 7832 [>] 7382

ぴったり3

1 1mm、1cm、1mの だいたいの 長さを しっかりと おぼえて おきましょう。

2 ①1m=100cmだから、100cmと 65cmで、165cm

③170cmは 1mが 1つ分と 70cmだから、1m70cmです。

3 たんいを cmで あらわしてから くらべます。

③1m50cm=150cm

④1m3cm=103cm

4 同じ たんいの 数どうしを 計算します。

①1m10cm+60cm
=1m70cm

②1m80cm−50cm
=1m30cm

6 ちがいを もとめるので、ひき算です。
1m=100cmだから、
150cm−100cm=50cmです。

ぴったり2

1 ②百のくらいの 0を わすれない ように 気を つけましょう。

1	0	6	3
千のくらい	百のくらい	十のくらい	一のくらい

③千のくらいが 5、百のくらいが 0、十のくらいが 7、一のくらいが 0で、5070です。

④100が 10こで 1000だから、100が 60こで 6000です。100が 5で 500だから、あわせて 6500です。

2 1000を 10こに 分《わ》けて いるので、1目もりの 大きさは 100です。

①6000から 右に 4目もり すすんだ ところなので、6000より 400 大きい 6400に なります。

3 大きい くらいの 数字《すうじ》から じゅんに くらべます。

②千のくらいは、同じだから、百のくらいの 数字で くらべます。

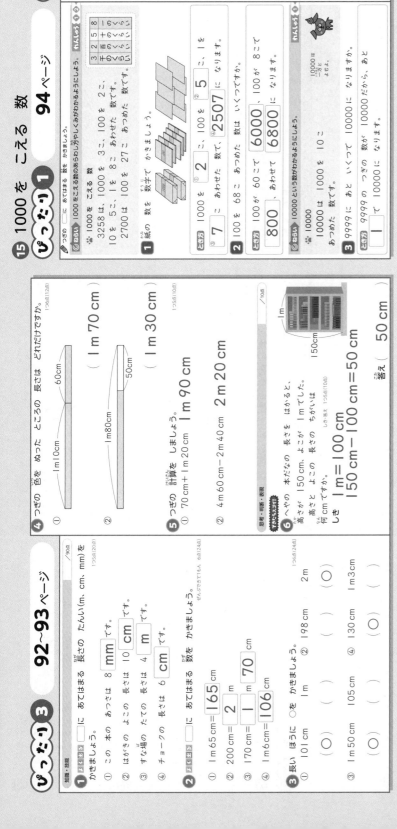

ぴったり3　96~97ページ

知識・技能　／65点

1 つぎの □に あてはまる 数《かず》を かきましょう。　□1つ4点(12点)

① 4208の 千のくらいの 数字《すうじ》は [4] で、十のくらいの 数字は [0] です。

② 7697は、1000を 7こ、100を [6] こ、10を 9こ、1を 7こ あわせた 数です。

2 よくでる　つぎの 数を 数字で かきましょう。　1つ4点(16点)

① 6000と 300と 1を あわせた 数　（6301）

② 1000を 8こ、100を 5こ、10を 7こ あわせた 数　（8570）

③ 1000を 10こ あつめた 数　（10000）

④ 10000より 10 小さい 数　（9990）

3 □に あたる 数を かきましょう。　1つ4点(12点)

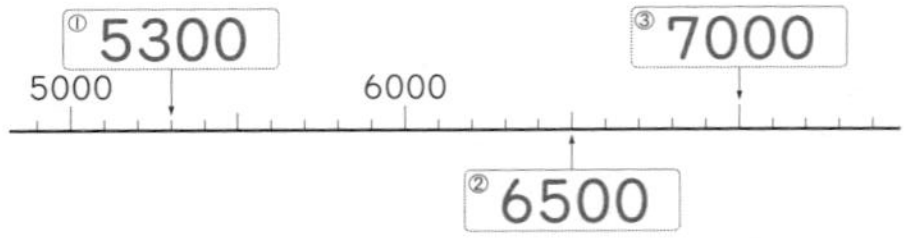

①5300
③7000
5000

②6500

4 つぎの 数を 数字で かきましょう。　1つ3点(9点)

① 五千二百九十三　② 四千五百九　③ 三千六

（5293）　（4509）　（3006）

5 つぎの 数は、100を 何《なん》こ あつめた 数ですか。　1つ4点(8点)

① 3400　② 10000

（34こ）　（100こ）

6 □に あてはまる >か <を かきましょう。　1つ4点(8点)

① 5206 [>] 4891　② 9278 [<] 9592

思考・判断・表現　／35点

7 よくでる　□に あてはまる 数を かきましょう。　1つ4点(16点)

7970－7980－①[7990]－8000－②[8010]

10000－③[9900]－9800－9700－④[9600]

てきたらスゴイ!

8 大きい 数から じゅんに かきましょう。　(4点)

3410　4310　3401　4013

（4310、4013、3410、3401）

9 □に あてはまる 数を かきましょう。　1つ5点(15点)

600は 100が 6こ、700は 100が 7こだから、

600+700は 100が 6+[7] で [13] こです。

600+700=[1300]

16 はこの 形

ぴったり1　98ページ

つぎの □に あてはまる ことばや 数《かず》を かきましょう。

ねらい　はこの面《めん》の形《かたち》や、面・辺《へん》・ちょう点《てん》の数をしらべよう。　れんしゅう ❶❷❸

✪はこの ㋐を 面、㋑を 辺、㋒を ちょう点と いいます。

✪はこの 形には、面が 6つ、辺が 12、ちょう点が 8つ あります。

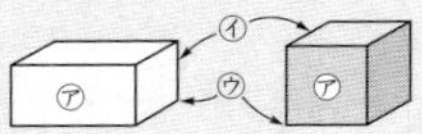

1 右のような はこの 形の、面、辺、ちょう点に ついて しらべましょう。

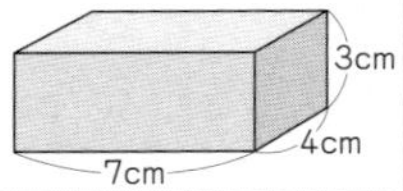

とき方　はこの 面を 紙《かみ》に うつしとりました。

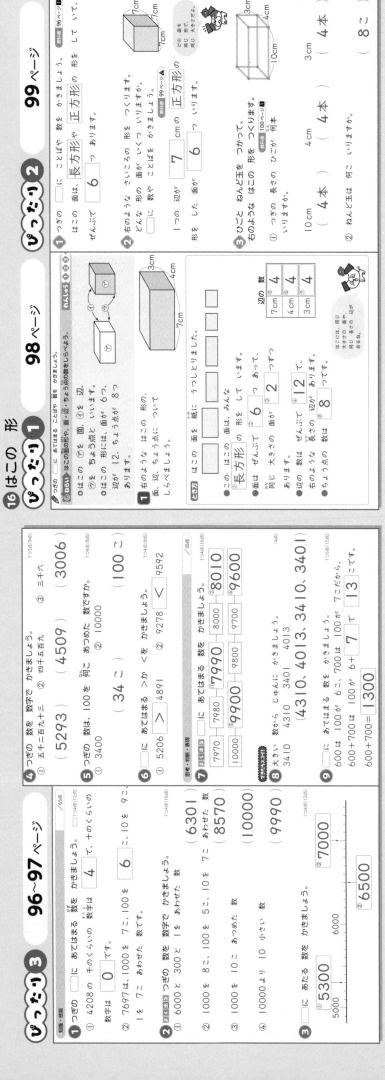

●この はこの 面は、みんな ①[長方形] の 形を して います。

●面は ぜんぶで ②[6] つ あって、同《おな》じ 大きさの 面が ③[2] つずつ あります。

●辺の 数は ぜんぶで ④[12] で、右のような 長《なが》さの 辺が あります。

●ちょう点の 数は ⑧[8] つです。

辺の	数
7cm	⑤ 4
4cm	⑥ 4
3cm	⑦ 4

はこには、同じ
大きさの 面や、
同じ 長さの 辺が
あるね。

ぴったり2　99ページ

1 つぎの □に ことばや 数を かきましょう。　教科書 96ページ❶

はこの 面は、[長方形] や [正方形] の 形を して いて、ぜんぶで [6] つ あります。

2 右のような さいころの 形を つくります。どんな 形の 面が いくつ いりますか。□に 数や ことばを かきましょう。　教科書 99ページ△

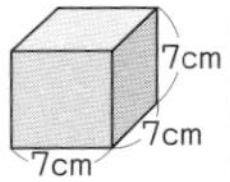

1つの 辺が [7] cmの [正方形] の 形を した 面が [6] つ いります。

どの 面も
同じ 形で、
同じ 大きさだよ。

3 ひごと ねんど玉を つかって、右のような はこの 形を つくります。　教科書 100ページ❶

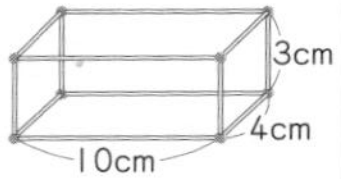

① つぎの 長さの ひごが 何《なん》本 いりますか。

10cm （4本）　4cm （4本）　3cm （4本）

② ねんど玉は 何こ いりますか。

（8こ）

ぴったり3

2 0に なる くらいに、ちゅういしましょう。

①

6	3	0	1
千のくらい	百のくらい	十のくらい	一のくらい

②

8	5	7	0
千のくらい	百のくらい	十のくらい	一のくらい

3 数《かず》の直線《ちょくせん》の 1目もりが 100に なる ことから 考《かんが》えます。

③6000から 右に 10目もり すすんだ ところなので、7000です。

4 ③百のくらい、十のくらいの 数が ないので、0を かきます。

3	0	0	6
千のくらい	百のくらい	十のくらい	一のくらい

5 ②100が 10こで 1000、1000が 10こで 10000に なる ことから 考えます。

7 ①②10ずつ ふえて います。

③④100ずつ へって います。

8 まず、千のくらいの 数字《すうじ》を くらべます。同《おな》じ ときは、百のくらい、十のくらいの 数字を じゅんに くらべます。

ぴったり1

おうちのかたへ

直方体や立方体という用語は、4年生で学習します。

ぴったり2

1 はこの 面《めん》の 形《かたち》や、面・辺《へん》・ちょう点《てん》の 数を しっかり おぼえて おきましょう。

2 さいころの 6つの 面は みんな 同じ 大きさの 正方形《せいほうけい》です。

3 ひごの 数が 辺の 数で、ねんど玉の 数が ちょう点の 数です。

①同じ 長《なが》さの ひごの 数を 考えましょう。

ぴったり3 100~101ページ

知識・技能 ／60点

1 □に あてはまる 数《かず》を かきましょう。 1つ6点(18点)

① はこの 形《かたち》には、面《めん》が [6] つ あります。

② はこの 形には、辺《へん》が [12] あります。

③ はこの 形には、ちょう点《てん》が [8] つ あります。

2 はこの 面を 紙《かみ》に うつしとって しらべました。 1つ7点(21点)

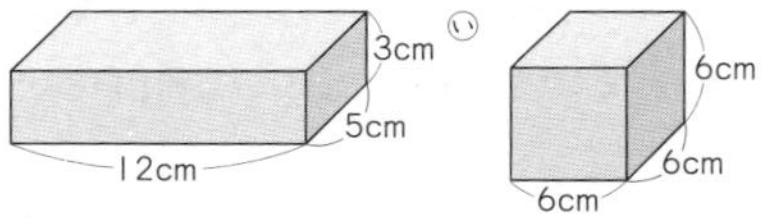

① 下の 形は、あと いの どちらの はこの 面を うつしとった ものですか。

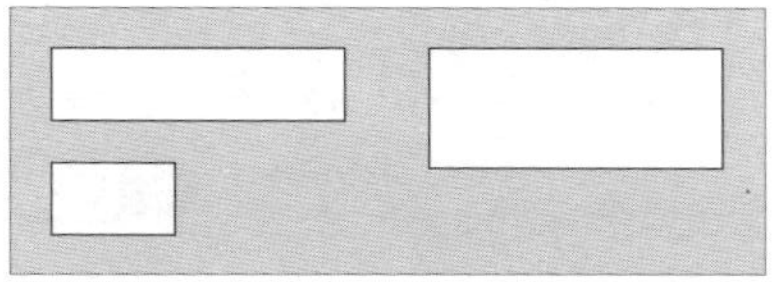

（ あ ）

② あの はこの 面は、どんな 形を して いますか。

（ 長方形 ）

③ いの はこの 面は、どんな 形を して いますか。

（ 正方形 ）

3 よく出る ひごと ねんど玉を つかって、右のような さいころの 形を つくります。□に あてはまる 数を かきましょう。 1つ7点(21点)

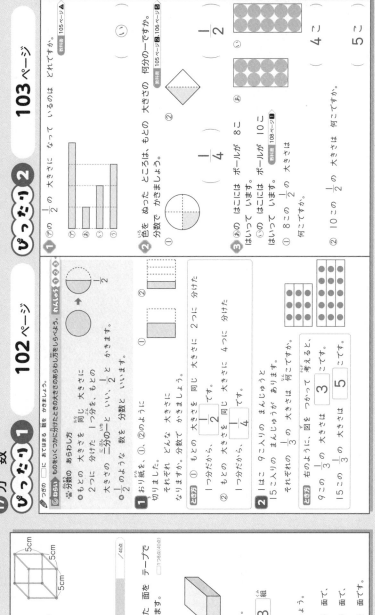

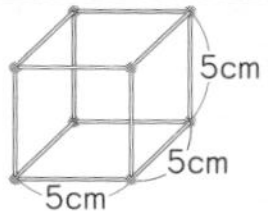

[5] cmの ひごが [12] 本、

ねんど玉が [8] こ いります。

思考・判断・表現 ／40点

てがるにチャレンジ

4 工作用紙《こうさくようし》に 面の 形を かいて、切《き》りとった 面を テープで つないで、右のような 形の はこを つくります。 1つ8点(40点)

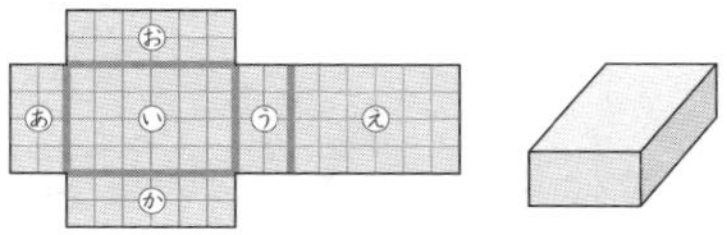

① □に あてはまる 数を かきましょう。

同《おな》じ 形の 面が [2] つずつ [3] 組《くみ》 あります。

② □に あてはまる きごうを かきましょう。

いの 面と むかいあう 面は、[え] の 面で、

うの 面と むかいあう 面は、[あ] の 面で、

かの 面と むかいあう 面は、[お] の 面です。

17 分 数

ぴったり1 102ページ

つぎの □に あてはまる 数を かきましょう。

ねらい ものをいくつかに分けたときの大きさのあらわし方をしらべよう。 れんしゅう 1 2 3

分数《ぶんすう》の あらわし方

● もとの 大きさを 同《おな》じ 大きさに 2つに 分けた 1つ分《ぶん》を、もとの 大きさの 二分《にぶん》の一《いち》と いい、$\frac{1}{2}$ と かきます。

● $\frac{1}{2}$ のような 数を 分数と いいます。

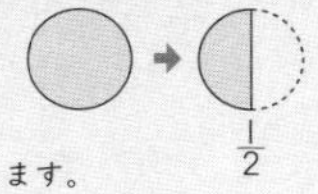

1 おり紙《がみ》を、①、②のように 切《き》りました。

それぞれ どんな 大きさに なりますか。分数で かきましょう。

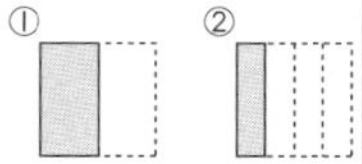

とき方 ① もとの 大きさを 同じ 大きさに 2つに 分けた 1つ分だから、[$\frac{1}{2}$] です。

② もとの 大きさを 同じ 大きさに 4つに 分けた 1つ分だから、[$\frac{1}{4}$] です。

2 1はこ 9こ入りの まんじゅうと 15こ入りの まんじゅうが あります。

それぞれの $\frac{1}{3}$ の 大きさは 何《なん》こですか。

とき方 右のように、図《ず》を つかって 考《かん》えると、

9この $\frac{1}{3}$ の 大きさは [3] こです。

15この $\frac{1}{3}$ の 大きさは [5] こです。

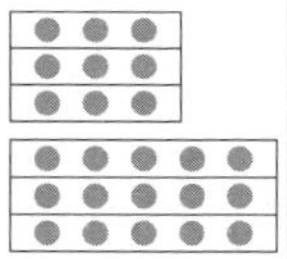

ぴったり2 103ページ

1 アの $\frac{1}{2}$ の 大きさに なって いるのは どれですか。 教科書 105ページ

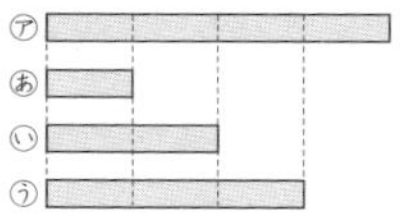

（ い ）

2 色《いろ》を ぬった ところは、もとの 大きさの 何分の一ですか。分数で かきましょう。 教科書 105ページ2、106ページ5

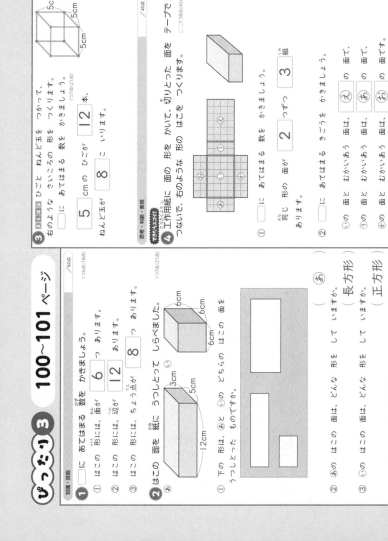

① （ $\frac{1}{4}$ ） ② （ $\frac{1}{2}$ ）

3 あの はこには ボールが 8こ はいって います。

いの はこには ボールが 10こ はいって います。 教科書 108ページ1

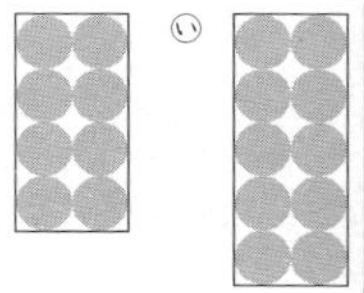

① 8この $\frac{1}{2}$ の 大きさは 何こですか。

（ 4こ ）

② 10この $\frac{1}{2}$ の 大きさは 何こですか。

（ 5こ ）

ぴったり3

1 はこの 形の 面・辺・ちょう点の 数を おぼえて おきましょう。

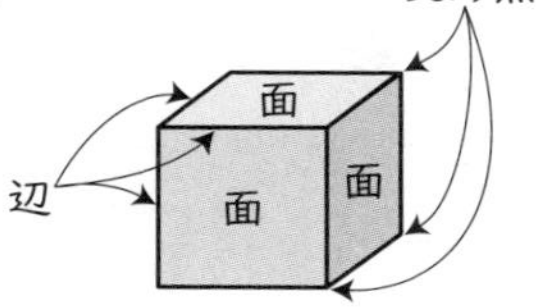

2 ①面が 長方形《ちょうほうけい》に なって いるから、あです。

③いは、辺の 長さが みんな 6cmだから、正方形です。

3 さいころの 形の 辺は、みんな 同じ 長さです。図《ず》を 見て、何《なん》cmの ひごが 何本 いるかを 考えましょう。

4 ①同じ 大きさの 面は、あの面と うの面、いの面と えの面、おの面と かの面です。

②むかいあう 面を 考える ときは、頭《あたま》の 中で 組《く》み立てて みましょう。

また、むかいあう 面は、形も 大きさも 同じに なって いる ことを おぼえて おきましょう。

ぴったり1

おうちのかたへ

$\frac{1}{2}$、$\frac{1}{4}$、$\frac{1}{8}$、そして $\frac{1}{3}$ を学習します。実際にお菓子などを分けてみると、分数が身近に感じられるでしょう。

ぴったり2

1 もとの 大きさを 同じ 大きさに 2つに 分《わ》けた 1つ分《ぶん》が $\frac{1}{2}$ です。

2 ①もとの 大きさを 同じ 大きさに 4つに 分けた 1つ分だから、$\frac{1}{4}$ です。

3 ①8こを 2つに 分けた 1つ分だから、8この $\frac{1}{2}$ の 大きさは 4こです。

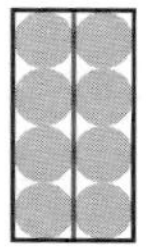

②10こを 2つに 分けた 1つ分だから、10この $\frac{1}{2}$ の 大きさは 5こです。

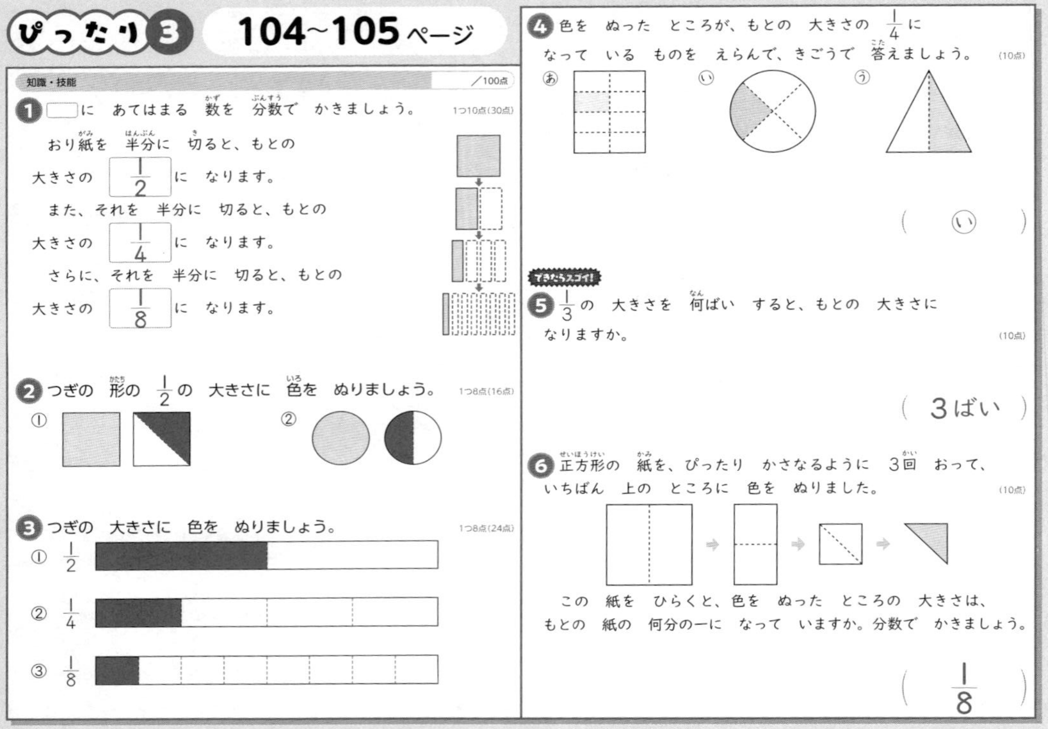

ぴったり3 104~105ページ

知識・技能 ／100点

❶ □に あてはまる 数《かず》を 分数《ぶんすう》で かきましょう。 1つ10点(30点)

おり紙《がみ》を 半分《はんぶん》に 切《き》ると、もとの

大きさの $\frac{1}{2}$ に なります。

また、それを 半分に 切ると、もとの

大きさの $\frac{1}{4}$ に なります。

さらに、それを 半分に 切ると、もとの

大きさの $\frac{1}{8}$ に なります。

❷ つぎの 形《かたち》の $\frac{1}{2}$ の 大きさに 色《いろ》を ぬりましょう。 1つ8点(16点)

① ②

❸ つぎの 大きさに 色を ぬりましょう。 1つ8点(24点)

① $\frac{1}{2}$

② $\frac{1}{4}$

③ $\frac{1}{8}$

❹ 色を ぬった ところが、もとの 大きさの $\frac{1}{4}$ に なって いる ものを えらんで、きごうで 答《こた》えましょう。 (10点)

ⓐ ⓘ ⓤ

(ⓘ)

できたらスゴイ!

❺ $\frac{1}{3}$ の 大きさを 何《なん》ばい すると、もとの 大きさに なりますか。 (10点)

(3ばい)

❻ 正方形《せいほうけい》の 紙《かみ》を、ぴったり かさなるように 3回《かい》 おって、いちばん 上の ところに 色を ぬりました。 (10点)

この 紙を ひらくと、色を ぬった ところの 大きさは、もとの 紙の 何分の一に なって いますか。分数で かきましょう。

($\frac{1}{8}$)

ぴったり3

❶ 上から 3つ目の 図《ず》は、おり紙《がみ》を 同《おな》じ 大きさに 4つに 分《わ》けた |つ分《ぶん》だから、$\frac{1}{4}$ です。

いちばん 下は、おり紙を 同じ 大きさに 8つに 分けた |つ分だから、$\frac{1}{8}$ です。

❷ 図の 右でも 左でも どちらかを ぬって いれば 正かいです。

❸ もとの 大きさを 同じ 大きさに

①2つに 分けた |つ分…$\frac{1}{2}$

②4つに 分けた |つ分…$\frac{1}{4}$

③8つに 分けた |つ分…$\frac{1}{8}$

です。

❹ ⓐは 同じ 大きさに 8つに 分けた |つ分だから、$\frac{1}{8}$ です。

ⓤは 同じ 大きさに 2つに 分けた |つ分だから、$\frac{1}{2}$ です。

❺ もとの 大きさを 3つに 分けた |つ分だから、3ばい すると、もとの 大きさに なります。

$\frac{1}{2}$ は 2ばい、$\frac{1}{4}$ は 4ばい、

$\frac{1}{8}$ は 8ばい すると、

もとの 大きさに なります。

❻ もとの 大きさの 半分《はんぶん》$\left(\frac{1}{2}\right)$ の

半分 $\left(\frac{1}{4}\right)$ の 半分の 大きさだから、

$\frac{1}{8}$ に なります。

わくわく　プログラミング

106~107ページ

1 下の　めいれいを　組《く》み合《あ》わせて、ロボット（　）を　うごかす プログラムを　つくります。

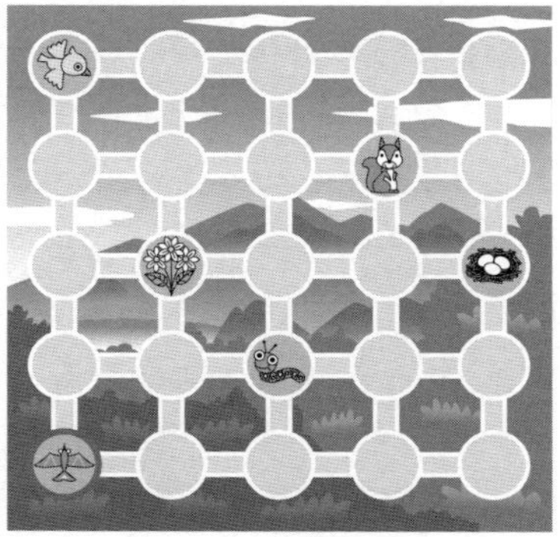

めいれい

前に ■ すすむ　右を　むく　左を　むく

□に　1を　入れた　とき

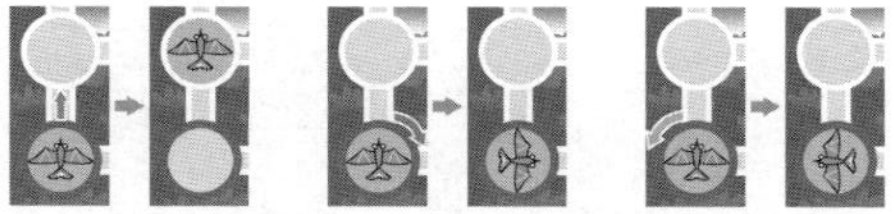

① 右の　プログラムで　行《い》く 場《ば》しょに　○を　つけましょう。

前に 3 すすむ
右を　むく
前に 3 すすむ

（ ○ ）　（　）　（　）

② 　の　ところに　行く　プログラムを つくります。□に　あてはまる　数《かず》を かきましょう。

右を　むく
前に 2 すすむ
左を　むく
前に 1 すすむ

できたらスゴイ！

③ 　の　ところに　行く いちばん　みじかい　プログラムを つくります。
㋐、㋑、㋒に　あてはまる めいれいを　下の　中から えらんで、きごうで かきましょう。

プログラム
㋐
㋑
㋒

あ 前に 4 すすむ　い 右を　むく
う 左を　むく　え 前に 2 すすむ

㋐（ え ）　㋑（ い ）　㋒（ あ ）

1 ①

上の　図のように、
1→2→3→4→5→6の
じゅんに　すすむので、行《い》く

場《ば》しょは の　ところに
なります。

②

1つ目の　めいれいで
右を　むく を　つかうので、
2つ目の　めいれいで、
前に 2 すすむ を　つかって
上の　図の　㋐の　ところまで
すすみます。
3つ目の　めいれいで
左を　むく を　つかうので、
4つ目の　めいれいで
前に 1 すすむ を　つかって

の　ところに　行きます。

③

上の　図のように、
1→2→3→4→5→6の
じゅんに　すすむと、いちばん
みじかい　プログラムに
なります。

上の　図のように、
ア→イ→ウ→エ→オ→カの
じゅんに　すすむと、
右を　むく → 前に 4 すすむ
→ 左を　むく → 前に 2 すすむ
で の　ところに
行けますが、めいれいが　1つ
多《おお》いので、いちばん　みじかい
プログラムに　なりません。

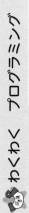

よみとる　算数

108~109ページ

下の　日記は　ひろとさんが　かいた　ものです。

二年生　みんなで　公園《こうえん》に　行《い》きました。
公園には　午前《ごぜん》十一時《じ》に　つきました。
ぼくと　さくらさんは、二人《ふたり》で
どんぐりを　五十六こ　ひろいました。
その　あと、ぼくは　どんぐり　四こと
竹ひご　三本で、やじろべえを　つくりました。
さくらさんは　どんぐり　七こで
首《くび》かざりを　つくりました。
ぼくは　同《おな》じ　やじろべえを　ぜんぶで
六こ、さくらさんは　同じ　首かざりを
ぜんぶで　四こ　つくりました。
午後《ごご》二時に　公園を　出て、学校に
帰《かえ》りました。楽《たの》しかったです。

1 ひろとさんたちが　公園に　ついてから　公園を　出るまでの　時間《じかん》は　どれだけですか。
下の　時計《とけい》に　はりを　かいて　考《かんが》えましょう。

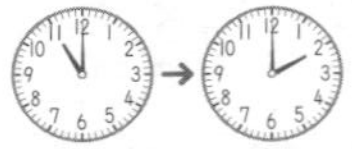

（3時間）

よくよんで

2 ひろとさんは　どんぐりを　ぜんぶで　何《なん》こ　つかいましたか。
□に　あてはまる　数《かず》を　かきましょう。
① ひろとさんは　やじろべえを　1こ　つくるのに、
どんぐりを　[4]こ　つかいました。
② ひろとさんは　同じ　やじろべえを
[6]こ　つくりました。
③ しきに　かいて　答《こた》えを　もとめましょう。
しき　(ア)[4]×(イ)[6]=(ウ)[24]　答え　(エ)[24]こ

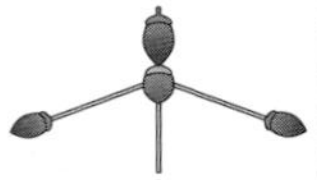

3 さくらさんは　どんぐりを　ぜんぶで
何こ　つかいましたか。
□に　あてはまる　数を　かきましょう。
しき　(ア)[7]×(イ)[4]=(ウ)[28]　答え　(エ)[28]こ

4 みきさんは、「のこりの　どんぐりで、やじろべえは　あと　1こ　つくれるけど、首かざりは　つくれないね。」と　いいました。
その　わけを、つぎのように　せつめいします。
□に　あてはまる　数を　かきましょう。
ひろとさんが　つかった　どんぐりは　(ア)[24]こ、
さくらさんが　つかった　どんぐりは　(イ)[28]こだから、
あわせて　(ウ)[24]+(エ)[28]=(オ)[52]で、(カ)[52]こです。
のこりの　どんぐりは、(キ)[56]−(ク)[52]=(ケ)[4]で、
(コ)[4]こです。
どんぐり　4こで　やじろべえは　あと　1こ　つくれますが、
首かざりを　1こ　つくるには、どんぐりが　(サ)[7]こ
いるので、のこりの　どんぐりで、首かざりは　つくれません。

まとめのテスト　110ページ

1 ①〜③に　あたる　数《かず》を　かきましょう。　1つ5点(15点)

①8000　②　9000　③

①（7700）
②（8500）
③（10000）

2 つぎの　計算《けいさん》を　しましょう。　1つ5点(30点)
① 61+9　70
② 18+3　21
③ 46+7　53
④ 90−3　87
⑤ 34−5　29
⑥ 56−8　48

3 つぎの　計算を　しましょう。　1つ5点(35点)
① 27 +52 79　② 75 +68 143
③ 418 +37 455　④ 83 −56 27
⑤ 103 −47 56　⑥ 672 −37 635
⑦ 49+38+66　153

4 58円の　クッキーと　93円の　あめが　あります。　しき・答え　1つ5点(20点)
① あわせて　何円《なんえん》ですか。
しき　58+93=151
答《こた》え（151円）
② ちがいは　何円ですか。
しき　93−58=35
答え（35円）

---

1 午前《ごぜん》11時《じ》から　午後《ごご》2時までだから、
3時間《じかん》です。

2 ③やじろべえを　1こ　つくるのに
どんぐりを　4こ　つかいます。
ひろとさんは、やじろべえを
6こ　つくったので、つかった
どんぐりの　数《かず》は　ぜんぶで
4この　6こ分《ぶん》に　なります。
しきは　4×6=24です。

3 首《くび》かざりを　1こ　つくるのに
どんぐりを　7こ　つかいます。
さくらさんは、首かざりを　4こ
つくったので、つかった　どんぐりの
数は　ぜんぶで　7この　4こ分に
なります。しきは　7×4=28です。

4 2人で　ひろった　どんぐりの
数は　56こ、2人で　つかった
どんぐりの　数は　52こだから、
のこりは、56−52=4で、
4こです。
のこりの　どんぐりで　やじろべえは
1こ　つくれますが、首かざりを
1こ　つくるには　どんぐりが
7こ　いるので、つくれません。

1 8000から　9000まで
10目もりなので、1目もりの
大きさは　100です。

2 ③7を　4と　3に　分《わ》けます。
46に　4を　たして　50
50と　3で　53
⑤34を　30と　4に　分けます。
30から　5を　ひいて　25
25と　4で　29

3
②
```
  1
  75
+68
---
 143
```
③
```
  1
 418
+ 37
----
 455
```
④
```
  7
  83
−56
---
  27
```
⑤
```
  9
 103
− 47
----
  56
```
⑥
```
   6
 672
− 37
----
 635
```
⑦
```
  2
  49
  38
+66
---
 153
```

4 ①あわせた　数を　もとめるので、
たし算《ざん》です。
しきは、58+93=151
```
  1
  58
+93
---
 151
```
②ちがいを　もとめるので、
ひき算です。
しきは、93−58=35
```
  8
  93
−58
---
  35
```

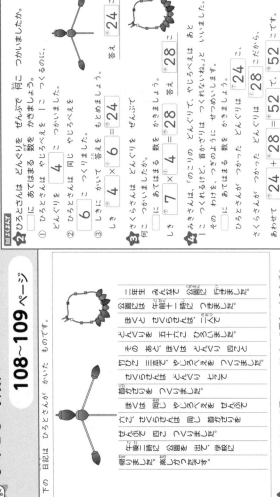

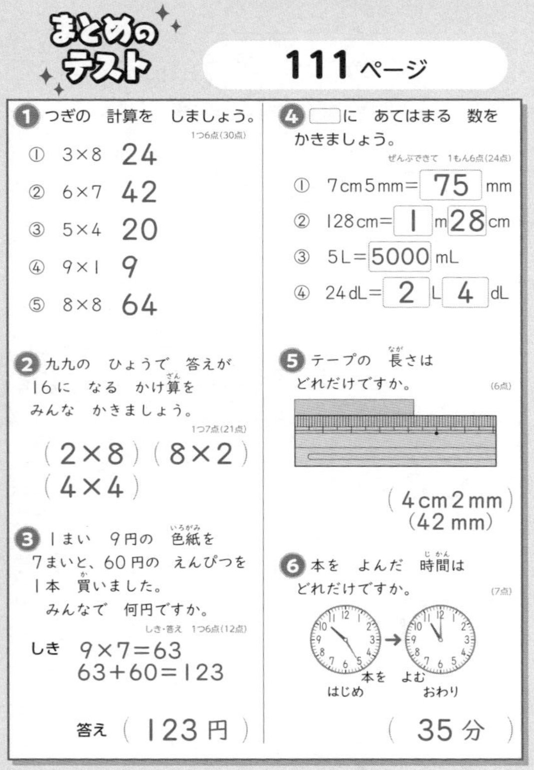

❶つぎの　計算を　しましょう。 1つ6点(30点)

① 3×8　24
② 6×7　42
③ 5×4　20
④ 9×1　9
⑤ 8×8　64

❷九九の　ひょうで　答えが　16に　なる　かけ算《ざん》を　みんな　かきましょう。 1つ7点(21点)

(2×8)(8×2)
(4×4)

❸1まい　9円の　色紙《いろがみ》を　7まいと、60円の　えんぴつを　1本　買《か》いました。　みんなで　何円ですか。 しき・答え　1つ6点(12点)

しき　9×7=63
63+60=123

答え（123円）

❹□に　あてはまる　数を　かきましょう。 ぜんぶできて　1もん6点(24点)

① 7cm5mm=75 mm
② 128cm=1 m 28 cm
③ 5L=5000 mL
④ 24dL=2 L 4 dL

❺テープの　長《なが》さは　どれだけですか。 (6点)

（4cm2mm）
（42mm）

❻本を　よんだ　時間《じかん》は　どれだけですか。 (7点)

（35分）

❷ 答《こた》えが　同《おな》じでも、かけられる数と　かける数の　組《くみ》が　ちがう　かけ算が　あります。
また、かけ算では、かけられる数と　かける数を　入れかえても、答えは　同じです。1つの　かけ算が　みつけられたら、その　かけ算の　かけられる数と　かける数を　入れかえた　かけ算も　答えに　なります。

❸ 色紙《いろがみ》の　ねだんは、9円の　7まい分なので、9×7=63で、63円です。
これと　えんぴつの　ねだんを　あわせると、63+60=123で、123円です。

❹ ①1cm=10mmから　考《かん》えます。
7cmは　70mmだから、
70mmと　5mmで、
75mmです。
②100cmは　1mだから、1mと　28cmで、1m28cmです。
③1L=1000mLだから、5Lは　5000mLです。
④10dL=1Lから　考えます。
20dLは　2Lだから、2Lと　4dLで、2L4dLです。

❺ ものさしの　小さい　1目もりは　1mmで、10目もりで　1cmです。1cmの　4つ分と　1mmの　2つ分なので、4cm2mmです。

❻ 長《なが》い　はりが　小さい　目もりで　35目もり　うごいたから、35分《ふん》です。

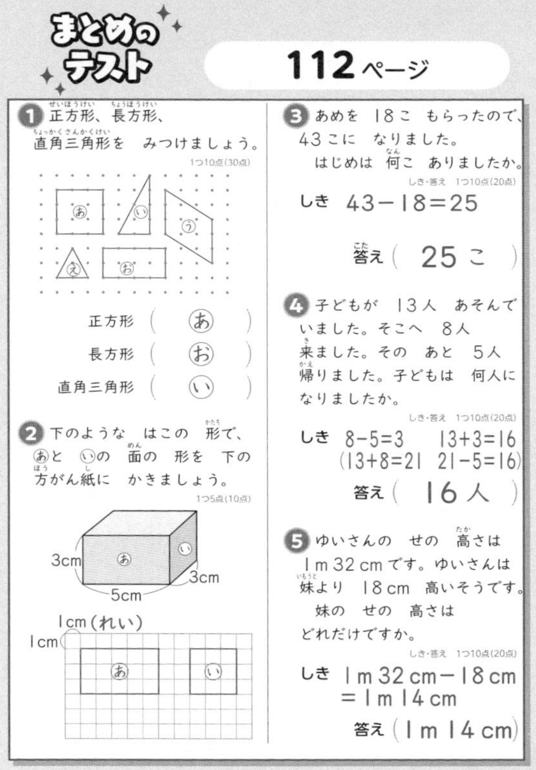

❶正方形《せいほうけい》、長方形《ちょうほうけい》、直角三角形《ちょっかくさんかくけい》を　みつけましょう。 1つ10点(30点)

正方形（あ）
長方形（お）
直角三角形（い）

❷下のような　はこの　形《かたち》で、あと　いの　面《めん》の　形を　下の　方《ほう》がん紙に　かきましょう。 1つ5点(10点)

❸あめを　18こ　もらったので、43こに　なりました。　はじめは　何《なん》こ　ありましたか。 しき・答え　1つ10点(20点)

しき　43−18=25

答《こた》え（25こ）

❹子どもが　13人　あそんで　いました。そこへ　8人　来《き》ました。その　あと　5人　帰《かえ》りました。子どもは　何人に　なりましたか。 しき・答え　1つ10点(20点)

しき　8−5=3　13+3=16
(13+8=21　21−5=16)

答え（16人）

❺ゆいさんの　せの　高《たか》さは　1m32cmです。ゆいさんは　妹《いもうと》より　18cm　高いそうです。　妹の　せの　高さは　どれだけですか。 しき・答え　1つ10点(20点)

しき　1m32cm−18cm
=1m14cm

答え（1m14cm）

❶ 正方形《せいほうけい》は、かどが　みんな　直角《ちょっかく》で、辺《へん》の　長さが　みんな　同じ　四角形《しかくけい》です。
長方形《ちょうほうけい》は、かどが　みんな　直角に　なって　いる　四角形です。
直角三角形《さんかくけい》は、1つの　かどが　直角に　なって　いる　三角形です。
うは、4つの　かどが　直角に　なって　いないので、長方形では　ありません。えは、直角に　なって　いる　かどが　ないので、直角三角形では　ありません。

❷ あは、たて3cm、よこ5cmの　長方形か、たて5cm、よこ3cmの　長方形を　かきます。方《ほう》がん紙《し》の　1目もりは　1cmだから、3cmは、3目もり分に　なります。
いは、1つの　辺の　長さが　3cmの　正方形を　かきます。
どちらも、(れい)と　ちがう　いちに　かいて　いても　辺の　長さが　正しければ　正かいです。

❸ はじめの　数を　□と　して　図《ず》に　かくと　下のように　なります。

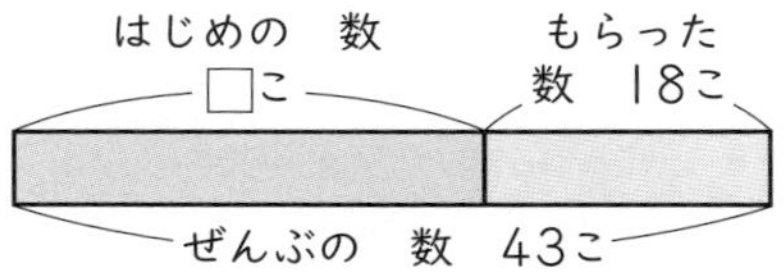

はじめの　数は、ひき算で　もとめられます。

❹ 図に　かくと　下のように　なります。

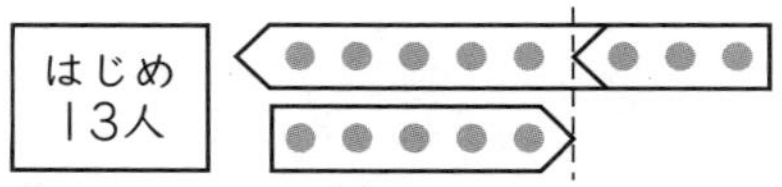

来《き》た　人と　帰《かえ》った　人の　数から、何《なん》人　ふえたかを　まとめて　考えます。
8人　ふえて、5人　へったので、8−5=3で、はじめの　数より、3人　ふえた　ことに　なります。

❺ 妹《いもうと》は　ゆいさんよりも　18cm　ひくいことが　わかるので、ひき算で　もとめます。同じ　たんいの　数どうしを　計算《けいさん》しましょう。

夏のチャレンジテスト

教科書 上10〜101ページ　◎用意《ようい》する　もの…ものさし

名前　　月　日

時間 40分　ごうかく80点　／100

答え32ページ

知識・技能　／70点

1 つぎの 数《かず》を 数字《すうじ》で かきましょう。　1つ4点(16点)

① 六百十七　(617)

② 100を 3こ、1を 6こ あわせた 数　(306)

③ 10を 65こ あつめた 数　(650)

④ 1000より 10 小さい 数　(990)

2 □に あてはまる 数を かきましょう。　ぜんぶできて 1もん3点(9点)

① 60分《ぶん》＝[1]時間《じかん》

② 7cm3mm＝[73]mm

③ 24dL＝[2]L[4]dL

3 つぎの 時《じ》こくを もとめましょう。　1つ3点(6点)

いまの 時こく

① 30分前《まえ》　(9時55分)

② 30分あと　(10時55分)

4 下の 直線《ちょくせん》の 長《なが》さは 何《なん》cm何mmですか。　1つ3点(6点)

①　(7cm5mm)

②　(5cm8mm)

5 つぎの 計算《けいさん》を しましょう。　1つ3点(12点)

① 36＋4　40

② 58＋7　65

③ 70−8　62

④ 53−9　44

---

1 ①

6	1	7
百のくらい	十のくらい	一のくらい

②十のくらいが 0に なる ことに ちゅういします。

③10が 60こで 600、10が 5こで 50だから、600と 50で 650です。

2 ②1cm＝10mmだから、7cmは 70mm、70mmと 3mmで、73mmです。

③10dL＝1Lだから、20dLは2L、2Lと 4dLで、2L4dLです。

3 いまの 時《じ》こくは 10時25分《ふん》です。

①10時から 10時25分までは 25分です。
30分《ぷん》−25分＝5分だから、30分前《まえ》の 時こくは、10時の 5分前の 9時55分に なります。

4 ものさしを まっすぐ あてて はかりましょう。

5 ②7を 2と 5に 分《わ》けます。
58に 2を たして 60
60と 5で 65

④53を 50と 3に 分けます。
50から 9を ひいて 41
41と 3で 44

6 計算《けいさん》を　しましょう。　1つ3点(12点)

① $\begin{array}{r} 69 \\ +25 \\ \hline 94 \end{array}$　② $\begin{array}{r} 52 \\ -27 \\ \hline 25 \end{array}$

③ 600+200　**800**

④ 800−500　**300**

7 □に　あてはまる　>か　<を　かきましょう。　1つ3点(9点)

① 803 [>] 799

② 419 [<] 430

③ 647 [>] 642

思考・判断・表現　／30点

8 □に　あてはまる　数《かず》を　かきましょう。　1つ3点(6点)

㋐[690]−700−710−㋑[720]−730

9 赤い　色紙《いろがみ》が　28まい、青い　色紙が　35まい　あります。
あわせて　何《なん》まい　ありますか。　(3点)

(63まい)

10 はじめに　リボンが　76 cm　ありました。かざりを　つくったら、8 cm　のこりました。
何 cm　つかいましたか。　しき・答え　1つ3点(6点)

しき　**76−8=68**

答《こた》え　(68 cm)

11 1L5dLの　牛《ぎゅう》にゅうに、4dLの　コーヒーを　入れて、コーヒー牛にゅうを　つくりました。　しき・答え　1つ3点(12点)

①　できた　コーヒー牛にゅうは　どれだけですか。

しき　1L5dL+4dL=1L9dL

答え　(1L9dL)

②　6dL　のむと、のこりは　どれだけですか。

しき　1L9dL−6dL=1L3dL

答え　(1L3dL)

12 絵《え》を　見て、たし算《ざん》の　しきに　なる　もんだいを　つくりましょう。　(3点)

(れい)20円の　ガムと　45円の　ラムネを　買います。あわせて　何円ですか。

6 ①一のくらいは
9+5=14
十のくらいに
1　くり上げます。
十のくらいは、
くり上げた
1とで、1+6+2=9

$\begin{array}{r} 69 \\ +25 \\ \hline 94 \end{array}$

②一のくらいは、
十のくらいから
1　くり下げて、
12−7=5
十のくらいは、
1　くり下げたから、4−2=2

$\begin{array}{r} 52 \\ -27 \\ \hline 25 \end{array}$

③④(100)が　何《なん》こ　あるかを　考《かんが》えます。

7 大きい　くらいの　数字《すうじ》から　じゅんに　くらべます。
②百のくらいの　数字は　同《おな》じなので、十のくらいの　数字で　くらべます。
十のくらいの　数字は　1と　3で、3の　ほうが　大きいから、430の　ほうが　大きく　なります。

9 あわせた　数《かず》を　もとめるので、たし算《ざん》に　なります。
しきは、28+35=63です。

10 つかった　長《なが》さを　□と　して　図《ず》に　かくと　下のように　なります。

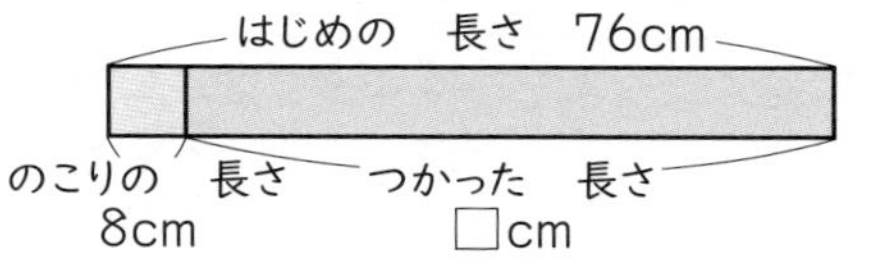

つかった　長さは、ひき算で　もとめられます。

11 同じ　たんいの　数どうしを　計算《けいさん》します。

12 たし算の　もんだいが　つくれて　いれば　正かいです。

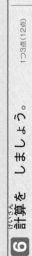

冬のチャレンジテスト

教科書 上102～下65ページ　○用意する もの…ものさし

名前　　月　日

時間 40分　ごうかく80点　／100

答え34ページ

知識・技能　／80点

1 つぎの　計算《けいさん》の　まちがいを　みつけ、正しい　答《こた》えを　かきましょう。

1つ4点(8点)

① 37 ＋76 ＝ 1~~0~~3 → 113

② 102 － 57 ＝ ~~5~~5 → 45

2 下の　形《かたち》の　中から、つぎの　形を　みつけて、きごうで　答えましょう。

1つ4点(16点)

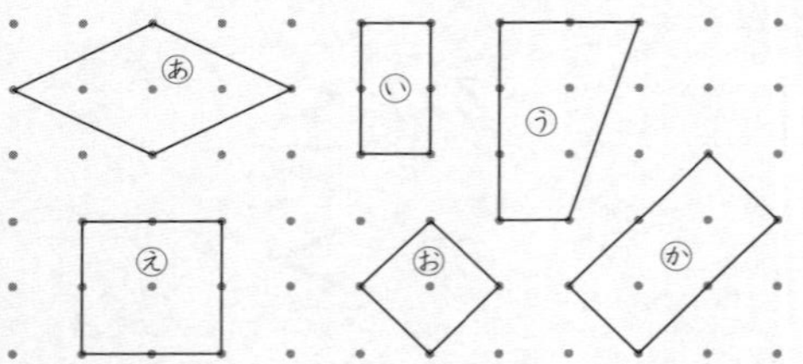

① 長方形《ちょうほうけい》（い）と（か）

② 正方形《せいほうけい》（え）と（お）

3 つぎの　計算を　しましょう。

1つ3点(12点)

① 85 ＋63 ＝ 148

② 73 ＋49 ＝ 122

③ 64 ＋17 ＋85 ＝ 166

④ 425 ＋ 38 ＝ 463

4 つぎの　計算を　しましょう。

1つ3点(12点)

① 128 － 73 ＝ 55

② 161 － 67 ＝ 94

③ 103 － 29 ＝ 74

④ 562 － 38 ＝ 524

5 つぎの　計算を　しましょう。

1つ3点(24点)

① 2×5　10

② 4×8　32

③ 7×6　42

④ 9×7　63

⑤ 3×9　27

⑥ 5×5　25

⑦ 8×6　48

⑧ 9×9　81

---

1 くり上がりや　くり下がりに　気を　つけます。

2 ①長方形《ちょうほうけい》は、かどが　みんな　直角《ちょっかく》に　なって　いる　四角形《しかくけい》です。
また、長方形の　むかいあう　2つの　辺《へん》の　長《なが》さは　同《おな》じです。
②正方形《せいほうけい》は、かどが　みんな　直角で、辺の　長さが　みんな　同じ　四角形です。

3 ②一のくらいは
3＋9＝12
十のくらいは、
くり上げた　1とで、
1＋7＋4＝12

（1）73 ＋49 ＝ 122

③一のくらいは
4＋7＋5＝16
十のくらいは、
くり上げた　1とで、
1＋6＋1＋8＝16

（1）64 17 ＋85 ＝ 166

4 ②一のくらいは、
十のくらいから　1
くり下げて、11－7＝4
十のくらいは　百のくらいから
1　くり下げて、15－6＝9

1~~6~~1（5）－ 67 ＝ 94

③一のくらいは、
百のくらいから　1
くり下げて、
十のくらいを　10に
します。
十のくらいから　1　くり下げて、
13－9＝4　十のくらいは
9－2＝7

~~10~~3（9）－ 29 ＝ 74

6 下《した》の 方《ほう》がん紙《し》に つぎの 形《かたち》を かきましょう。 1つ4点(8点)

① 2つの 辺《へん》の 長《なが》さが 3cm と 4cm の 長方形《ちょうほうけい》

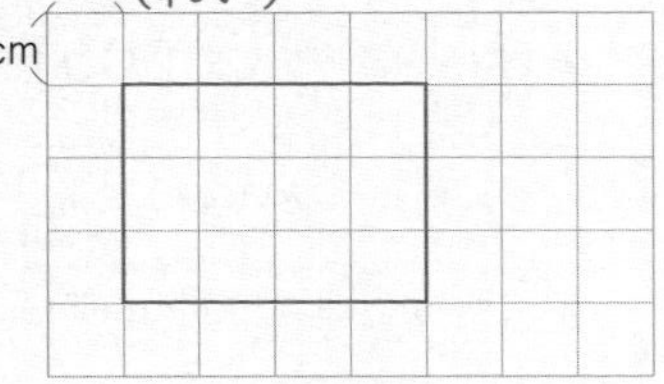

② 直角《ちょっかく》に なる 2つの 辺の 長さが 2cm と 5cm の 直角三角形《さんかくけい》

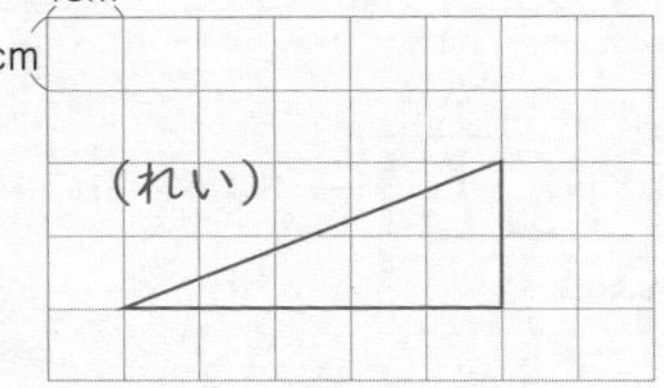

思考・判断・表現 ／20点

7 子どもが 18人 あそんで いました。
そこへ 9人 来《き》ました。
その あと 6人 帰《かえ》りました。
子どもは 何人《なん》に なりましたか。
何人 ふえたのかを まとめて 考《かんが》えて もとめましょう。 (4点)

(21人)

8 池《いけ》に あひるが 23わ いました。
そこへ 8わ はいって きました。
また 2わ はいって きました。
あひるは 何わに なりましたか。
( )を つかって 1つの しきに あらわして もとめましょう。 しき・答え 1つ3点(6点)

しき $23+(8+2)=33$

答《こた》え (33わ)

9 1まい 5円の 色紙《いろがみ》を 8まいと、70円の のりを 1つ 買《か》いました。
みんなで 何円ですか。 しき・答え 1つ3点(6点)

しき $5 \times 8=40$
$40+70=110$

答え (110円)

10 絵《え》を 見て、かけ算《ざん》の しきに なる もんだいを つくりましょう。 (4点)

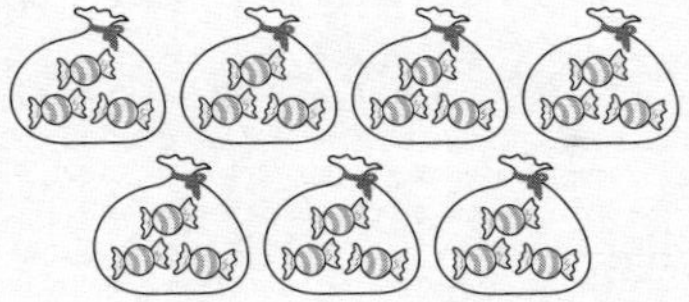

(れい) 1ふくろに あめが 3こずつ はいって います。7ふくろでは 何こに なりますか。

6 ②まず、2cm と 5cm の 直角に なる 2つの 辺《へん》を かいてから、それぞれの はしを 直線《ちょくせん》で むすびます。
(れい)と、2cm、5cm の いちが ちがって いても 正かいです。

7 9人 ふえて、6人 へったので、9−6=3 で、はじめの 数《かず》より 3人 ふえた ことに なります。
しきは、9−6=3 18+3=21 です。

8 あとから きた 8わと 2わを あわせた 数が ふえた 数です。
はじめに いた 23わに これらを まとめて たします。

9 1まい 5円の 色紙《いろがみ》 8まい分《ぶん》の ねだんは、5×8=40 で、40円です。
これと 70円を たすと、40+70=110 で、110円です。

10 かけ算《ざん》の もんだいが つくれて いれば 正かいです。

春のチャレンジテスト

教科書 下67〜113ページ　◎用意する もの…ものさし

名前　　月　日

時間 40分　ごうかく80点　／100

答え36ページ

知識・技能　／80点

1 □に　あてはまる　数《かず》を　かきましょう。　1つ3点(6点)

① 9×9は、9×8より　9　大きい。

② 7×4＝ 4 ×7

2 □に　あてはまる　数を　かきましょう。　ぜんぶできて　1もん3点(6点)

① 1m 75cm＝ 175 cm

② 140cm＝ 1 m 40 cm

3 □に　あてはまる　数を　かきましょう。　1つ3点(9点)

① 5204の　千のくらいの　数字《すうじ》は　5 です。

② 1000を　4こ、10を　7こ　あわせた　数は 4070 です。

③ 1000を　10こ　あつめた　数は 10000 です。

4 ひごと　ねんど玉を　つかって、右のような　はこの　形《かたち》を　つくります。　ぜんぶできて　1もん4点(8点)

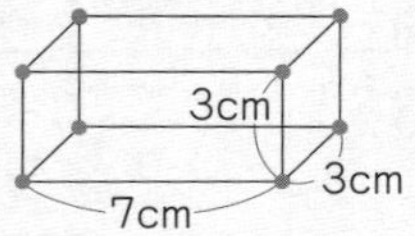

① つぎの　長《なが》さの　ひごが、何本《なん》　いりますか。

3cm（8本）　7cm（4本）

② ねんど玉は　何こ　いりますか。

（8こ）

5 色《いろ》を　ぬった　ところは、もとの　大きさの　どれだけですか。分数《ぶんすう》で　かきましょう。　1つ3点(6点)

もとの　大きさ

①

（$\frac{1}{2}$）

②

（$\frac{1}{4}$）

6 九九の　ひょうで、答《こた》えが　つぎの　数に　なる　かけ算《ざん》を　みんな　かきましょう。　1つ4点(24点)

① 35　（5×7）（7×5）

② 18　（2×9）（3×6）（6×3）（9×2）

1 ①かけ算《ざん》では、かける数《かず》が　1　ふえると、答《こた》えは　かけられる数だけ　ふえます。

②かけ算では、かけられる数と　かける数を　入れかえても、答えは　同《おな》じです。

2 ①1m＝100cmだから、100cmと　75cmで、175cmです。

3 ②百のくらいと　一のくらいの　0を　わすれないように　気を　つけましょう。

4	0	7	0
千のくらい	百のくらい	十のくらい	一のくらい

4 ひごの　数が　辺《へん》の　数で、ねんど玉の　数が　ちょう点《てん》の　数です。

はこの　形《かたち》には、辺が　12、ちょう点が　8つ、面《めん》は　ぜんぶで　6つ　あります。

5 もとの　大きさを　同じ　大きさに

①2つに　分《わ》けた　1つ分《ぶん》…$\frac{1}{2}$

②4つに　分けた　1つ分…$\frac{1}{4}$

です。

6 1つの　かけ算が　みつけられたら、その　かけ算の　かけられる数と　かける数を　入れかえた　かけ算も　答えに　なります。

じゅんばんが　ちがって　いても、正かいです。

7 つぎの　大きさに　色《いろ》を
ぬりましょう。　1つ3点(9点)

① $\frac{1}{2}$　(れい)

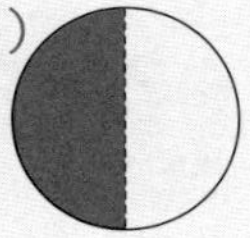

② $\frac{1}{4}$　(れい)

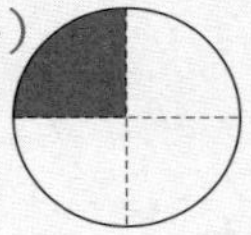

③ $\frac{1}{8}$　(れい)

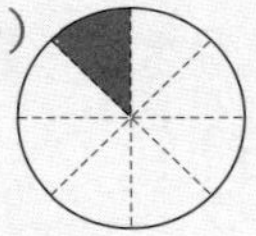

8 つぎの　計算《けいさん》を　しましょう。　1つ3点(12点)

① 1 m 20 cm＋1 m 50 cm
2 m 70 cm

② 6 m 80 cm＋10 cm
6 m 90 cm

③ 3 m 70 cm－1 m 20 cm
2 m 50 cm

④ 4 m 80 cm－80 cm
4 m

思考・判断・表現　／20点

9 白い　リボンの　長《なが》さは
1 m 40 cm で、青い　リボンより
20 cm　みじかいそうです。
青い　リボンの　長さは
どれだけですか。　(3点)

(1 m 60 cm)
(160 cm)

10 右の　4まいの
カードを　ぜんぶ
ならべて、つぎの
数《かず》を　つくりましょう。　1つ4点(8点)

① いちばん　大きい　数

(7631)

② いちばん　小さい　数

(1367)

11 えんぴつが　8本ずつ　入った
はこが　5はこ　あります。
もう　1はこ　ふえると、えんぴつは
ぜんぶで　何本《なん》に　なりますか。　(4点)

(48 本)

12 はこの　形《かたち》を　つくります。
下の　方《ほう》がん紙《し》に　たりない　面《めん》の
形を　かきましょう。　(5点)

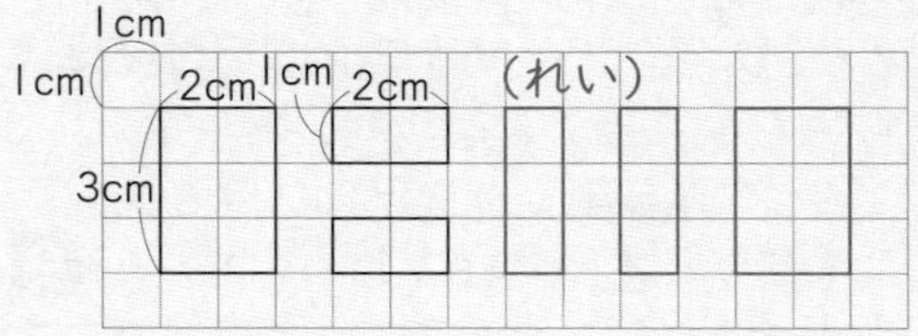

7 ③もとの　大きさを　同じ
大きさに　8つに　分けた
1つ分が　$\frac{1}{8}$　です。

8 同じ　たんいの　数どうしを
計算《けいさん》します。
①1 m 20 cm＋1 m 50 cm
＝2 m 70 cm
②6 m 80 cm＋10 cm
＝6 m 90 cm
③3 m 70 cm－1 m 20 cm
＝2 m 50 cm
④4 m 80 cm－80 cm＝4 m

9 青い　リボンは、白い　リボンより
20 cm　長《なが》いので、たし算で
もとめます。

10 ①大きい　数字《すうじ》の　カードから
じゅんに　大きい　くらいに
くるように　ならべます。
②小さい　数字の　カードから
じゅんに　大きい　くらいに
くるように　ならべます。

11 1はこ　ふえるので、はこの　数は
5＋1＝6 で、6はこに　なります。
8本の　6はこ分だから、
8×6＝48 で、48 本です。

12 はこの　形を　つくるには、同じ
形の　面が　2まいずつ、ぜんぶで
6まい　いります。
2つの　辺の　長さが　3 cm と
2 cm の　長方形《ちょうほうけい》を　1つと、
2つの　辺の　長さが　3 cm と
1 cm の　長方形を　2つ　かきます。

2年 算数のまとめ　学力しんだんテスト

月　日　名前　時間 40分　ごうかく80点　／100　答え 38ページ

1 つぎの　数《かず》を　書《か》きましょう。　1つ3点(6点)

① 100を　3こ、1を　6こ　あわせた数　（ 306 ）

② 1000を　10こ　あつめた　数　（ 10000 ）

2 色《いろ》を　ぬった　ところは　もとの　大きさの　何分《なんぶん》の一ですか。　1つ3点(6点)

①　②

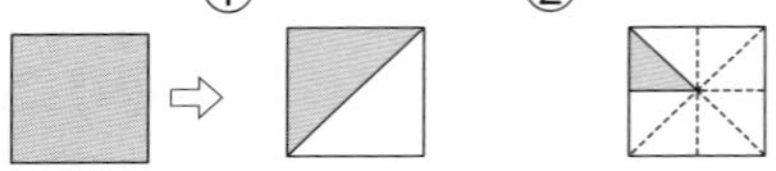

（ $\frac{1}{2}$ ）（ $\frac{1}{8}$ ）

3 計算《けいさん》を　しましょう。　1つ3点(12点)

① 214 ＋ 57 ＝ 271

② 546 － 27 ＝ 519

③ 4×8　32

④ 7×6　42

4 あめを　3こずつ　6つの　ふくろに　入れると、2こ　のこりました。
あめは　ぜんぶで　何こ　ありましたか。　しき・答え　1つ3点(6点)

しき　3×6＋2＝20

答《こた》え（ 20こ ）

5 すずめが　14わ　いました。そこへ　9わ　とんで　きました。また　11わ　とんで　きました。すずめは　何わに　なりましたか。とんで　きた　すずめを　まとめて　たす　考《かんが》え方《かた》で　1つの　しきに　書いて　もとめましょう。　しき・答え　1つ3点(6点)

しき　14＋(9＋11)＝34

答え（ 34わ ）

6 □に　＞か、＜か、＝を　書きましょう。　(2点)

25 dL　＞　2L

7 □に　あてはまる　長《なが》さの　たんいを　書きましょう。　1つ3点(9点)

① ノートの　あつさ…5 mm

② プールの　たての　長さ…25 m

③ テレビの　よこの　長さ…95 cm

8 右の　時計《とけい》を　みて　つぎの　時《じ》こくを　書きましょう。　1つ3点(6点)

① 1時間《じかん》あと（ 5時50分 ）

② 30分前《ぶんまえ》（ 4時20分 ）

---

1 ①100を　3こ　あつめた　300と、6とで　306です。
②1000を　10こ　あつめた　数《かず》は　10000です。

2 ②もとの　大きさを　同《おな》じ　大きさに　8つに　分《わ》けた　1つ分《ぶん》　だから、$\frac{1}{8}$です。

3 ①②ひっ算《さん》は　くらいを　そろえて　計算《けいさん》します。くり上がりや　くり下がりに　ちゅういして、計算しましょう。

4 3こずつ　6つの　ふくろに　はいって　いる　あめの　数は、かけ算《ざん》で　もとめます。ぜんぶの　数は、ふくろに　はいって　いる　数と　のこって　いる　数を　たした　数に　なります。
3×6＋2＝18＋2＝20

5 まとめて　たす　ときは、（　）を　つかって　1つの　しきに　あらわします。
14＋(9＋11)＝14＋20＝34

6 2L＝20 dL だから、
25 dL＞20 dL になります。

7 それぞれの　長《なが》さを　思《おも》いうかべて　考《かんが》えます。
1 mm、1 cm、1 m が、およそ　どれくらいの　長さかを　おぼえて　おきましょう。

8 時計《とけい》は　4時《じ》50分《ぷん》を　さして　います。
②30分前《まえ》は、時計の　長い　はりを　ぎゃくに　まわして　考えます。

9 つぎの 三角形《さんかくけい》や 四角形《しかくけい》の 名前《なまえ》を 書《か》きましょう。 1つ3点(9点)

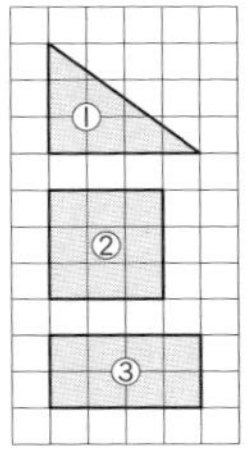

① (直角三角形)

② (正方形)

③ (長方形)

10 ひごと ねん土玉を つかって、右のような はこの 形《かたち》を つくります。 1つ3点(6点)

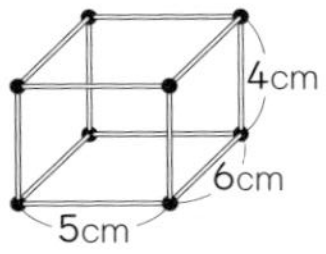

① ねん土玉は 何《なん》こ いりますか。

(8こ)

② 6cmの ひごは 何本 いりますか。

(4本)

11 すきな くだものしらべを しました。 1つ4点(8点)

すきな くだものしらべ

すきなくだもの	りんご	みかん	いちご	スイカ
人数《にんずう》(人)	3	1	5	2

すきな くだものしらべ

		○	
		○	
○		○	
○		○	○
○	○	○	○
りんご	みかん	いちご	スイカ

① りんごが すきな 人の 人数を、○を つかって、右の グラフに あらわしましょう。

② すきな 人が いちばん 多《おお》い くだものと、いちばん 少《すく》ない くだものの 人数の ちがいは 何人ですか。

(4人)

活用力をみる

12 さいころを 右のように して、かさなりあった 面《めん》の 目の 数《かず》を たすと 9に なる ように つみかさねます。

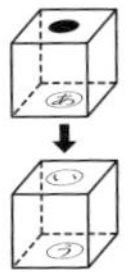

さいころは むかいあった 面の 目の 数を たすと、7に なって います。図《ず》の あ～うに あてはまる 目の 数を 書きましょう。 1つ4点(12点)

あ… 6　い… 3　う… 4

13 ゆうまさんは、まとあてゲームを しました。3回《かい》 ボールを なげて、点《てん》数《すう》を 出します。①しき・答え 1つ3点、②1つ3点(12点)

① ゆうまさんは あと 5点で 30点でした。ゆうまさんの 点数は 何点でしたか。

しき 30−5=25

答《こた》え (25点)

② ゆうまさんの まとは 下の あ、いの どちらですか。その わけも 書きましょう。

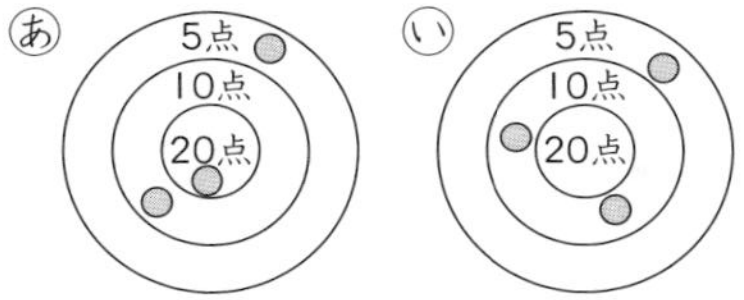

ゆうまさんの まとは い です。

わけ ((れい)あの まとは 35点、いの まとは 25点 だから。)

9 へんの 数《かず》や 長《なが》さ、かどの 形《かたち》に ちゅういして 考《かんが》えます。

①1つの かどが 直角《ちょっかく》に なって いる 三角形《さんかくけい》だから、直角三角形です。

②かどが みんな 直角で、へんの 長さが みんな 同《おな》じ 四角形《しかくけい》だから、正方形《せいほうけい》です。

③かどが みんな 直角に なって いて、むかいあう 2つの へんの 長さが 同じだから、長方形《ちょうほうけい》です。

10 ねん土玉は ちょう点《てん》、ひごは へんを あらわします。

図《ず》を よく 見て 答えます。

11 ②すきな 人が いちばん 多《おお》い くだものは いちごで 5人、いちばん 少ない くだものは みかんで 1人です。

ちがいは、5−1=4で、4人です。

12 右の 図の ように なります。

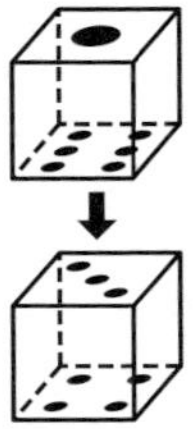

かさね方《かた》の きまりを、もんだい文から 読《よ》みとりましょう。

あ7−1=6

い9−6=3

う7−3=4

13 それぞれの まとの 点数《てんすう》を、計算《けいさん》で もとめます。

わけは、あと いの まとの 点数を それぞれ もとめ、いの まとが 「25点だから」「30点に 5点たりないから」という わけが 書《か》けていれば 正かいです。